岩石拉伸断裂试验与破断机理

Tensile Fracture Experiments and Fracture Mechanisms of Rocks

戴　峰　魏明东　著

科 学 出 版 社

北　京

内 容 简 介

本书主要论述典型的岩石拉伸断裂试验方法以及试验结果所蕴含的岩石破断机理。这里的岩石断裂试验包括国际岩石力学与岩石工程学会建议的 4 种拉伸型断裂韧度试验以及 2 种由作者发展或做出重要贡献的岩石断裂韧度试验。本书围绕 4 种国际建议试验开展数值模拟、理论分析和室内试验研究，揭示这些国际建议方法测试结果存在的显著差异以及存在误差的关键因素，阐释这些试验现象背后蕴含的岩石断裂力学机理，彻底澄清围绕个别国际建议方法的争议，并论证 2 种颇具优势的改进试验。本书有助于深入理解对工程岩体灾变产生重要影响的岩石断裂特征和机理，有助于更好地认识和应用这些国际建议的岩石断裂试验，有助于为岩石工程设计提供更合理可靠的断裂参数，改进岩石裂纹失稳扩展临界条件的理论预测，为岩石工程的安全性与稳定性评估提供理论支撑。

本书可供从事岩石力学、断裂力学、岩石工程安全性与稳定性等方面研究的科技人员及高等院校有关专业的师生参考。

图书在版编目(CIP)数据

岩石拉伸断裂试验与破断机理 / 戴峰，魏明东著. — 北京：科学出版社，2019.11

ISBN 978-7-03-062533-5

Ⅰ.①岩… Ⅱ.①戴… ②魏… Ⅲ.①岩石力学-断裂力学-抗张强度-研究 Ⅳ. ①TU45

中国版本图书馆 CIP 数据核字（2019）第 229461 号

责任编辑：李小锐 / 责任校对：彭 映

责任印制：罗 科 / 封面设计：墨创文化

科学出版社出版

北京东黄城根北街16号

邮政编码：100717

http://www.sciencep.com

成都锦瑞印刷有限责任公司印刷

科学出版社发行 各地新华书店经销

*

2019 年 11 月第 一 版 开本：B5（720×1000）

2019 年 11 月第一次印刷 印张：13 3/4

字数：277 000

定价：138.00 元

（如有印装质量问题，我社负责调换）

前　言

天然岩体往往含有大量断层、节理、裂纹、孔隙等力学缺陷。这些缺陷可能在荷载或环境变化作用下扩展演化，激化岩体的非连续性，导致岩体断裂失稳。作为专门研究裂隙岩石力学性能与裂纹扩展规律的一门学科，岩石断裂力学在有效利用自然岩体、资源开采、灾害防治等方面表现出广泛应用前景。在岩石断裂力学中，岩石拉伸断裂韧度是使用最频繁的参数，它表示岩石抵抗张开型裂纹失稳扩展的能力。绝大多数岩石断裂力学工程应用均需要用到岩石断裂韧度并开展岩石拉伸断裂试验。

自岩石断裂力学学科建立以来，国内外已有大量研究致力于发展方便的断裂试验，以测得可靠的岩石断裂参数。对此，国际岩石力学与岩石工程学会总共建议了 4 种岩石拉伸断裂试验用于测定岩石断裂韧度，分别是：人字形切槽圆梁弯曲试验、人字形切槽短棒拉伸试验、人字形切槽巴西圆盘试验和直切槽半圆盘三点弯曲试验。然而，正如本书第 1 章的介绍，这些国际建议方法的测试结果往往具有显著差异，部分方法测试结果存在严重误差，有关原因和机理还未被很好地揭示，试样的渐进断裂机理和裂纹扩展规律也未完全获悉，一些相关的国际争议问题仍未得到彻底解决。

过去对 4 种国际建议试验方法的研究主要集中在室内试验手段，相关的数值试验研究较为罕见。然而，数值分析方法作为当代岩土工程领域的重要研究手段之一，在直观揭示岩石破坏现象和机理方面表现出一定的优势。因此，本书第 2 章系统地介绍 4 种国际建议方法的数值试验评估，直观呈现试样的整个渐进断裂过程，揭示这些国际建议试验中均存在主裂纹的亚临界扩展。研究结果显示，部分建议试验测试结果受亚临界裂纹扩展的影响程度较轻，部分试验受到的影响较严重，由此找到这些国际建议试验测试结果存在差异的重要原因。

为了进一步论证上述数值试验结果的合理性，本书介绍了这 4 种国际建议试验在裂纹失稳扩展临界时刻断裂过程区的理论评估(本书中“断裂过程区”包含主裂纹的亚临界扩展区域和微裂纹区域)。由于该理论评估需要已知试样的临界裂纹长度和应力强度因子等关键信息，第 3 章对 4 种国际建议试验中应力强度因子进行评估，证实了这些国际建议方法中给定的应力强度因子或多或少地偏高或偏低，由此揭示这些国际建议试验测试结果存在差异的另一关键原因。第 4 章介绍对这些国际建议试验中断裂过程区长度的理论评估以及不同试验受断裂过程区的影响程度，从断裂过程区的角度确定 4 种国际建议方法测试精度的优劣性，验证了第

2 章中数值试验结果的有效性。第 5 章介绍部分断裂试验方法的室内试验结果，并且深入分析该结果蕴含的岩石破断机理，揭示断裂过程区与 T 应力对岩石拉伸型断裂的综合效应，阐释巴西类型加载方式是导致含裂隙圆盘试样具有显著断裂过程区和负 T 应力的原因，彻底澄清了人字形切槽巴西圆盘试验的国际争议问题。第 6 章和第 7 章各自介绍一种新颖的岩石断裂试验——人字形切槽半圆盘弯曲试验和人字形切槽短棒弯曲试验；并根据数值试验、理论推导和室内试验手段，充分论证这两种岩石断裂试验的有效性和优势。

本书相关研究受到国家重点基础研究发展计划(973 计划)课题(2015CB057903)和国家自然科学基金面上项目(51779164、51679158)资助。本书的工作是在我的学生魏明东博士、许媛博士、刘燚博士、冯鹏博士、杜洪波博士、沈位刚博士、闫泽霖等的帮助下完成的，在此也一一表示感谢。此外，还要感谢力软科技(大连)股份有限公司在数值模拟软件方面的大力支持。

本书可供从事岩石力学、断裂力学、岩石工程安全性与稳定性等方面研究的科技人员以及高等院校和科研院所相关专业的师生参考使用。由于时间仓促，书中难免有遗漏或不足之处，欢迎读者朋友批评指正。

主要符号表

A_1，A_2，…，A_n；B_n	裂纹尖端渐近场的系数
a	裂纹长度
a_0	初始切槽长度
a_1	最终切槽长度
a_c	临界裂纹长度
a_s	线弹性断裂力学未考虑的亚临界裂纹扩展长度
B	试样厚度
b	裂纹前缘宽度
c，f	与α_0，α_B有关的系数
CB	人字形切槽圆梁弯曲试验
CCNBD	人字形切槽巴西圆盘试验
C_K	断裂韧度结果修正系数
COD	裂缝张开位移
CSTBD	直切槽巴西圆盘试验
D	试样直径
d	损伤变量
E	杨氏模量
FEM	有限元法
FPZ	断裂过程区
ISRM	国际岩石力学学会
J	J积分
K	应力强度因子
K_a	表观断裂韧度
K_c	固有断裂韧度
K_I，K_{II}，K_{III}	Ⅰ，Ⅱ，Ⅲ型应力强度因子
K_{Ic}，K_{IIc}，K_{IIIc}	Ⅰ，Ⅱ，Ⅲ型断裂韧度
K_{Ic}^*	T=0 时的断裂韧度
k	表观断裂韧度数值
L	试样长度
LEFM	线弹性断裂力学

l_{FPZ}	断裂过程区长度
l_{rc}	临界残余韧带长度
M	试样的任一几何参数
m	拉伸强度(MPa)与表观断裂韧度($MPa \cdot m^{0.5}$)的比值
n	拉伸强度(MPa)与固有断裂韧度($MPa \cdot m^{0.5}$)的比值
$O(r^{-1/2})$	高次项
P	加载力
P_{max}	最大加载力
p, q	与杨氏模量和泊松比有关的系数
R	试样半径
RFPA	岩石失效过程分析
R_S	刀具半径
r	到裂纹尖端的距离
r_c	裂尖特征距离
S	三点弯曲试验支撑跨距
SCB	半圆盘弯曲试验
SECRBB	直切槽三点弯曲圆梁试验
SR	人字形切槽短棒试验
T	T应力
T_c	裂纹临界失稳扩展时刻的T应力
T^*	标准化T应力
t	切槽宽度
U	裂纹体应变能
u, v	位移
v_0	泊松比
W	外力功
Y_I, Y_{II}	无量纲(量纲为1)的Ⅰ，Ⅱ型应力强度因子
Y_c, Y_{min}	临界、最小无量纲应力强度因子
$Y(\alpha_c)$	临界无量纲裂纹长度对应的Y值
$Y(\alpha_{ec})$	临界无量纲有效裂纹长度对应的Y值
Π	势能
α	无量纲裂纹长度
α_B	无量纲试样厚度
α_c	临界无量纲裂纹长度
α_{ec}	临界无量纲有效裂纹长度
α_S	无量纲刀具直径

β	裂缝倾斜角
ε	应变
ε_1， ε_2， ε_3	第一，二，三主应变
ε_{c0}	弹性极限时的压缩应变
ε_{t0}	单元产生拉伸损伤的临界应变值
ε_{ut}	单元完全失效时的临界应变值
$\varepsilon_{\theta\theta}$	裂纹尖端周向应变
$\varepsilon_{\theta\theta c}$	周向应变临界值
$\bar{\varepsilon}$	等效应变
η	极限应变系数
θ	V 形切口夹角
λ	残余强度系数
ξ	单元的某一力学参数
ξ_0	单元某一力学参数的平均值
σ_1，σ_2，σ_3	第一，二，三主应力
σ_c	单轴抗压强度
σ_{rr}	裂纹尖端沿裂纹延长线的应力
σ_{rt}	残余拉伸强度
σ_{rc}	残余压缩强度
σ_t	拉伸强度
$\sigma_{\theta\theta}$	裂纹尖端周向应力
ψ，ψ_1，ψ_2	经验系数
ϖ	Weibull 分布函数的形状参数
Δa	裂纹扩展增量
Δa_0	人字形韧带尖端到试样表面距离的误差量
ΔB	薄片厚度
ΔL	试件长度的误差量
$\Delta\theta$	人字形切口夹角的误差量

目　录

第1章 绪 论

1.1 岩石断裂力学研究意义

人类生活在岩石圈表层，许多生产活动均与岩石有关。自古代起，中华民族便完成了很多与岩石相关的伟大工程奇迹，例如灵渠、都江堰、京杭大运河等水利建筑工程。在都江堰的修建过程中，古代劳动人民以火烧石，通过使岩石爆裂(实际利用了热胀冷缩原理)的方式来大大加快工程进度。这些古代工程均是凭借人民的勤劳与经验完成的。随着近代科学的发展，专门研究岩石在各种荷载作用下应力、应变、变形和破坏规律的科学——岩石力学应运而生。岩石力学实用性强、应用范围广，它涉及土木建筑、水利水电、交通隧道、矿物开采、油气开发、二氧化碳和核废料深埋等诸多领域，并与矿物学、材料力学、工程地质、应用数学、流体力学、断裂力学、弹塑性力学、地球物理学等许多学科交叉。

岩石是自然界最复杂的固体材料之一，它是经过漫长地质作用而形成的一种或多种矿物的集合体，天然岩石(体)中往往含有大量断层、节理、裂纹、孔隙等力学缺陷。即便是表面上看起来完整的岩石，其内部也可能存在着许多沿晶或穿晶的微裂纹。另外，在施工过程中，爆破、开挖等工程扰动也会诱发岩石裂隙。这些裂纹缺陷可能在荷载或环境变化作用下进一步扩展演化，导致结构的破坏、失稳或者改变围岩的渗透性，造成突水事故。由岩石裂隙的扩展和贯通带来的损失不胜枚举：1959 年 12 月 2 日，由于坝基中裂纹的发展，法国 Malpasest 拱坝在初次储水时整个拱坝倒毁，伤亡近 500 人[1]；2008 年 12 月 16 日，大岗山水电站地下厂房上游侧 β_{80} 辉绿岩脉段开挖至桩号 0+132～0+135 时，顶拱上游侧出现塌方(图 1.1a)，塌方量近 3000m^3，处治长达 18 个月之久[2]；2009 年 11 月 28 日，锦屏二级水电站施工排水洞发生岩爆(图 1.1b)，支护系统全部摧毁，上亿元的隧道掘进机受损严重，7 人遇难[3]。于是，阻止裂纹扩展和灾难性断裂的产生具有重要的工程意义。另一方面，在岩石破碎和隧道掘进中，又需要不断寻求新的方法来提高破岩效率。而对于石油、天然气开采，人们总是希望提高岩石的断裂导流性来增加产量。因此，研究含裂纹岩石的强度和裂纹扩展规律，在有效利用自然岩体、资源开采和灾害防治方面表现出广泛的应用前景。

a.大岗山地下厂房塌方

b.锦屏二级引水隧洞岩爆

图 1.1 岩石裂纹扩展所引起的一些工程事故

断裂力学正是专门研究含裂纹体力学行为的一门学科。与基于连续介质假设的传统强度理论不同，断裂力学首先把材料看成含有裂纹的复合结构体，在此基础上研究裂纹尖端的应力、应变和能量场，并与断裂判据进行比较，由此确定裂纹是否扩展、裂纹向哪里扩展以及结构是否安全。断裂力学的理论基础可以追溯到 Griffith 在 1921 年关于玻璃低应力脆断的研究工作[4]。1957 年，Irwin 的研究表明，线弹性体裂纹尖端的应力场和位移场可以由一个与能量释放率相关的常数表征[5]，这个常数就是后来著名的应力强度因子。断裂力学的最初分支——线弹性断裂力学(linear elastic fracture mechanics，LEFM)由此逐步建立起来。LEFM 主要由两个准则构成，一个是从能量平衡关系建立起来的 Griffith 理论，又称为能量释放率准则，简称 G 准则；另一个是从应力场分布得到的应力强度因子理论，又称为

Irwin 准则，简称 K 准则。LEFM 只适用于线弹性材料的断裂分析，同时还可以近似用于裂纹尖端小范围屈服的情况。后来，针对裂纹尖端存在大范围屈服的弹塑性断裂问题，Rice 提出了与路径无关的 J 积分概念[6]，Wells 提出了裂缝张开位移 COD 法[7]，这些为弹塑性断裂力学奠定了基础。

目前，断裂力学已被广泛应用于多个研究领域，例如飞机、船舶、压力容器、地下管道以及近海结构工程等的断裂分析和安全评定，其涉及的材料也从最初的金属和玻璃向岩石、混凝土、陶瓷、冻土、海冰、木材和石墨烯等拓展。断裂力学已经在回答“如何预测含裂纹构件的失效荷载”“如何预测断裂传播路径”和“如何有效避免发生灾难性断裂”等问题上表现出明显的优势和活力。将岩石力学与断裂力学有机结合，有助于岩石工程防灾减灾、资源开采，以及自然岩体的高效利用[8-11]。于是，岩石力学与断裂力学的分支——岩石断裂力学被建立起来并受到广泛关注。

岩石断裂力学是研究岩石断裂行为的一门新兴学科，它以断裂力学为理论基础，以岩石断裂韧度为主要参数，以岩石裂纹起裂与扩展过程为研究内容，以探究岩石断裂机理、解决实际岩石工程问题为研究目标。岩石断裂力学的研究始于 20 世纪 60 年代中期。由于岩石材料在一般荷载条件下通常发生脆性断裂，岩石断裂力学主要建立在 LEFM 的理论基础上。1976 年，Schmidt 利用金属材料平面应变断裂韧度测试方法开展了岩石断裂韧度测试[12]，随后，许多岩石断裂试验研究涌现出来。近年来，岩石断裂力学与岩石断裂试验在多种岩石工程中都表现出广泛的应用前景[13-18]。

岩石断裂力学的理论和观点已被用于指导水力压裂，用于石油、天然气和地热的开采[19-24]。水力压裂中经典的 KGD 和 PKN 模型正是基于断裂力学提出的。冯彦军和康红普依据断裂力学中的最大拉应力准则，对任意方向钻孔裂缝起裂压力及起裂方向进行了系统的分析，得到起裂压力随钻孔方位角和倾斜角的变化规律[24]。唐红侠等基于岩石断裂力学原理分析了水力劈裂荷载作用下岩体裂隙的形成机制以及岩体结构和渗透性的变化规律[25]。黄润秋等从断裂力学角度推导了水力劈裂作用发生的临界水头压力值，提出了裂隙张开度变化的计算公式[26]。在现行做法中，水力压裂的设计和研究大多是将流固耦合相关理论嵌入到数值计算程序中，以断裂力学理论作为裂缝产生和扩展条件，依据模拟结果探讨水力压裂方案的合理性或解释实际压裂试验得到的现象。

岩石断裂力学在岩石稳定性评估中也得到较多研究[27-30]。陈忠辉等利用 K 准则推导了浅埋深特厚煤层综放开采中老顶的断裂步距和支架的合理工作阻力[31]。周云涛基于 K 准则提出了危岩主控结构面尖端的力学模型，计算得到的三峡库区某危岩稳定性结果与现场情况吻合较好[32]。Wu 等基于岩石断裂力学对含裂隙悬挂危岩体的稳定性问题开展了创新性研究，结果表明，最大剪应力法与基于莫尔库仑模型的断裂力学准则比传统的极限平衡法更加适用于评估含裂隙悬挂危岩体的稳定性，因为前两者不仅可以得到安全系数，还可以预测危岩体的滑动断裂方向[33]。此外，Huang 等采用解析方法确定了悬挂危岩体裂纹尖端的应力强度因子，解析结果与基于位移外推法的数值计算结果非常一致，为断裂力学在悬挂危岩体稳定性分析上的应用做出重要贡献[34]。

岩石断裂力学在岩石破碎与爆破工程中也受到重视[35-37]。陈欢强基于断裂力学原理，提出了一种槽孔预裂爆破的新技术，理论计算表明新技术能够更有效地控制断裂沿预定方向发展，产生较光滑的破裂面，并且可以降低打孔和装药密度、减少工程量，保护围岩，提高爆破质量[38]。朱传云从断裂力学角度提出了控制预裂爆破的断裂判据，建立了预裂爆破的线装药密度的计算公式，通过实际工程验证了理论公式的可行性[39]。戴俊结合断裂力学原理与工程实际，提出了光爆孔间隔分段起爆法，该方法中先、后起爆孔的装药量应分别按照拉伸破坏准则和断裂破坏准则计算，试验结果表明该方法可以实现良好的光爆效果[40]。

总的说来，岩石断裂力学在过去几十年得到了极大的发展，在土木工程、采矿工程、边坡工程、水利水电工程、地下工程、核废料处置等领域都取得了一系列重要的研究成果[41-47]。然而，这门学科还远未成熟，为了有效解决当代更复杂多样的工程问题，适应现代岩石工程更经济、更安全、更迅速的要求，仍有许多关于岩石断裂力学的研究工作需要完成。即便是岩石断裂力学中使用最多且最重要的参数——岩石拉伸型(Ⅰ型)断裂韧度，其试验测试技术也并不成熟，一些典型岩石断裂韧度试样的渐进断裂机理和裂纹扩展规律也未完全获悉，与拉伸断裂试验有关的一些争议问题仍未得到彻底解决，还需对岩石拉伸断裂试验和相关的岩石断裂机理进行深入细致的探讨。

1.2 国内外研究现状

1.2.1 岩石拉伸型断裂韧度简介

在断裂力学中，根据裂纹体所受荷载方式的不同，可以将裂纹分为三种基本类型(图 1.2)。Ⅰ型裂纹表示受到垂直于裂纹面张拉作用的裂纹，裂纹面会张开，因此又叫张开型或拉伸型裂纹；Ⅱ型裂纹表示受到面内剪切作用的裂纹，裂纹面会产生相对滑动且相对滑动方向垂直于裂纹前缘，因此又叫滑开型或面内剪切型裂纹；Ⅲ型裂纹则表示受到面外剪切作用的裂纹，裂纹面会相互远离且相互远离的方向沿初始裂纹前缘的方向，因此又叫撕开型裂纹或面外剪切型裂纹。

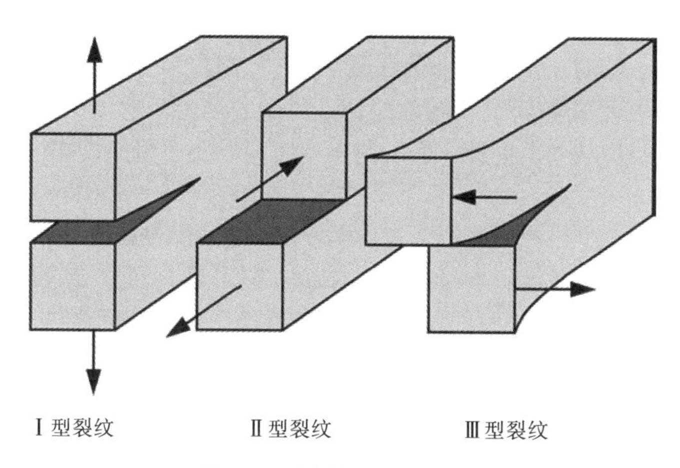

图 1.2　裂纹的三种基本类型

根据 LEFM，以上三类基本裂纹尖端任意一点的应力场可以表示为[48]

$$\sigma_{ij}=\frac{K_J}{\sqrt{2\pi r}}f_{ij}^J(\theta)+O(r^{-1/2})\quad (J=\text{I},\text{II},\text{III})\ (i,j=1,2,3) \tag{1.1}$$

式中，K_{I}、K_{II}和 K_{III}分别为Ⅰ型、Ⅱ型和Ⅲ型应力强度因子；r 为研究点到裂纹尖端的距离；$f_{ij}^J(\theta)$ 为不同裂纹类型端部应力分量对研究点所处坐标位置的依赖性；$O(r^{-1/2})$ 为高次项。

在十分靠近裂纹尖端的位置，r 趋近于 0，应力变得非常大并且由含有应力强度因子的一项主导。于是，在一般断裂力学应用中，通常将高次项忽略，并且认为 K_J 是决定裂纹端部应力场强弱与控制断裂发生与否的唯一参数，这便是 K_J 被称为应力强度因子以及“K 准则”的由来。

当裂纹体所受荷载增加时，裂纹尖端的应力场强度也会随之提高，当应力强度因子达到某一临界值，裂纹开始发生失稳扩展，这个临界应力强度因子即为断裂韧度 K_{Jc}。断裂韧度可以代表材料抵抗裂纹失稳扩展的能力或产生新表面所需要的断裂能耗散率，它在经典线断裂力学理论中是材料常数，与裂纹构件几何和外部加载配置无关。应力强度因子与断裂韧度的关系类似于强度理论中应力与强度的关系。对于三种基本断裂模式，一般工程应用中普遍采用的断裂条件可以描述为[49,50]

$$K_J \geqslant K_{Jc}\quad (J=\text{I},\text{II},\text{III}) \tag{1.2}$$

在岩石工程中，尽管裂隙岩石所受的荷载通常是Ⅰ型、Ⅱ型和Ⅲ型的两两复合或三者的复合，但由于岩石的拉伸性能相对较弱，裂纹扩展最易发生在垂直于拉应力的方向。例如，开挖过程中由上覆荷载导致的岩柱垂直开裂或水力引起的孔洞环向开裂等均属于张拉型断裂。此外，无论是在工程现场还是许多裂隙岩石室内压缩试验中，不连续面端部经常会产生翼形裂纹。翼形裂纹本质为张拉型断裂。而且，不论是翼形裂纹还是由压剪破坏产生的其他裂纹，在扩展一段距离后，最终大致都会垂直于最大拉应力方向，演化成较为纯粹的Ⅰ型断裂[51]。另外，早期的研究表明，即使是对于宏观上的剪切型断裂，在微观上也能观察到张拉型裂纹。因此，岩石的Ⅰ型断裂以及Ⅰ型断裂韧度 K_{Ic} 受到广泛重视。

Ⅰ型断裂韧度早已成为岩石断裂力学应用中不可或缺的参数，是岩石最重要的断裂力学属性之一[52-56]，本书的主要内容也是围绕岩石拉伸断裂以及Ⅰ型断裂韧度展开(本书如未专门说明，断裂韧度均指静态Ⅰ型断裂韧度)。即便在一些复合型断裂研究中，也经常将复合型裂纹等效为纯Ⅰ型裂纹，以等效应力强度因子达到Ⅰ型断裂韧度作为断裂判据[33,57,58]。鉴于岩石断裂韧度的重要性，对岩石拉伸断裂试验的研究几乎贯穿整个岩石断裂力学的进程[59]，其目的就在于寻求简单的岩石试样和方便的测试手段来获得准确的岩石断裂韧度值。

1.2.2 岩石拉伸断裂试验回顾

早期的岩石拉伸断裂试验主要沿用针对金属材料的试验方法和思路，然而，这会使得岩石试样的尺寸很大，对试验机性能的要求很高。另外，与金属材料不同，岩石材料并不易预制尖锐裂纹，而且疲劳预裂得到的裂纹长度又不易精确测量。因此，岩石拉伸断裂试验不宜照搬金属测试规范，有必要发展适合岩石材料的新测试方法[60]。自 20 世纪 80 年代起，岩石拉伸断裂试验的研究就已成为一项国际合作课题[61,62]。多种多样的试样构形和加载配置被提出(表 1.1)，一些常见的岩石拉伸断裂试验简要介绍如下。

表 1.1 一些岩石类材料拉伸断裂试验

名称	加载类型
人字形切槽圆梁弯曲试验[59]	三点弯曲
人字形切槽短棒试验[63,64]	直接拉伸
人字形切槽巴西圆盘试验[65]	对径压缩
直穿透切槽半圆盘弯曲试验[66]	三点弯曲
直切槽巴西圆盘试验[67,68]	对径压缩
人字形切槽半圆盘弯曲试验[69-73]	三点弯曲
人字形切槽方棒试验[74]	直接拉伸
直切槽平台巴西圆盘试验[75]	间接拉伸
含中心孔直切槽平台巴西圆盘试验[76,77]	间接拉伸
含中心孔平台巴西圆盘试验[78-81]	间接拉伸

续表

名称	加载类型
直切槽三点弯曲圆梁试验[82-84]	三点弯曲
直切槽三点弯曲方梁试验[85,86]	三点弯曲
直切槽圆盘弯曲试验[87,88]	三点弯曲
边裂纹平台圆环试验[89]	间接拉伸
边裂纹平台圆盘试验[89]	间接拉伸
边裂纹巴西圆盘试验[90]	间接拉伸
边裂纹圆环试验[91]	间接拉伸
边裂纹三角试样弯曲试验[92]	三点弯曲
中心开裂马蹄形圆盘试验[93]	楔形劈裂
人字形切槽方梁弯曲试验[94,95]	三点弯曲
含中心孔直切槽巴西圆盘试验[96]	间接拉伸

1. 人字形切槽圆梁弯曲(Chevron Bend，CB)试验

CB 试验是由 Ouchterlony 提出的，并于 1988 年被国际岩石力学与岩石工程学会(International Society for Rock Mechanics and Rock Engineering，ISRM)推荐为 ISRM 建议方法[59]，它采用的试样构形和加载方式如图 1.3 所示。CB 试件本体为一圆柱形岩芯，采用的加载方式是三点弯曲加载。试件长度的 1/2 位置处有一人字形切槽(实际为 V 形，本书统称为人字形)，切槽槽面与岩芯轴线垂直。于是，CB 试验可以测试裂纹沿岩芯横截面扩展情况下的断裂韧度。CB 试样的标准几何参数和加载配置如表 1.2 所示。在试验中，需要三点弯曲试验夹具支座的两个支辊对称地放置于切槽两侧，上部加载点则应与切槽共面。采用 CB 试验需要记录试样的最大荷载，然后通常用 ISRM 建议的式(1.3)和式(1.4)计算断裂韧度。

$$K_{\mathrm{Ic}}=\frac{P_{\max}}{D^{1.5}}Y_{\mathrm{c}} \tag{1.3}$$

$$Y_{\mathrm{c}}=\left[1.835+7.15\frac{a_0}{D}+9.85\left(\frac{a_0}{D}\right)^2\right]\frac{S}{D} \tag{1.4}$$

式中，Y_{c} 为临界无量纲(量纲为 1)应力强度因子；其他符号意义见图 1.3。

值得注意的是，对于标准试样和加载配置，ISRM 对 CB 试验建议的 Y_{c} 值等于 10.42。

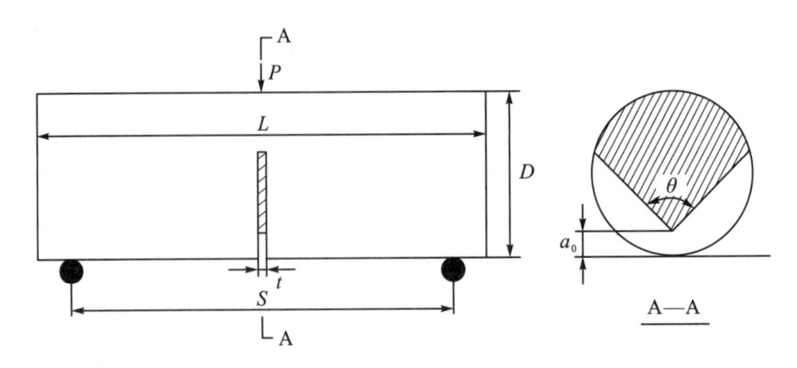

图 1.3 CB 试验示意图

注：P 为施加的荷载；L 为试件长度；D 为试件直径；a_0 为初始切槽长度；t 为切槽宽度；θ 为 V 形切口夹角；S 为支撑跨距。

表 1.2 CB 试样的标准几何参数和加载配置

符号	描述	建议值或范围
D	试样直径	＞10 倍岩石颗粒尺寸
L	试样长度	$4D$
a_0	人字形韧带尖端到试样表面距离	$0.15D$
θ	人字形切口夹角	90°
t	切口宽度	≤$0.03D$ 或 1mm
S	支撑跨距	$3.33D$
a	裂纹长度	
P	施加的荷载	

在过去 30 年间，CB 试验得到不少研究与应用。Matsuki 等基于 CB 试验数据分析了断裂韧度的尺寸和几何相关性，认为几何效应是由于 K 抵抗曲线随裂纹扩展而增加的特性所引起的[97]。Fowell 和 Xu 用 CB 和人字形切槽短棒试验的断裂韧度结果来验证人字形切槽巴西圆盘试验的应力强度因子和有效几何范围[98]。Iqbal 和 Mohanty 采用 CB 试验测试了三种岩石的断裂韧度，进而用来校准人字形切槽巴西圆盘试验的断裂韧度计算公式[99]。Funatsu 等比较了 CB 与直切槽半圆盘弯曲试验的断裂韧度结果，发现 CB 的断裂韧度结果要高于后者[100]。邓朝福等利用 CB 试样研究了不同粒径花岗岩的断裂力学行为及声发射特征，发现粒径越大则峰值载荷越低，断裂韧度值越小，声发射事件越多[101]。邓朝福等也利用 CB 试样研究了不同含水状态花岗岩断裂力学行为及声发射特征，表明水的存在会导致花岗岩软化，使平均断裂韧度比干燥时降低约 12.5%[102]。王启智和鲜学福采用 CB 和直切槽圆梁弯曲试验测试了一种重庆灰岩的断裂韧度，研究结果表明，前者不

易产生“过载”现象，而且前者裂纹偏离理想断裂面的程度也较小，因此 CB 试验要优于直切槽圆梁弯曲试验[103]。赵晓明和孙宗颀通过室内试验研究比较了 CB、人字形切槽圆棒、直切槽方梁弯曲和直切槽圆梁弯曲试样，发现人字形切槽短棒试样和 CB 试样的刚度低于材料试验机刚度，论证了人字形切槽短棒试验和 CB 试验的优越性以及用万能材料试验机进行这两种试验的可行性[104]。徐纪成等参加了 ISRM 组织的 CB 和人字形切槽圆棒试验的联合试验研究，成功地研制出多功能岩石断裂试件加工机[105]。

2. 人字形切槽短棒(Short Rod，SR)试验

SR 试验由 Barker 首次提出[106]，并于 1988 年被 ISRM 推荐为建议方法[59]，它采用的试样构形和加载方式如图 1.4 所示。SR 试件本体为一圆棒形岩芯，采用的加载方式是直接在开口端施加垂直于切槽平面的拉伸荷载。SR 试件的人字形切槽位于圆棒形岩芯的某一直径平面，试验中裂纹沿着岩芯轴线方向扩展。于是，SR 试验可以测试沿岩芯轴线方向的裂纹扩展抵抗。SR 试样的标准几何参数和加载配置如表 1.3 所示。在试验过程中，需要将两块端板粘贴在试件的槽口端部，再将一连杆系统连接到端板上，最后通过夹爪拉伸连杆系统和端板使拉伸荷载传递到试样上。此连杆系统的作用是消除引起试件弯曲和扭曲的应力。采用 SR 试验也需要记录试样的最大荷载，然后通常由 ISRM 建议的式(1.5)和式(1.6)计算断裂韧度。

$$K_{\mathrm{Ic}}=24.0\frac{P_{\max}}{D^{1.5}}C_{\mathrm{K}} \tag{1.5}$$

$$C_{\mathrm{K}}=1-0.6\frac{\Delta L}{D}+1.4\frac{\Delta a_0}{D}-0.01\Delta\theta \tag{1.6}$$

式中，24.0 为 ISRM 为标准 SR 试验建议的临界无量应力强度因子取值；C_{K} 为一几何尺寸修正系数，当制备的试样与标准试样有差异时，需要利用此参数对断裂韧度结果进行修正；ΔL 为试件长度的误差量；Δa_0 为人字形韧带尖端到试样表面距离的误差量；$\Delta\theta$ 为人字形切口夹角的误差。

SR 试验在过去 30 年也得到一些研究与应用。Matsuki 等利用 SR 试验测试了 8 种岩石的 K 抵抗曲线，通过最小方差法提出了一个最小试样尺寸要求的经验公式[97]。Yi 等用多种直径的 SR 试样测试了 Kallax 辉长岩的断裂韧度[107]，结果表明，Barker 为 SR 试验用于金属材料测试时建议的最小尺寸要求[106]也适用于岩石材料。Cui 等利用不同尺寸的 SR 试样测试了 Longtan 砂岩的断裂韧度，结果显示，断裂韧度随试样尺寸增大而轻微增大[108]。Mostafavi 等用 X 射线电子计算机断层扫描技术和数字体相关技术研究了多粒石墨 SR 试样的断裂过程，表明多粒石墨材料的裂尖存在一个断裂过程区[109]。Zhang 等利用 SR 试样进行了大量的动态断

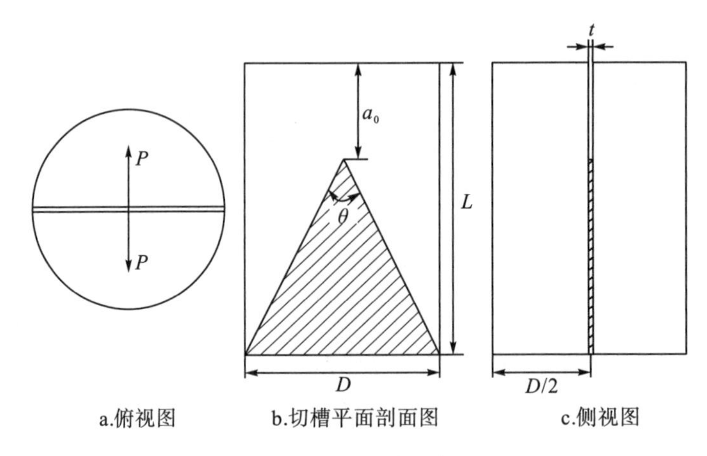

图 1.4 SR 试验示意图

表 1.3 SR 试样的标准几何参数和加载配置

符号	描述	建议值或范围
D	试样直径	>10 倍岩石颗粒尺寸
L	试样长度	1.45D
a_0	人字形韧带尖端到试样表面距离	0.15D
θ	人字形切口夹角	90°
t	切口宽度	≤0.03D 或 1mm
a	裂纹长度	
P	施加的荷载	

裂试验研究，结果表明，岩石的动态断裂韧度和分支裂纹数目均随加载率的增大而增加[110,111]。Zhang 等也用 SR 试样研究了温度对岩石动态断裂的影响，发现由于动态率效应，温度对动态断裂韧度的影响十分有限，而且高温条件下动态断裂的能量利用率远远低于静态断裂情形[112]。尹祥础等比较了 SR 试验与其他 3 种试验对 4 种岩石的断裂韧度测试结果，表明 SR 试样的测定结果能较充分地反映材料对断裂的抗力[84]。张宗贤等用 SR 试验研究了温度对辉长岩与大理岩断裂韧度的影响，表明断裂韧度随温度升高而降低[113]。

3. 人字形切槽巴西圆盘(Cracked Chevron Notched Brazilian Disc，CCNBD)试验

CCNBD 试验最初由 Sheity 等提出用于陶瓷断裂韧度测试[114]，后来经 Fowell 等发展用于岩石断裂测试[65]，并于 1995 年被 ISRM 所推荐。CCNBD 试验采用的

试样构形和加载方式如图 1.5a 所示。CCNBD 试件本体为圆盘形，采用的加载方式是巴西类型的压缩加载。CCNBD 试件的人字形切槽位于某一直径平面内，在试验过程中裂纹沿着该直径向圆周表面扩展。于是，CCNBD 试验可以测试沿圆盘直径方向的裂纹扩展抵抗。CCNBD 试样的标准几何参数和加载配置如表 1.4 所示。表 1.4 中，α_0，α_1，α_S 和 α_B 分别是 a_0，a_1，R_S 和 B 利用半径 R 进行无量纲化/规范化处理之后的参数。此外，ISRM 还对 CCNBD 的几何参数建议了一个有效范围，如图 1.5b 所示，该有效范围可以由式(1.7)表达。

$$\begin{cases} \alpha_1 \geqslant 0.4 & \text{0号线} \\ \alpha_1 \geqslant \alpha_B/2 & \text{1号线} \\ \alpha_B \leqslant 1.04 & \text{2号线} \\ \alpha_1 \leqslant 0.8 & \text{3号线} \\ \alpha_B \geqslant 1.1729 \times \alpha_1^{1.6666} & \text{4号线} \\ \alpha_B \geqslant 0.44 & \text{5号线} \end{cases} \tag{1.7}$$

在 CCNBD 试验中，无须使用特殊的夹具，只需将试样放置于两平台之间加载即可。采用 CCNBD 试验也需要记录试样的最大荷载，然后通常由 ISRM 建议的式(1.8)计算断裂韧度。

$$K_{Ic} = \frac{P_{max}}{B\sqrt{D}} Y_c \tag{1.8}$$

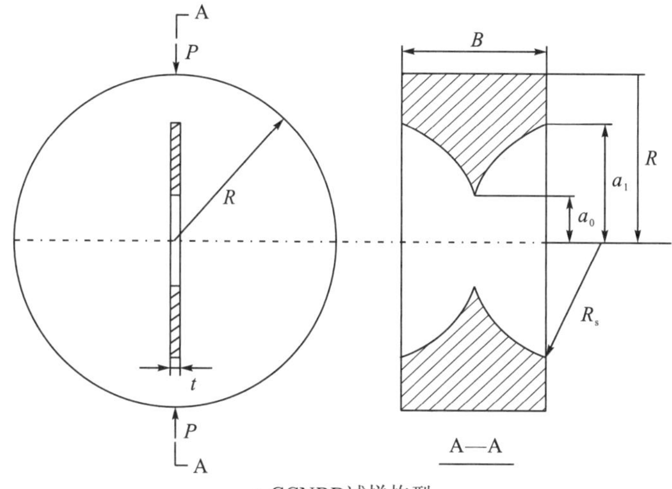

a.CCNBD试样构型

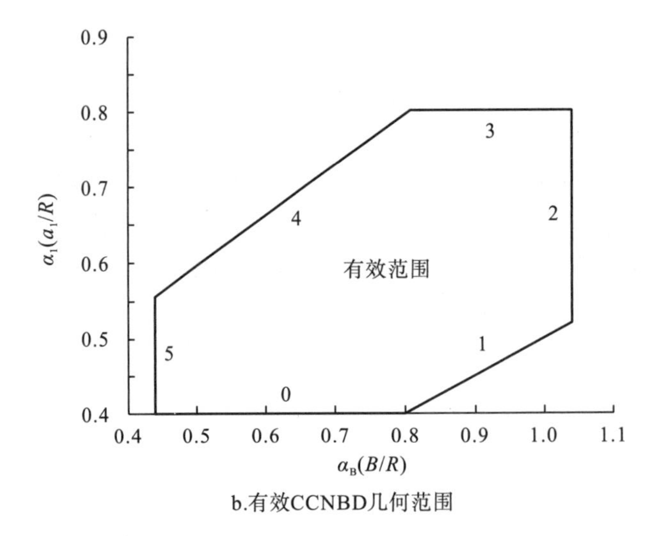

b.有效CCNBD几何范围

图 1.5 CCNBD 试验示意图

注：R 为试样半径；B 为试样厚度；R_S 为切割人字形切槽所用的圆形刀具半径。

表 1.4 CCNBD 试样的标准几何参数和加载配置

符号	描述	建议值或范围
D	试样直径	75.0 mm
B	试样厚度	30.0mm（$\alpha_B=B/R=0.8$）
a_0	人字形切槽初始长度	9.89mm（$\alpha_0=a_0/R=0.2637$）
a_1	人字形切槽最终长度	24.37mm（$\alpha_1=a_1/R=0.65$）
R_s	刀具半径	26.0mm（$\alpha_S=R_S/R=0.6933$）
t	切口宽度	
a	裂纹长度	
P	施加的荷载	

对于标准 CCNBD 试样，ISRM 建议的 Y_c 值为 0.84；对于其他 CCNBD 试样，ISRM 建议由式(1.9)确定 Y_c 值

$$Y_c = c\mathrm{e}^{j\alpha_1} \tag{1.9}$$

式中，c 和 j 为与α_0，α_B 有关的系数。

CCNBD 试样自提出以来受到了许多关注与应用。Erarslan 与合作者用 CCNBD 试样开展了大量的疲劳断裂试验，结果表明，在循环疲劳荷载作用下断裂韧度的减小量甚至高达 46%，而且循环荷载会导致岩石出现明显的拉伸软化行为，并且导致断裂面更加破碎[115-120]。Nasseri 与合作者用 CCNBD 试验研究了岩石微结构对断裂韧度的影响，结果表明，微裂纹密度、微裂纹长度和微裂纹走向

对断裂韧度有显著影响：当断裂方向与优势微结构走向垂直时，断裂韧度较高；而当断裂方向与优势微结构走向一致时，断裂韧度较低[121-125]。崔振东等采用泥质砂岩对 CCNBD 试验进行研究，发现韧度测试结果对试样直径尺寸变化较为敏感[126]。戴峰等应用边界元三维断裂分析软件 FRANC^{3D} 研究了 CCNBD 试样切槽宽度对其无量纲因子强度因子的影响，发现切槽相对宽度较大时的无量纲应力强度因子值比 0 宽度切槽时要大很多[127]。Dwivedi 等用 CCNBD 试验对不同岩石进行温度在 0 摄氏度以下的断裂韧度测试，分析比较了温度对断裂韧度的影响[128]。Dai 等将 CCNBD 试验扩展到霍普金森压杆动力试验中，测试了 Laurentian 花岗岩在不同加载率下的动态初始断裂韧度、动态传播断裂韧度、动态断裂能和断裂速度，揭示了动态初始和传播断裂韧度的加载率相关性[129]。吴礼舟等对 CCNBD 试样开展了尺度率分析研究[130,131]。孟涛等用 CCNBD 试验研究了不同腐蚀条件对断裂韧度的影响，发现在同一温度下，纯水和卤水对断裂韧度的影响较大，酸性石油对断裂韧度的影响则较小[132]。

4. 直穿透式切槽半圆盘弯曲(Semi-Circular Bend，SCB)试验

SCB 试验由 Chong 和 Kuruppu 在 1984 年提出[133,134]，并于 2012 年和 2014 年分别被 ISRM 推荐为动态和静态岩石 I 型断裂韧度测试的建议方法[66,135]。SCB 试验采用的试样构形和加载方式如图 1.6 所示。SCB 试件本体为半圆盘形，采用的加载方式是三点弯曲加载。SCB 试件的直穿透式切槽经过半圆盘的圆心，并且垂直于半圆盘的矩形表面。同 CCNBD 试验类似，SCB 试验也可以测试沿岩芯直径方向的断裂抵抗。ISRM 建议的几何参数和加载配置如表 1.5 所示。在 SCB 试验中需要记录最大荷载，通常由 ISRM 建议的式(1.10)计算断裂韧度[66]。

$$K_{\mathrm{Ic}} = \frac{P_{\max}\sqrt{\pi a}}{2RB} Y_{\mathrm{c}} \tag{1.10}$$

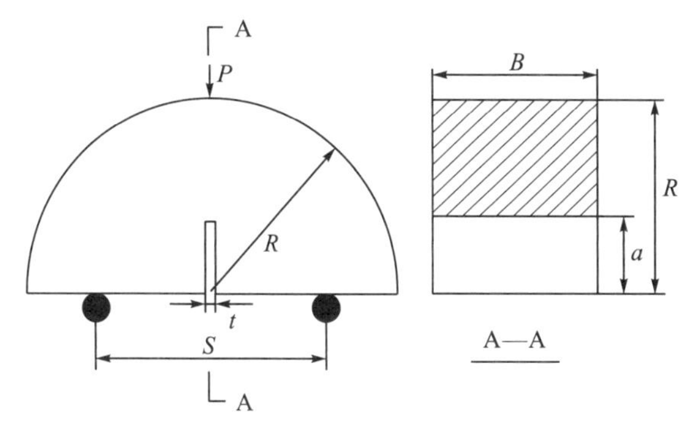

图 1.6　SCB 试验示意图

表 1.5 SCB 试样的标准几何参数和加载配置

符号	描述	建议值或范围
R	试样直径	大于 5 倍颗粒尺寸或 38mm
B	试样厚度	大于 $0.8R$ 或 30mm
a	裂纹长度	$0.4 \leqslant a/R \leqslant 0.6$
S	支撑跨距	$0.5 \leqslant S/(2R) \leqslant 0.8$
P	施加的荷载	

Chong 等用 SCB 试验测试了油页岩的断裂韧度，认为 SCB 试验非常适合层状岩石的断裂韧度测试，并且研究确定了 SCB 试验的最小试样尺寸要求[134]。Karfakis 等用 SCB 试验研究了不同化学添加剂对断裂韧度的影响[136]。Lim 等用 SCB 试验确定了一种软岩的断裂韧度，认为 SCB 试样构形和加载配置非常适合测试非线性材料的断裂韧度，并且证明含水饱和度是影响断裂韧度的重要因素[137,138]。Singh 等和 Obara 等也采用 SCB 试验进一步研究了含水率对断裂韧度的影响[139-145]。Baek 用 SCB、CB 和直切槽圆梁弯曲试验研究了试样尺寸、裂纹走向与层理面夹角、含水率等对断裂韧度的影响，结果显示对于 Elberton 花岗岩，SCB 的断裂韧度结果最低，CB 的断裂韧度结果最高，但对于 Comanche Peak 石灰岩，CB 和 SCB 的韧度结果几乎一致，而直切槽圆梁弯曲试验的断裂韧度结果最低[146]。Dai 等将 SCB 试验扩展到霍普金森压杆动力试验中测试岩石的动态断裂韧度，发现通过波形整形可以很好地实现试样两端动力平衡，进而可以采用准静态数据处理方法确定断裂韧度[147]。Wu 等用 SCB 试验研究了煤和砂质泥岩的断裂性质和裂纹传播行为，发现初始裂纹与层理面垂直时的裂纹偏转角度要大于初始裂纹与层理面平行时的情况，并且前者的断裂面积大于后者[148]。纪维伟等基于数字图像相关法研究了两类岩石 SCB 试样的断裂特征，结果表明，硬岩的断裂过程区长度明显小于黄砂岩的断裂过程区长度，软岩的裂缝临界张开位移大于相同裂纹长度的硬岩的情况[149]。Wang 等研究了 SCB 和 CCNBD 试样初始裂纹与层理面夹角分别为 0°、45°和 90°时的断裂行为，发现当初始裂纹与层理垂直时断裂韧度最高，而且 SCB 试样的断裂韧度离散性显著大于 CCNBD 试样的结果[150]。杨健锋等用 SCB 试验研究了不同程度水损伤作用对泥岩断裂力学特性的影响，结果表明断裂韧度随浸泡时间的增加而降低，同样浸泡时间下 I 型断裂韧度的降低程度要大于 II 型断裂韧度[151]。

5. 其他一些常用的岩石拉伸断裂试验

由于其他拉伸断裂试验均与以上 4 种试验具有一定的相似性，本书不再一一赘述。图 1.7 给出了 4 种其他常见岩石拉伸断裂试验的示意图：直切槽巴西圆盘

(Cracked Straight Through Brazilian Disc，CSTBD)试验、含中心孔直切槽平台巴西圆盘试验、直切槽三点弯曲圆梁(Straight Edge Cracked Round Bar Bend，SECRBB)试验和直切槽三点弯曲方梁试验[152]。

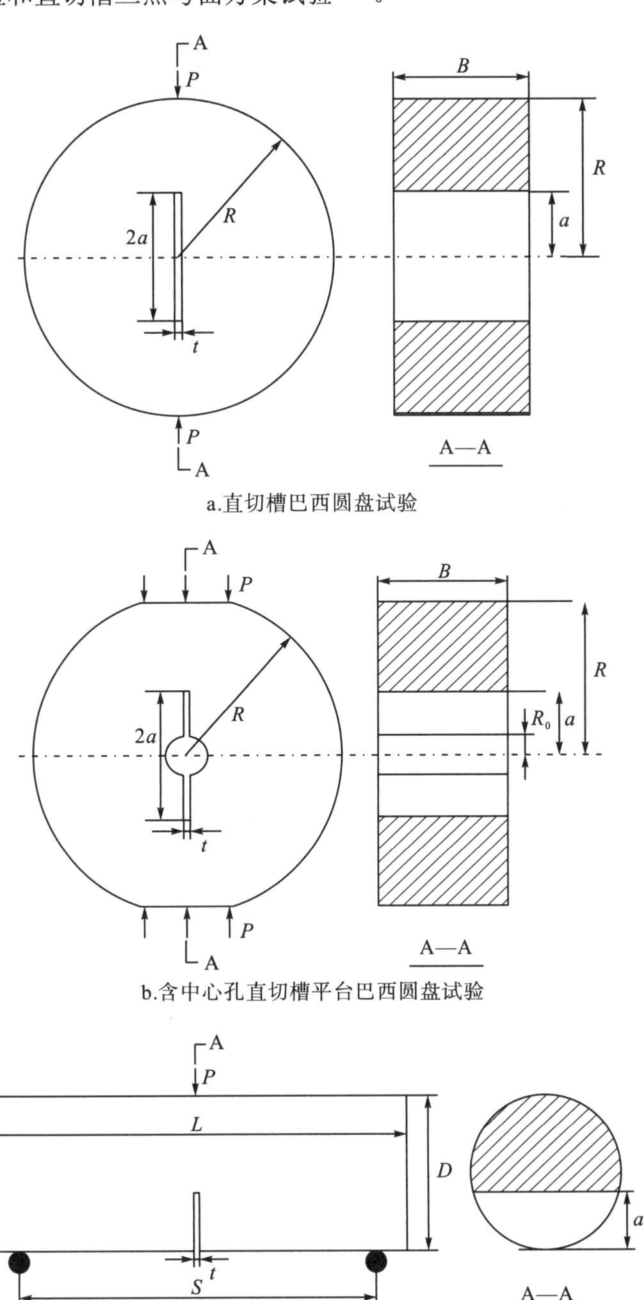

a.直切槽巴西圆盘试验

b.含中心孔直切槽平台巴西圆盘试验

c.直切槽三点弯曲圆梁试验

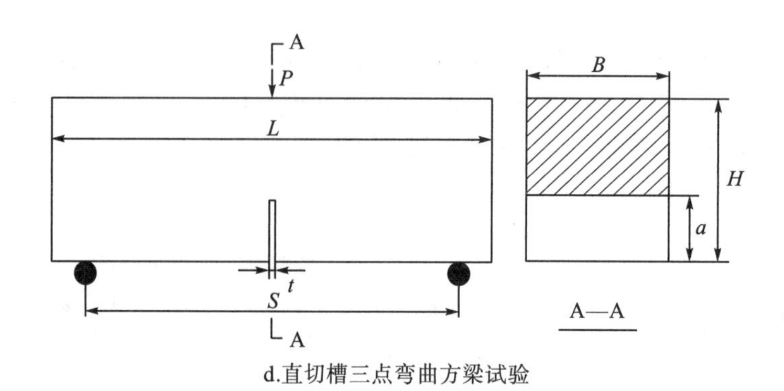

d.直切槽三点弯曲方梁试验

图 1.7 其他一些常见的岩石拉伸断裂试验

可以看出，大多数试样构形为(半)圆盘形或圆柱形，这是由于工程现场采集的岩石材料多为圆柱形岩芯，(半)圆盘形或圆柱形试样加工起来更为方便。对于所有的拉伸断裂试验，断裂韧度计算公式可以写成如下形式：

$$K_{\mathrm{Ic}} = \frac{P_{\mathrm{c}}}{M^{1.5}} Y_{\mathrm{c}} \tag{1.11}$$

式中，P_{c}为断裂试验中记录的临界荷载。对于大多数试样，P_{c}为最大失效荷载，对于个别试样(如中心孔平台巴西圆盘试样)，P_{c}为荷载位移曲线上继峰值之后的一个局部最小荷载；M为试样的某一几何参数，它可以是试样的长度、厚度、半径或直径等；Y_{c}为断裂韧度测试中关键裂纹长度对应的无量纲应力强度因子(即临界无量纲应力强度因子)，Y_{c}不仅取决于试样的几何形状和加载配置(例如三点弯曲加载的支撑跨距)，还与断裂韧度计算公式有关。

从切槽形状来看，岩石断裂韧度试样可以分为两大类：人字形切槽试样和直穿透式切槽试样。这两类切槽在断裂韧度测试中扮演着不同的角色。直穿透切槽通常用作断裂韧度测试所需要的关键裂纹，因此，要求制作的直切槽足够薄，切槽端部也要足够尖锐。只有这样，才可以将直切槽视为一条裂纹，才可以忽略切槽端部曲率对断裂韧度测试的影响。否则，须采取进一步的措施对切槽端部进行尖锐化处理，或者采用疲劳预裂等技术在切槽端部诱发一条裂纹。事实上，对于岩石材料(尤其是一些硬岩)，要制作足够尖锐的直裂纹并不容易，而疲劳预裂对于岩石材料更是难以执行。然而，人字形切槽试样(如 CB、SR 和 CCNBD)的提出则可以很好地规避这些难题。如图 1.8 所示，在人字形切槽试样的断裂试验中，随着荷载增加(图 1.8c)，人字形韧带尖端由于应力集中会产生一条裂纹(图 1.8a)。随后，该裂纹会以稳定的方式沿着人字形韧带扩展，在此过程中荷载仍会增加(图 1.8d 中的 A 点所在阶段)。当裂纹达到某一临界长度 a_{c} 时，荷载达到最大值(图 1.8d 中的 B 点)。此后，试样发生非稳态断裂，荷载急剧下降(图 1.8d 中 C 点所在的阶段)。在荷载先增大后减小的过程中，无量纲应力强度因子 Y 则表现出相反的变化趋势。于是，断裂韧度可以由最大荷载 $P_{\max}$ 和最小无量纲应力

强度因子 $Y_{\min}$(也即临界无量纲应力强度因子 Y_c)确定。可以看出，在采用人字形切槽类试样的断裂韧度测试中，并不直接将切槽当作断裂韧度测试所需的关键裂纹，其关键裂纹是在加载过程中形成的，是一条严格的裂纹。因此，在岩石Ⅰ型断裂韧度测试中，人字形切槽试样颇受青睐，这也可以解释为何 ISRM 建议的断裂韧度测试试样多采用人字形切槽。

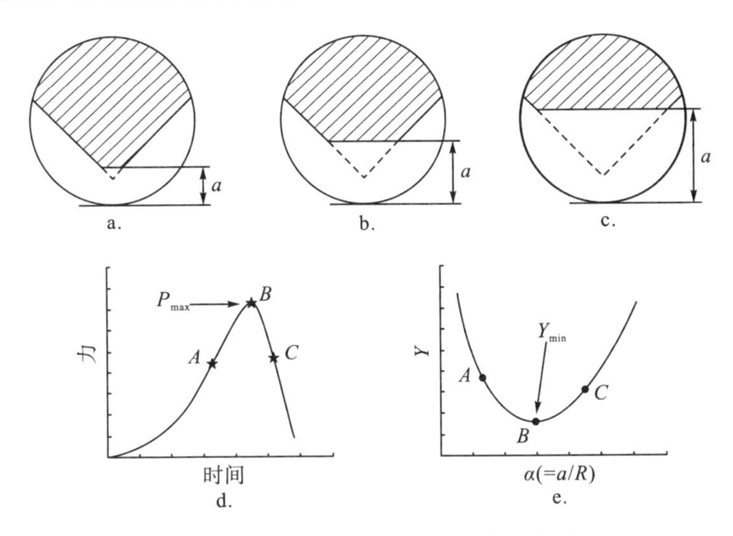

图 1.8 人字形切槽试样的断裂韧度测试原理

1.2.3 存在的主要问题

以上这些丰富的试样构形和加载配置为岩石断裂韧度测试研究提供了宝贵的经验，也取得了一些有益的研究成果。然而，对于同一岩石，不同试验的测试结果往往存在较大差异(表 1.6)，相互之间的可比性差，不利于获得可靠的岩石断裂韧度，也不便于比较不同试验方法得到的不同岩石的断裂抵抗能力。因此，迫切需要建立标准的试验方法，以测得准确的岩石断裂韧度，同时也方便研究者采用一致的试验来比较不同岩石的断裂抵抗性能。鉴于此，国际岩石力学与岩土工程学会先后将 CB、SR、CCNBD 和 SCB 颁布为 ISRM 建议方法。

自 1988 年 CB 和 SR 成为 ISRM 建议方法之后，岩石断裂韧度测试结果的一致性得到大大提高。然而，一些试验表明，对于同一种岩石，CB 和 SR 的测试结果有时仍然存在 20%～30%的差异。而且，正如一些文献[76,78,88]指出，CB 和 SR 试验也存在一些不足，例如：①试样相对较长，需要较多岩芯；②失效荷载偏小，对测试机精度的要求较高；③试样制备和测试较为困难。其中，SR 试验尤其麻烦，因为它采用的是直接拉伸加载，不仅有烦琐的试样安装和加载步骤，还需要用到复杂的夹具(比如，需要一个能够消除引起试件弯曲和扭曲应力的连杆系统[59])。在施加直接拉伸荷载时，对于一些硬岩，试样和夹具之间还可能发生粘接失效。此外，ISRM 建议的 CB 和 SR 试验中并未给出临界裂纹长度这一关键信息。

表 1.6　不同试验方法 I 型断裂韧度结果的比较

岩石类型	试验方法 A	试验方法 B	$(K_{Ic})_A$ /(MPa·m$^{0.5}$)	$(K_{Ic})_B$ /(MPa·m$^{0.5}$)
Keochang 花岗岩[153]	CB	SCB	略低于 1.34	0.68
Yeosan 大理岩[153]	CB	SCB	略低于 1.06	0.87
Kimachi 砂岩[100]	CB	SCB	0.80	0.59
Kimachi 砂岩[154]	CB	SCB	0.64	0.66
Barre 花岗岩[155]	CB	CCNBD	1.90	1.33
Laurentian 花岗岩[155]	CB	CCNBD	1.81	1.32
Stanstead 花岗岩[155]	CB	CCNBD	1.49	0.95
大理岩[130]	CB	CCNBD	1.28	0.75
Brisbane 凝灰岩-1[117]	SR	CCNBD	2.13	1.12
Brisbane 凝灰岩-2[117]	SR	CCNBD	2.19	1.59
Longtan 砂岩(R=25mm)[108]	SR	CCNBD	2.59	0.55
Longtan 砂岩(R=22.5mm)[108]	SR	CCNBD	2.41	0.89
Longtan 砂岩(R=34mm)[108]	SR	CCNBD	2.57	2.35
Longtan 砂岩(R=37mm)[108]	SR	CCNBD	3.07	2.67
辉绿岩[128]	SR	CCNBD	2.86	1.43
砂岩[128]	三点弯曲试验	CCNBD	0.31～0.35	0.24
玄武岩[156]	双扭试验	CCNBD	2.58	1.51
Guiting 石灰岩(R=25mm)[157]	SCB	CSTBD	0.298	0.179
Guiting 石灰岩(R=50mm)[157]	SCB	CSTBD	0.346	0.207
Guiting 石灰岩(R=75mm)[157]	SCB	CSTBD	0.443	0.311
Guiting 石灰岩(R=150mm)[157]	SCB	CSTBD	0.534	0.429
新丰江花岗岩[84]	SR	SECRBB	2.33	1.47
云浮大理岩[84]	SR	SECRBB	1.99	1.19
黄杨山辉长岩[84]	SR	SECRBB	3.62	1.70
石龙红砂岩[84]	SR	SECRBB	0.87	0.40

1995 年，CCNBD 试验也被 ISRM 推荐用于岩石 I 型断裂韧度测试。相较于 CB 和 SR 试验，CCNBD 具有以下优点：①试样体积小，所需岩芯更少；②试样制备更为方便；③失效荷载较高，对测试机精度的要求降低；④试验步骤简单，无须特殊的夹具。此外，CCNBD 试验还具有一个重要作用：CCNBD 连同 CB 和 SR 可以组成一套完整的测试方法来测定同一岩芯在 3 个正交方向的断裂韧度[65]。如图 1.9 所示，CB 试样的断裂面与岩芯横截面平行，由此可以测试平行于岩芯横截面的断裂传播抵抗；SR 与 CB 试样的断裂面总是相互垂直，SR 可以测试沿岩芯轴线方向的断裂传播抵抗；CCNBD 与 CB 试样的断裂面总是相互垂直，而且 CCNBD 与 SR 试样的断裂传播方向也相互垂直。因此，通过 CB、SR 和 CCNBD 试验很容易测得同一岩芯在三个正交裂纹走向上的断裂韧度，CB、SR 和 CCNBD 试验也可以组成一套方法来研究岩石的断裂性质各向异性。

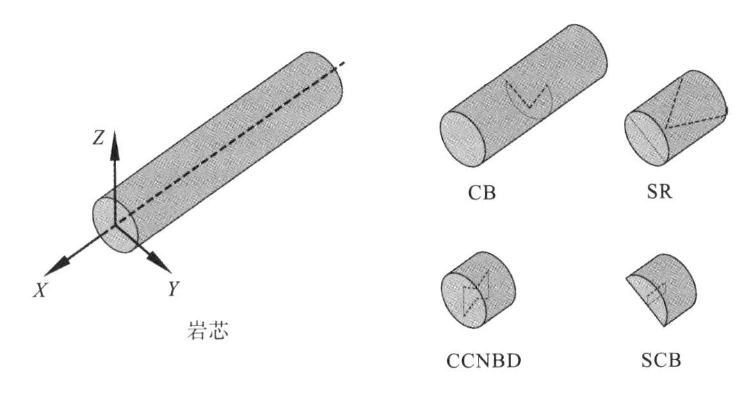

图 1.9　ISRM 建议试样中不同的裂纹扩展方向

然而，一些试验结果表明，CCNBD 试验的断裂韧度结果经常比 CB 和 SR 试验偏低 30%～50%[155](在个别文献中，CCNBD 试验的断裂韧度结果轻微高于 CB 试验的结果[153])。为了解释 CCNBD 与 CB、SR 试验的断裂韧度差异，一些学者对 CCNBD 试验开展了许多有趣的研究和讨论。Wang 于 1998 年率先对 ISRM 建议的临界无量纲应力强度因子提出了质疑，基于分片合成法，他证明了 ISRM 给出的临界无量纲应力强度因子偏低，由此找到了 CCNBD 试验测试结果偏低的一个重要原因[158]。2003 年，Wang 等基于位移外推法详细标定了 ISRM 建议的 CCNBD 标准试样的应力强度因子，将 ISRM 建议的无量纲应力强度因子 0.84 更新到 0.943，提高约 12.3%[159]。2004 年，Wang 等基于分片合成法给出了宽范围 CCNBD 试样构形的无量纲应力强度因子全新标定值[160]。2006 年，Iqbal 和 Mohanty 采用 CB 和 CCNBD 试验对三种花岗岩的断裂韧度进行测试[99]，结果表明：①如果采用 ISRM 建议的 D 版本公式[式(1.8)，D 代表直径]和 Y_c，CCNBD 试验的断裂韧度结果将比 CB 试验低 30%～60%；②即便采用 Wang 等重新标定的 Y_c 值，也只能对 CCNBD 的韧度结果提高 9%～16%，这显然不足以消除 CB 和 CCNBD 断裂韧度结果之间的差异；③若将式(1.8)中的直径 D 改为半径 R，则 CCNBD 试验的结果将与 CB 试验非常一致。于是，Iqbal 和 Mohanty 认为，ISRM 建议的断裂韧度计算公式中的直径 D 是一个书写错误，正确的参数应该是半径 R。同年，Fowell 等撰文将 CCNBD 试验断裂韧度计算公式[式(1.8)]中的直径 D 更新为半径 R，而公式中的 Y_c 仍然沿用 ISRM 建议的值[161]。随后，R 版本公式被许多研究采用[78,88,108,115,116,124,125]。2013 年，Wang 等对 CCNBD 试验的断裂韧度计算公式做出声明，认为简单地将式(1.8)中的直径 D 改成半径 R 是错误的，这会使得临界无量纲应力强度因子超过其上界，违背断裂力学原理[162]。然而，至今仍有许多研究沿用 R 版本公式[119,163]。CCNBD 试验的断裂韧度计算公式已经引起了争议和混淆。

尽管 Wang 等对 CCNBD 的 Y_c 值开展了深入、丰富的研究，表明 ISRM 建议的 CCNBD 标准试样的 Y_c 值比真实值偏低约 12.2%[162]，但此误差并不足以解释 CCNBD 试验断裂韧度结果经常显著偏低的现象。这可能是许多研究仍然误用 R 版本公式的原因。因此，有必要继续开展深入的研究，进一步确认 CCNBD 试验是否的确严重偏保守，同时揭示 CCNBD 断裂韧度结果经常偏保守的机理，这有助于：①进一步澄清 CCNBD 试验的争议问题；②获取更准确的断裂韧度；③解释 Ⅰ 型断裂韧度的几何相关性，揭示岩石的 Ⅰ 型断裂机理。

由于 SCB 试样具有体积小、构型简单、应力强度因子计算方便、容易实现 Ⅰ-Ⅱ 复合型断裂测试等优点，因此被许多断裂试验研究所采用，ISRM 也将 SCB 试验认定为岩石 Ⅰ 型断裂韧度测试的建议方法，并制定了标准化的测试步骤和要求。同 CCNBD 试验类似，SCB 结合 CB 与 SR 也可以形成一套测试方法，用于确定同一岩芯在 3 个正交裂纹走向的断裂韧度。然而，一些试验表明，SCB 试验的韧度测试结果显著低于其他建议试验方法结果[164](有个别文献中，SCB 试验的断裂韧度结果轻微高于 CB 试验结果[154])。因此，有必要进一步确认 SCB 试验是否的确严重偏保守，以及揭示 SCB 测试结果经常显著偏低的机理。这有助于正确认识和合理应用 ISRM 建议方法，而且有助于揭示岩石的 Ⅰ 型断裂机理。另外，许多文献均给出了 SCB 试验的无量纲应力强度因子，然而不同文献的数据并不相同，即使是 ISRM 于 2012 年和 2014 年建议的计算式也有差异。因此，有必要确定何种计算式更为准确。

4 种 ISRM 建议方法测试结果的差异表明，这些方法仍须进一步评估，毕竟一些标准方法也是反复研究和修正之后才趋于成熟。例如，美国材料与试验协会(American Society for Testing and Materials，ASTM)颁布的一些金属断裂韧度测试标准就经历多次修正或更新。从前面的介绍可以看出，已有的关于 4 种 ISRM 建议方法的研究大多基于室内物理试验手段，相关的数值试验研究十分罕见。数值试验已经成为岩石力学与工程领域常用的一种重要研究手段，开展有效的数值试验评估有助于丰富 4 种 ISRM 建议的岩石拉伸断裂试验的研究内容，也有可能揭示常规物理试验中不易观察到的一些断裂现象和机理。另外，已有的许多研究利用这些 ISRM 建议试验报道了含水量、浸泡时间、腐蚀介质、动力加载率、温度、初始裂纹与层理面夹角、微结构或循环荷载等因素对断裂韧度的定量影响[150,165]，只有确认 ISRM 建议方法(尤其是 CCNBD 与 SCB 试验)的断裂韧度结果具有代表性，能够较真实地反映岩石材料的断裂抵抗，文献中得到的定量关系才有普遍适用性，才能准确反映这些因素对断裂韧度的定量影响。因此，从这一角度来看，也有必要对 ISRM 建议方法断裂韧度结果的可靠性进行深入评估。

第 2 章　ISRM 建议方法的数值试验评估

2.1　引　　言

随着计算机科学技术的快速发展，数值分析方法在解决工程实际问题和开展理论研究中发挥着重要作用，已得到工程界和学术界的广泛认可和重视。对于解决岩土力学问题，有效的数值模拟分析方法已成为与室内外试验方法和解析方法并列的重要手段。然而，目前对 4 种 ISRM 建议方法的研究主要采用室内试验和解析的手段，传统的物理试验研究难以直观反映岩石试样内部的三维渐进断裂过程，解析手段又往往将岩石视为理想、均匀的线弹性材料来进行力学分析，难以准确反映岩石材料的真实断裂行为。未有研究从数值试验的角度对 4 种 ISRM 建议的拉伸断裂试验方法进行详细评估。因此，本章介绍针对 4 种 ISRM 建议的拉伸断裂试验方法的数值试验研究，旨在详细揭示 ISRM 建议断裂韧度试样的渐进断裂过程以及其中蕴含的断裂机理。

2.1.1　数值分析方法

岩石力学与工程中常用的一些数值分析方法包括：有限元法(FEM)[166,167]、离散元法(DEM)[168]、有限差分法(FDM)[169]、边界元法(BEM)[170]、无限元法(IEM)[171]、无单元法(EFM)[172]、流形元法(MM)[173,174]、非连续变形分析法(DDA)[175]以及各种耦合计算方法等[176-178]。对于经典的有限元方法，模拟裂纹扩展的方式主要有两类：单一裂纹模型和均布裂纹模型。前者以经典的强度理论或断裂判据作为断裂发生的条件，在模拟裂纹扩展的过程中需要实时更新有限元网格，难以模拟复杂的三维断裂问题。后者将裂纹考虑到整个开裂单元中，开裂单元本构关系由考虑了裂纹作用的等效的应力应变关系代替，采用传统的强度理论控制断裂的发生和传播，本质是以连续介质力学原理模拟非连续性问题。该方法在开裂单元中考虑了应变软化的本构关系，从而避免了模拟裂纹扩展过程时需要重新生成有限元网格的问题。基于上述第二类思想，唐春安教授团队提出一种模拟岩石破裂过程的数值分析工具——岩石失效过程分析(rock failure process analysis，RFPA)系统[179-186]。

RFPA 系统在模拟岩石材料渐进破坏方面的有效性已被诸多研究证实。Wang 等用 RFPA 进行了矿柱岩爆研究，模拟结果很好地再生了矿柱岩爆发生时的变形猛增和能量释放[187]。Tang 等的研究证明 RFPA 是定量模拟宏观、微观颗粒破碎的有力工具，模拟结果表明颗粒的完全失效由灾难性劈裂和渐渐压碎两个阶段组成，荷载位移曲线在这两个阶段表现出脆-韧转换特征[188]。Chen 等用 RFPA 很好地揭示了围压对脆性岩石损伤和失效的影响，结果表明峰值强度和峰值应变随围压的增加而增加[189]。Wang 等用 RFPA 模拟了带中心孔或偏心孔的圆盘试样在对径压缩荷载下的断裂模式，模拟结果与试验结果具有很好的一致性[190]。Liang 等用 RFPA 对含表面裂纹岩样的断裂行为进行了研究，数值模拟结果很好地再生了翼裂纹、反翼裂纹和壳状裂纹，并且表明反翼裂纹是非均质材料独有的断裂现象[191]。徐奴文等利用 RFPA 对水电站边坡和地下厂房的稳定性问题开展了许多有益的研究，模拟结果有助于理解可能发生的整体失稳破坏模式和微震活动性空间演化规律[192-196]。朱万成等用 RFPA 很好地再现了均匀杆在应力波作用下的剥落过程，并模拟了非均匀岩石在不同应力波作用下的剥落破裂[197]。谢林茂等利用 RFPA 模拟了含孔岩石在三轴加载条件下的破裂过程，结果表明只有最大主应力与孔轴平行时，孔洞周围才产生分区破裂现象[198]。赵兴东等模拟了不同侧压条件下不同断面形式隧道的破坏模式，表明 RFPA 在隧道工程设计和稳定性分析方面具有优势[199]。因此，本书采用 RFPA 数值分析方法对 ISRM 建议的 4 种岩石拉伸断裂试验方法开展数值试验评估。

RFPA 中的两个重要思想是通过假定单元的细观力学参数服从一定的统计分布来模拟岩石材料的非均质性，以及通过折减损伤单元或失效单元的力学参数来模拟应变软化和非连续性问题[200,201]。对于岩石材料，一般假定细观单元的力学参数服从 Weibull 分布[202,203]：

$$\phi(\xi)=\frac{\varpi}{\xi_0}\left(\frac{\xi}{\xi_0}\right)^{\varpi-1}\exp\left[-\left(\frac{\xi}{\xi_0}\right)^{\varpi}\right] \tag{2.1}$$

式中，ξ 为单元的强度或弹性模量等力学性质参数；ξ_0 为所有单元该力学参数的平均值；ϖ 为分布函数的形状参数，它决定了岩石材料的均质性，可理解为均匀性系数。ϖ 值越大，则每个单元的力学性质接近平均值的可能性越大，岩石材料也就越均匀。

对于岩石材料，RFPA 系统采用弹性损伤本构模型。在开始损伤之前，单元被认为是线弹性体，其力学性质完全由弹性模量和泊松比来表征。当达到损伤阈值以后，单元开始损伤，单元的弹性模量会随着损伤演化而折减。损伤单元的弹性模量由式(2.2)确定。

$$E=\left(1-d\right)E_0 \tag{2.2}$$

式中，E_0 和 E 分别是损伤前后的弹性模量；d 是损伤变量。d=0 代表无损伤状态，d=1 代表完全损伤(即断裂或破坏)状态，0＜d＜1 则代表前两种状态之间的不同损伤程度。当 d=1 时，为了避免出现 E=0 的情况(由于使用弹性有限元程序进行应力分析，E=0 可能给计算造成问题)，需要给单元的弹性模量赋一个很小的值(如$E=10^{-5}$)。

RFPA 系统采用最大拉应变准则控制单元的拉伸损伤，采用莫尔-库仑准则控制剪切损伤，而且，前者具有优先权[204]。若单元的应变状态满足最大拉应变准则，系统则不需要再判断该单元是否满足后者；只有不满足最大拉应变准则的单元才判定其应力状态是否达到莫尔-库仑准则。在 RFPA 中，拉应力(应变)为负，压应力(应变)为正。下面介绍单元在单轴应力状态下的弹性损伤本构关系，并以此为基础，延伸介绍三轴应力状态的情况。

单轴拉伸应力作用下的损伤演化见图 2.1a，相应的损伤演化方程为

$$d=\begin{cases}0, & 0>\varepsilon\geqslant\varepsilon_{t0}\\ 1-\dfrac{\sigma_{rt}}{\varepsilon E_0}, & \varepsilon_{t0}>\varepsilon>\varepsilon_{ut}\\ 1, & \varepsilon\leqslant\varepsilon_{ut}\end{cases}\tag{2.3}$$

式中，σ_{rt}为残余拉伸强度，$\sigma_{rt}=\lambda\sigma_t$($\lambda$ 为残余强度系数，σ_t为单元的单轴拉伸强度)；ε_{t0}为开始产生拉伸损伤的临界应变值；ε_{ut} 为单元完全失效时的临界应变值，$\varepsilon_{ut}=\eta\varepsilon_{t0}$($\eta$ 是极限应变系数)。

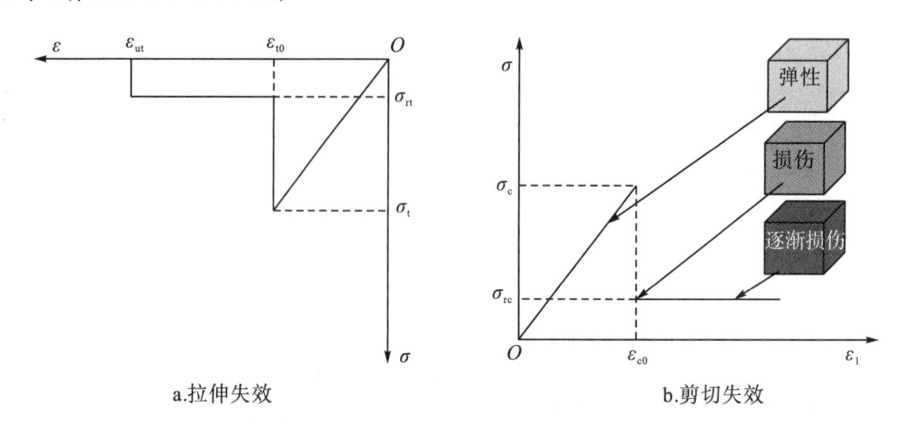

图 2.1 RFPA 中细观单元的损伤本构关系

对于三维应力状态的情况，RFPA 系统采用的是 Marzas 的做法[201]，用等效应变$\bar{\varepsilon}$来代替式(2.3)中的应变ε。等效应变由式(2.4)确定。

$$\bar{\varepsilon}=-\sqrt{\langle\varepsilon_1\rangle^2+\langle\varepsilon_2\rangle^2+\langle\varepsilon_3\rangle^2}\tag{2.4}$$

式中，ε_1、ε_2和ε_3为主应变，符号$\langle\ \rangle$的含义为

$$\langle x\rangle=\begin{cases}x, & x\leqslant 0\\ 0, & x>0\end{cases}\tag{2.5}$$

对于单元受压应力或剪切应力的情形，剪切损伤的阈值判据为莫尔-库仑准则：

$$\sigma_1 - \frac{1+\sin\phi}{1-\sin\phi}\sigma_3 \geqslant \sigma_c \tag{2.6}$$

式中，σ_c为单轴抗压强度；σ_1和σ_3分别为最大和最小主应力；ϕ为摩擦角。

类似地，可以得到单轴压缩情况的损伤演化(图 2.1b)方程：

$$d = \begin{cases} 0, & 0 < \varepsilon < \varepsilon_{c0} \\ 1 - \dfrac{\sigma_{rc}}{\varepsilon E_0}, & \varepsilon_{c0} \leqslant \varepsilon \end{cases} \tag{2.7}$$

式中，σ_{rc}为残余压缩强度，$\sigma_{rc}=\lambda\sigma_c$($\sigma_c$为单元的单轴抗压强度)；$\varepsilon$为压缩应变；$\varepsilon_{c0}$为弹性极限时的压缩应变，在单轴压缩条件下，$\varepsilon_{c0}=\sigma_c/E$。

当单元处于多轴应力状态并且达到莫尔-库仑准则时，单元的最大压缩主应变为

$$\varepsilon_{c0} = \frac{1}{E_0}\left[\sigma_c + \frac{1+\sin\phi}{1-\sin\phi}\sigma_3 - v_0\left(\sigma_1 + \sigma_2\right)\right] \tag{2.8}$$

式中，v_0为泊松比。

对于多轴应力状态，可以用最大压缩主应变ε_1来代替式(2.8)中的ε，由此将一维条件下的本构关系拓展到三维。此时，损伤演化方程为

$$d = \begin{cases} 0, & 0 < \varepsilon_1 < \varepsilon_{c0} \\ 1 - \dfrac{\sigma_{rc}}{\varepsilon_1 E_0}, & \varepsilon_{c0} \leqslant \varepsilon_1 \end{cases} \tag{2.9}$$

由于单元的损伤或破坏会释放其存储的弹性应变能，RFPA 将单元的损伤或失效视为一个声发射来源，由此来模拟声发射现象。于是，通过记录损伤单元的数目、位置和释放的能量，RFPA 可以模拟声发射事件率、声发射空间位置和声发射量级。在 $RFPA^{3D}$ 中，拉伸损伤引起的声发射活动显示为蓝色，剪切损伤引起的声发射活动显示为红色。

2.1.2 细观参数标定

在数值试验中，需要确定单元的细观力学参数。本节数值试验中的岩石材料是福建省漳州市长泰县黑色花岗岩。该花岗岩的基础力学性质由室内试验测得(详见 5.2.1 节)。本节通过模拟该花岗岩的巴西圆盘试验和单轴压缩试验来校准单元的细观力学参数。

数值模型的几何尺寸与实际标准试样的尺寸一致。巴西圆盘试样模型共划分 147,082 个节点和 139,100 个六面体单元，单轴压缩试样模型共划分 300,645 个节点和 291,312 个六面体单元。数值试验中，约束试样底部在竖直方向上的位移，并在试样顶部向下施加每步 0.002mm 的位移荷载。通过试算和调整，最终匹配得到的细观力学参数列于表 2.1。在多数岩石材料的数值模拟中，RFPA 中的均匀性系数ϖ通常取 2～10。为了避免过度的非均质性对试验结果造成干扰，从而更本

质地揭示试验方法本身对试样断裂行为的影响，在本书的研究中取均匀性系数 $\varpi=10$ 。图 2.2a 展示了数值模型，细观单元颜色的差异代表它们具有不同的力学性质。图 2.2b 给出了巴西圆盘数值试样中心剖面的断裂情况，可以看出数值试样的断裂模式与常规巴西圆盘试验结果较为相似，这可以在一定程度上表明本书采用的数值试验评估方法具有可靠性。图 2.3 给出了采用标定出的细观力学参数模拟得到的力-位移曲线以及典型的物理试验结果曲线。可以看出，花岗岩试样的峰值强度和压密后的弹性模量均被较好地匹配，因此，基于这些细观力学参数的数值模型能较好地反映岩石材料的宏观力学性质。

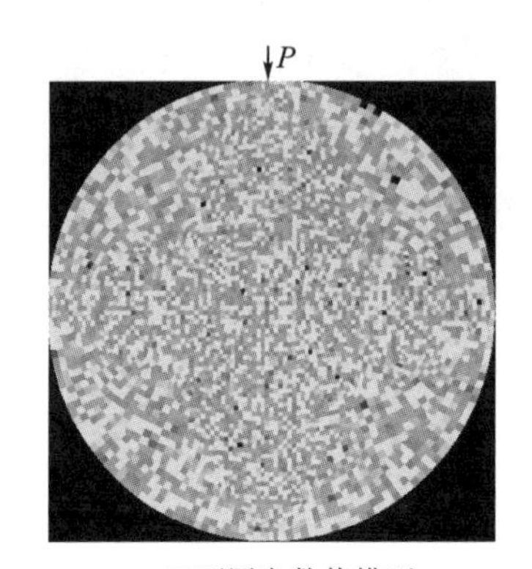

a.巴西圆盘数值模型

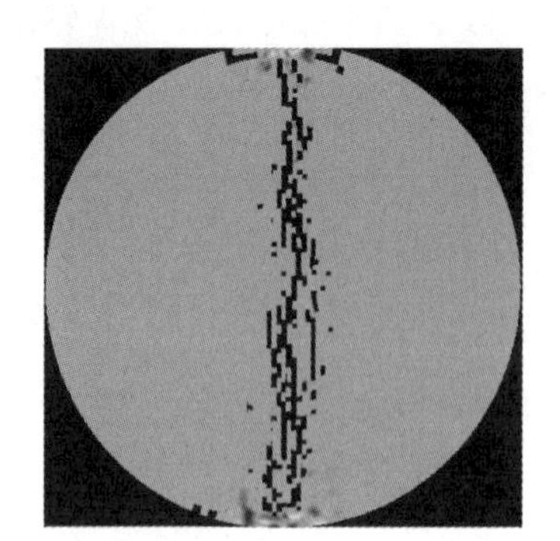

b.圆盘中间截面的失效结果

图 2.2 RFPA^{3D} 中生成的巴西圆盘数值模型以及典型的失效结果

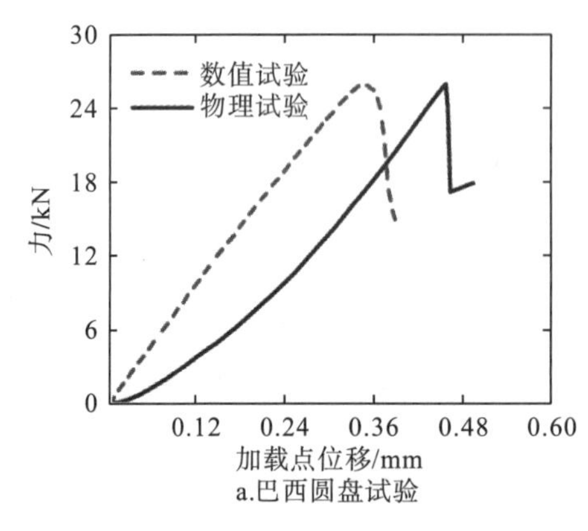

a.巴西圆盘试验

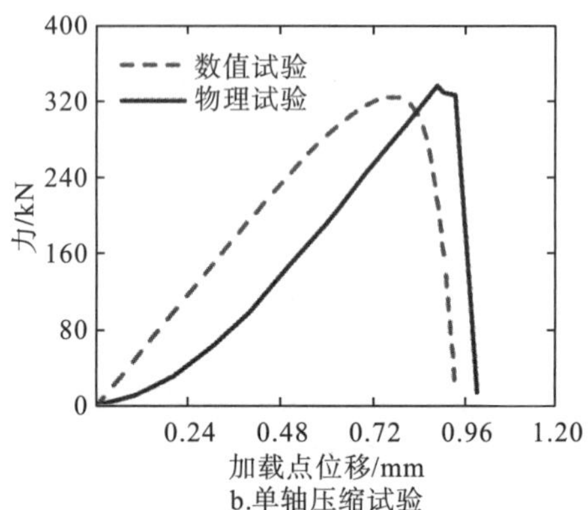

b.单轴压缩试验

图 2.3 力-位移曲线的匹配结果

表 2.1 匹配物理试验得到的基于 Weibull 分布的单元细观力学参数

参数	杨氏模量	抗拉强度	抗压强度	泊松比
均匀性系数 ϖ	10	10	10	200
平均值	17.3GPa	38.7MPa	464.6MPa	0.21

2.2　CB 数值试验

CB 数值模型(图 2.4a)的几何形状与 ISRM 建议的标准试样(表 1.2)一致，其直径 D=75mm。CB 模型由 987,600 个六面体单元组成。数值试验中，约束两底部支撑处在竖直方向上的位移，对上部加载处向下施加每步 0.002mm 的位移荷载。图 2.4b 给出了 CB 数值试验中得到的力-位移曲线，该曲线形状与采用压缩/弯曲加载方式的一般岩石力学试验结果相似。

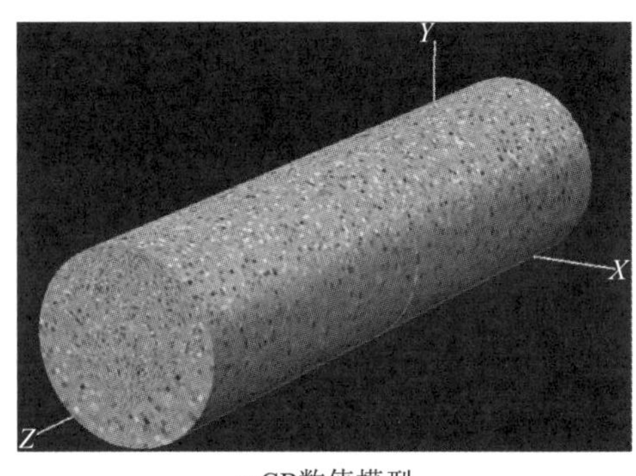

a.CB数值模型

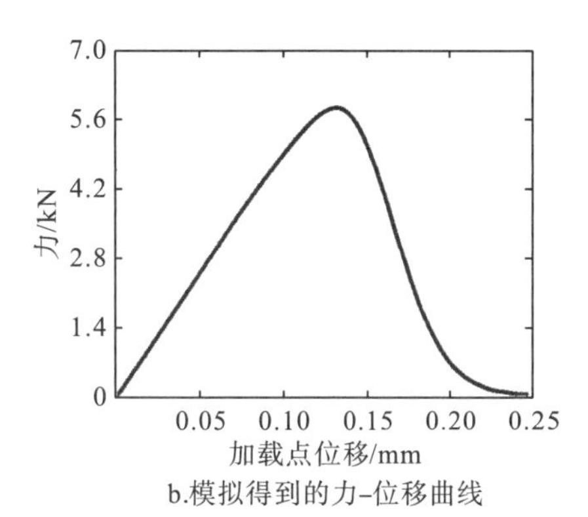

b.模拟得到的力-位移曲线

图 2.4　CB 数值试验采用的数值模型与得到的力-位移曲线

图 2.5 显示了 6 个典型加载阶段的人字形韧带剖面内的最小主应力云图。可以看出，当试样遭受荷载时，人字形韧带尖端首先出现高应力集中。随着荷载增加，拉应力集中区开始从人字形韧带尖端向上移动，这表明断裂从人字形韧带尖端产生并沿着韧带向上部加载端扩展。当裂纹扩展到人字形韧带中间的某一位置时，荷载达到峰值。图 2.6 和图 2.7 分别给出了垂直于人字形韧带截面的视角以及沿着人字形韧带截面的视角所观察到的声发射演化。图中声发射小球均为蓝色，这代表细观单元发生的是拉伸失效(本研究设置拉伸失效引起的声发射显示为蓝色，剪切失效引起的声发射显示为红色)。因此，试样发生的是典型的拉伸断裂，符合 I 型断裂韧度测试原理。图 2.5～图 2.7 可以较好地揭示 CB 试样的渐进断裂过程：当荷载达到峰值力的 20%时，韧带尖端有少量声发射产生；当荷载达到约 40%峰值力时，韧带尖端已有较多且较集中的声发射产生，宏观断裂开始在人字形韧带尖端形成；此后，随着荷载增加，断裂较好地沿着人字形韧带稳定地扩展；大约在峰后 80%峰值力时，裂纹扩展达到人字形韧带根部。图 2.7 显示在裂纹失稳扩展之前，声发射事件基本上限制在人字形韧带以内，表明试样发生较理想的 I 型断裂，符合 I 型测试原理。与前面介绍的人字形切槽类试样的测试原理类似，CB 试验的测试原理是：当裂纹扩展到人字形韧带中间的某一确定位置时(即裂纹

长度 a 满足 $a_0<a<a_1$)，荷载会达到最大值，CB 试样的断裂韧度可以用峰值荷载以及该临界裂纹长度对应的无量纲(量纲为 1)应力强度因子来计算。因为临界裂纹长度决定着无量纲应力强度因子的数值以及断裂韧度，故峰值荷载时的裂纹长度(即临界裂纹长度)值得重点关注。图 2.8 对比了数值试验得到的临界裂纹前缘位置以及根据经典 LEFM 理论所确定的临界裂纹前缘位置(基于 LEFM 确定临界裂纹长度的具体过程见 3.4.1 节)。可以看出，数值试验得到的临界裂纹前缘位置与基于经典 LEFM 理论得到的结果有一定出入。实际上，这很容易理解。

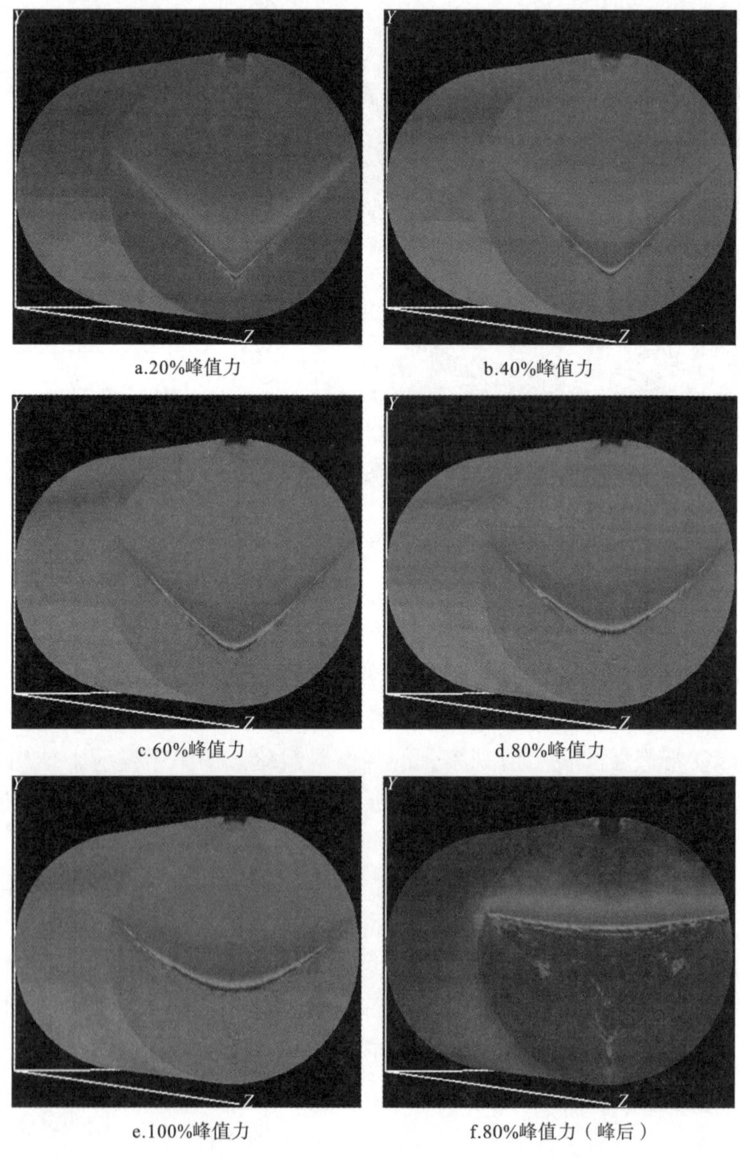

图 2.5　CB 数值试样断裂过程中人字形韧带剖面内的最小主应力云图

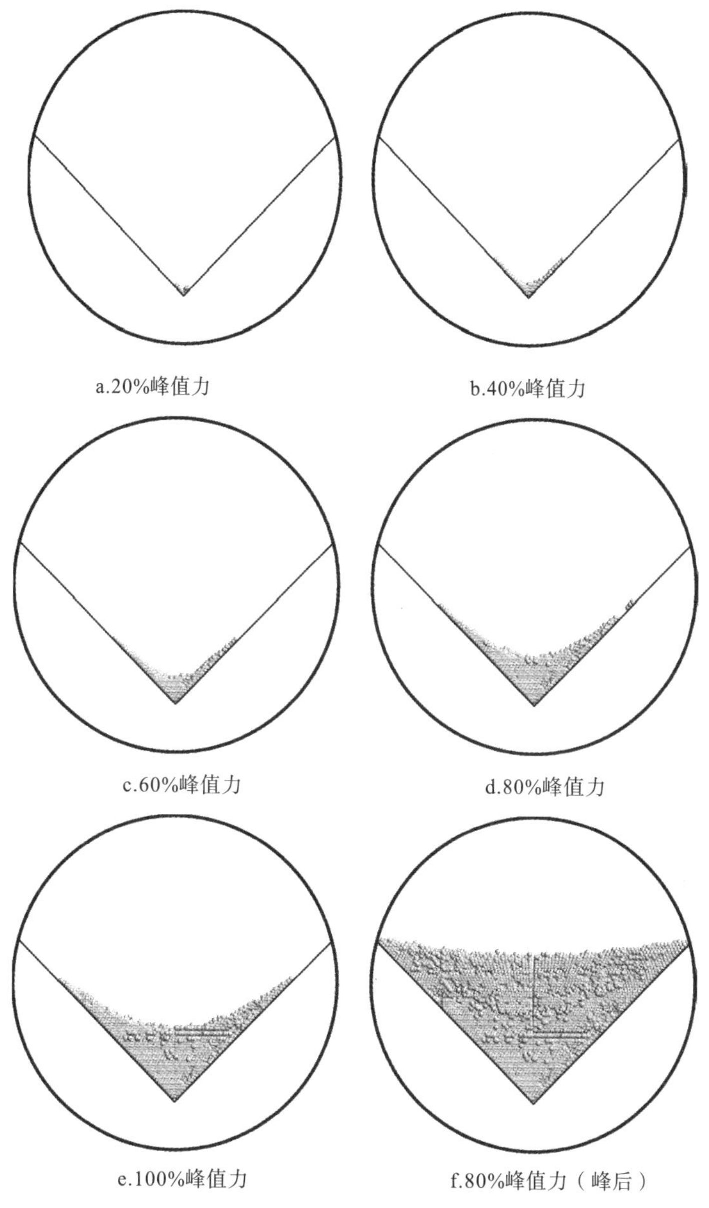

图 2.6　CB 数值试验的累计声发射演化(沿试样轴线观察)

在 LEFM 中，裂纹尖端有着 $r^{-1/2}$ 的奇异性，对于趋近裂纹尖端的位置，应力会接近于无穷大。然而在真实材料中，裂纹尖端的应力并不会无穷大，超过一定应力、应变或能量值的裂尖区域实际会出现塑性屈服或脆性开裂。对于岩石类材料，裂纹尖端会形成一个损伤区并可能伴随着主裂纹的亚临界扩展[205-210]。因此，RFPA 模拟得到的临界裂纹长度与基于 LEFM 理论得到的结果之间的差距可以视为 CB 试样中的亚临界裂纹扩展长度。亚临界裂纹扩展长度可以作为评判该试样的断裂

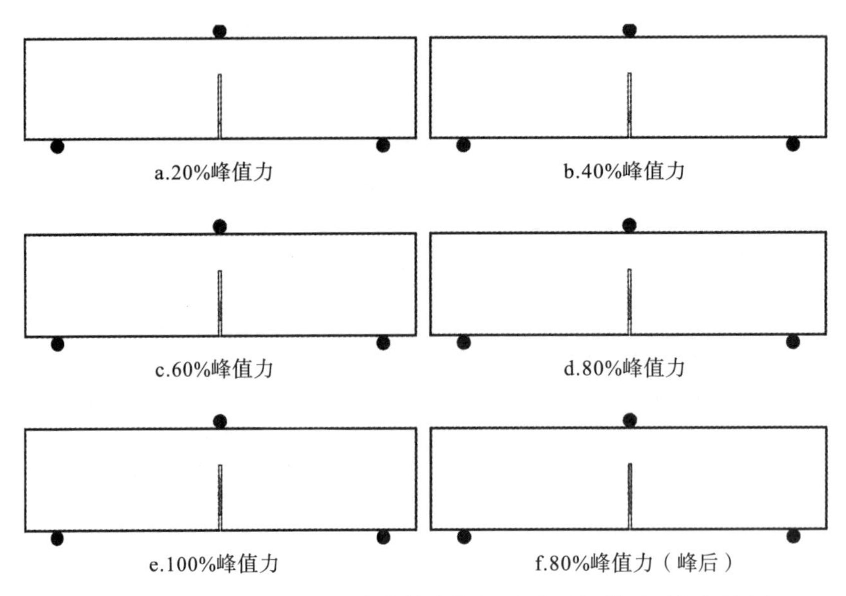

图 2.7　CB 数值试验的累计声发射演化(沿人字形韧带平面方向观察)

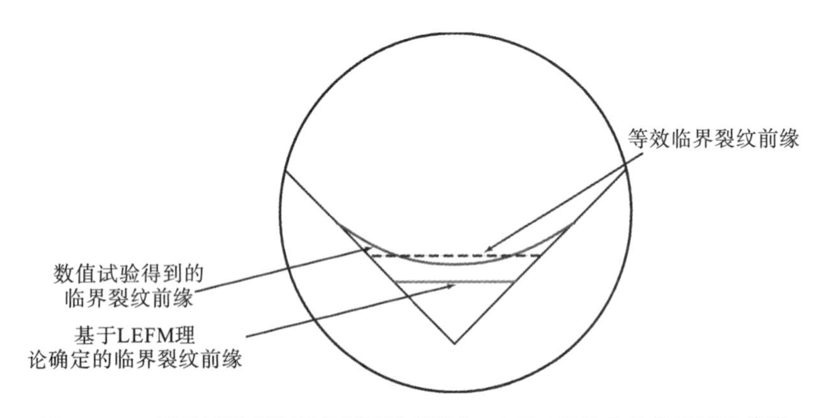

图 2.8　CB 数值试验得到的临界裂纹前缘与 LEFM 理论中的临界裂纹前缘

行为是否符合 LEFM 理论以及是否符合断裂韧度测试原理的重要指标。值得说明的是，模拟得到的裂纹前缘为曲线形，这是因为人字形切槽试样是典型的三维几何构型，裂纹前缘各点的应力强度因子受到三维效应的影响有一定差异。根据 Wang 等对 CCNBD 试样应力强度因子的标定[162]可知，人字形切槽类试样裂纹前缘外侧的应力强度因子要高于裂纹前缘中部位置，因此，裂纹前缘两侧比中部位置更容易扩展，于是真实的裂纹前缘形状应该为数值试验中观察到的曲线形。在断裂力学研究中，对人字形切槽类试样的研究普遍采用穿透直裂纹假设(将裂纹前缘近似为直线形)[59,65]，因此，本研究根据表面能相等(即裂纹面积相等)的原则，将数值试验中得到的曲线形裂纹前缘等效为直线形裂纹前缘，由此估算得到 CB 数值试验的临界裂纹长度约为 0.759R。由于基于经典 LEFM 理论所确定的临界裂纹长度为 0.56R(详见 3.4.1 节)，可以得到该 CB 试样中的亚临界裂纹扩展长度大约为 0.199R。

2.3　SR 数值试验

SR 数值模型(图 2.9a)的几何形状与 ISRM 建议的标准试样(表 1.3)一致，直径为 75mm。SR 数值模型包含 754,200 个六面体单元。数值试验中，在试样开口端的裂缝嘴处施加张拉荷载(图 1.4)：一侧约束住切槽平面法向的位移，另一侧沿切槽平面法向施加 0.002 mm 每步的位移荷载。图 2.9b 给出了 SR 数值试验中得到的力-位移曲线。该曲线形状与 Aliha 等[163]进行 SR 断裂试验后得到的力-位移曲线形状较为相似。

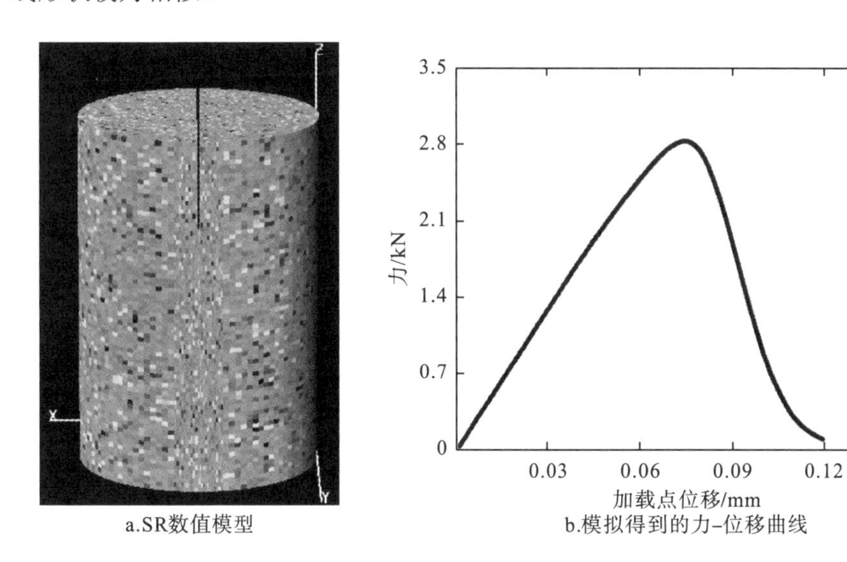

a.SR数值模型　b.模拟得到的力-位移曲线

图 2.9　SR 数值试验采用的数值模型与得到的力-位移曲线

图 2.10 显示了人字形韧带剖面上的最小主应力随裂纹扩展的变化云图，图 2.11 给出了对应的累计声发射演化。可以看出，当 SR 试样受到荷载时，在人字形韧带尖端首先出现高应力集中。当荷载增加到大约 40%峰值力时，韧带尖端出现少量声发射，大约在 40%～60%荷载峰值力之间，宏观断裂产生。随后，断裂沿着人字形韧带向试样端部传播，当裂纹扩展到人字形韧带中间的某一位置时，荷载达到峰值。图 2.11 中，声发射小球均为蓝色，表明细观单元发生的是拉伸失效，进而说明试样发生的是典型的拉伸型断裂，符合 I 型断裂韧度测试原理。图 2.12 显示了过人字形韧带尖端的切片(厚度很薄)上的最小主应力演化，图 2.13 给出了相同视角下的声发射分布。图 2.12 很好地显示了裂纹尖端的高应力集中区，也清

晰地表明宏观裂纹萌生于40%～60%峰值力。从图2.12和图2.13可以看出，裂纹生长被较好地限制在人字形韧带以内，只有极少数微破裂超出人字形韧带，表明试样发生的Ⅰ型断裂较理想，断裂过程区较小。

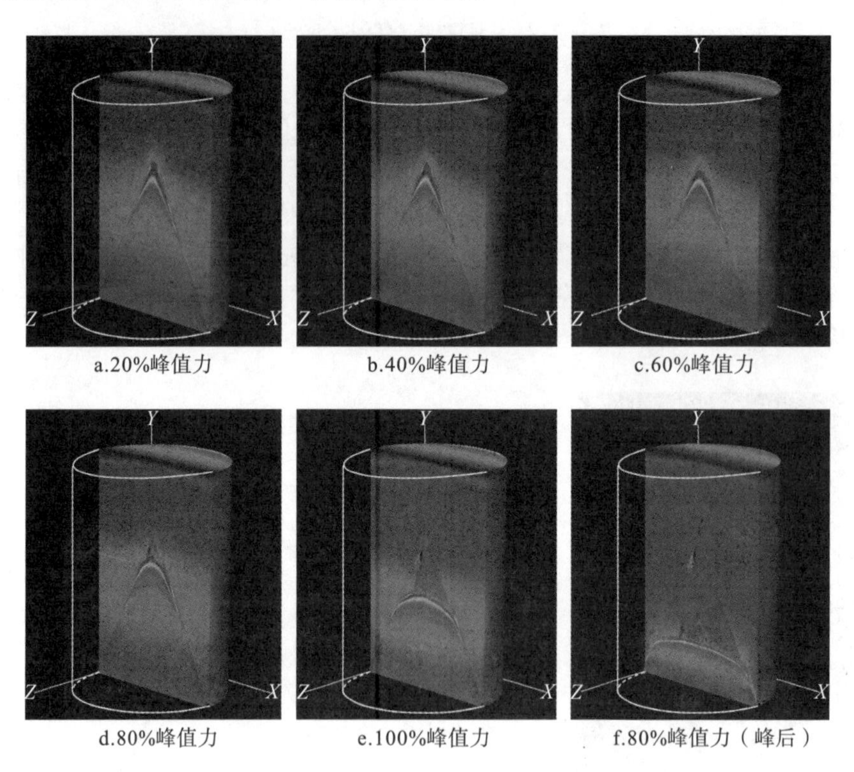

图2.10 SR数值试样断裂过程中人字形韧带剖面内的最小主应力云图

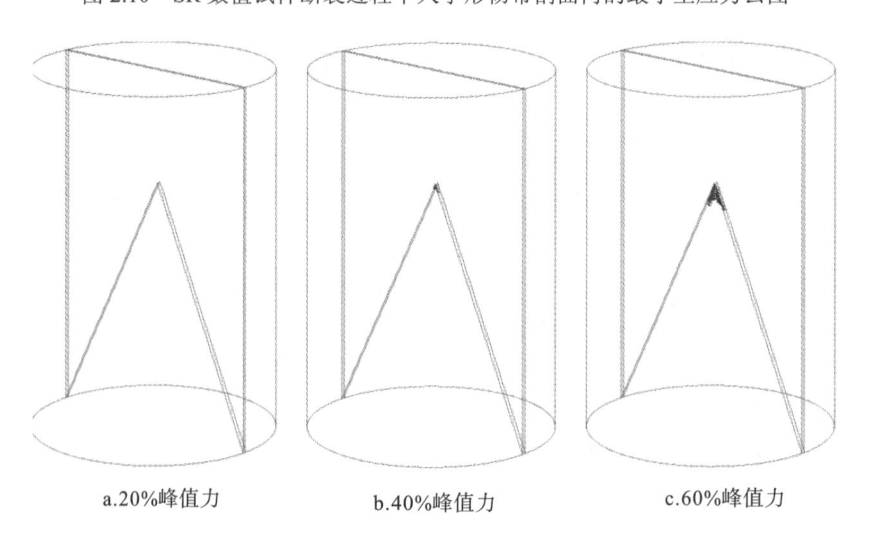

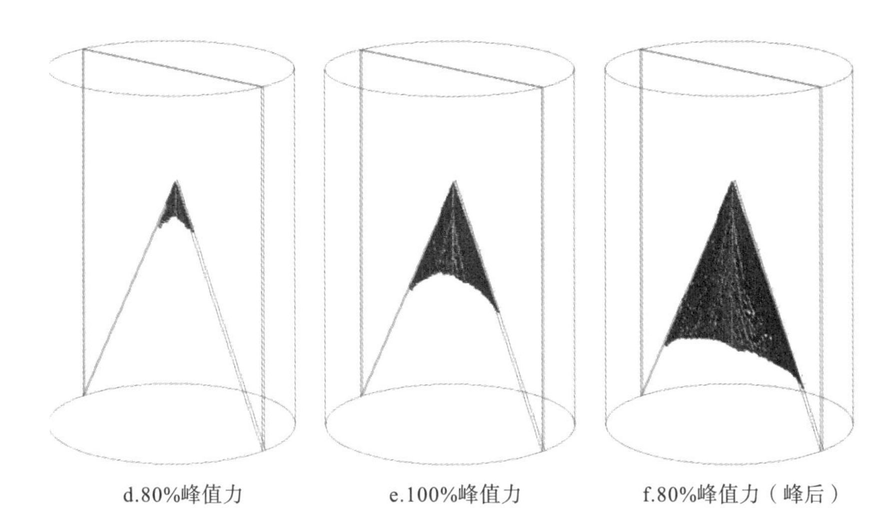

d.80%峰值力　　e.100%峰值力　　f.80%峰值力（峰后）

图 2.11　SR 数值试验的累计声发射演化

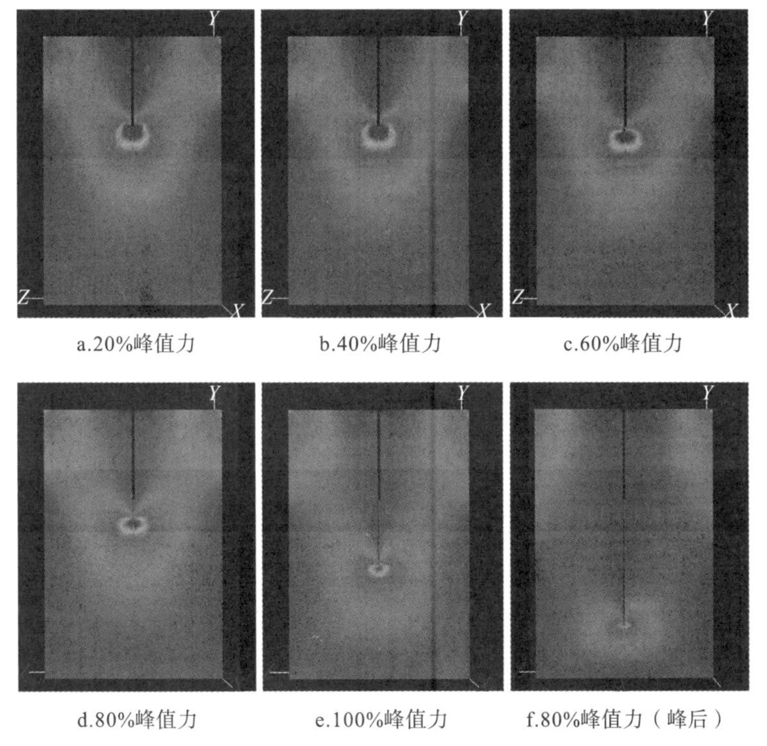

a.20%峰值力　　b.40%峰值力　　c.60%峰值力

d.80%峰值力　　e.100%峰值力　　f.80%峰值力（峰后）

图 2.12　SR 数值试样过人字形韧带尖端切片上的最小主应力演化

图 2.14 比较了数值试验得到的临界裂纹前缘与基于 LEFM 理论确定的临界裂纹前缘(详见 3.4.2 节)。根据表面能等效的原理，估计 SR 数值试验的临界裂纹长度为 1.739R。基于 LEFM 理论确定的临界裂纹长度为 1.56R，于是 SR 数值试样

中的亚临界裂纹扩展长度大约为 0.179R。

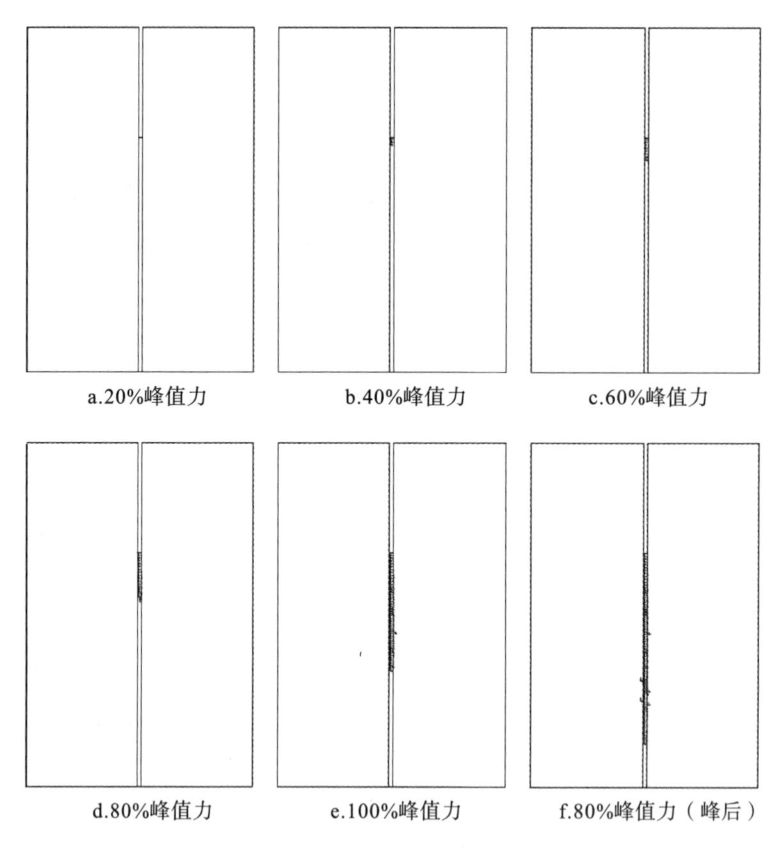

图 2.13　SR 数值试验的累计声发射演化(沿人字形韧带平面方向观察)

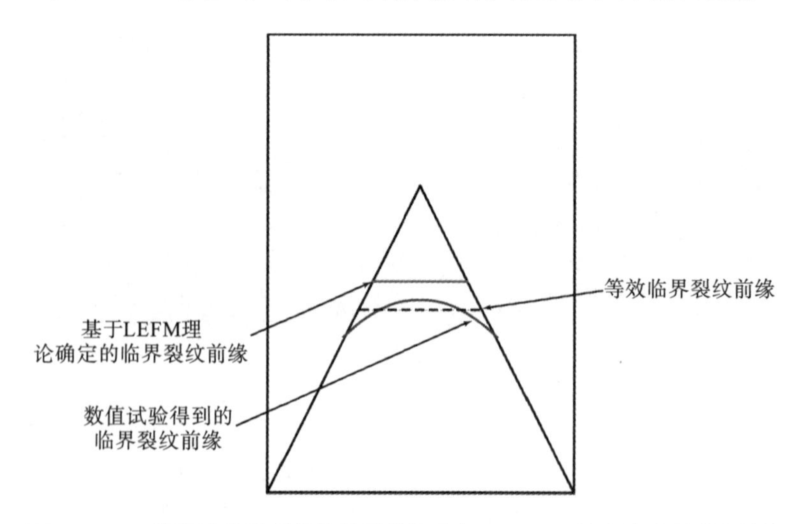

图 2.14　SR 数值试验得到的临界裂纹前缘与 LEFM 理论中的临界裂纹前缘

2.4　CCNBD 数值试验

CCNBD 试样除了被广泛用于岩石Ⅰ型断裂试验外，也被国际上许多学者用于岩石Ⅰ-Ⅱ复合型(包含纯Ⅱ型)断裂韧度测试[120,211-217]。而且，在大量文献中均提到“通过设置切槽平面与对径压缩方向呈一定的夹角 β，CCNBD 具有能够实现Ⅰ-Ⅱ复合型断裂韧度测试的优点”[162,218]。因此，本节除了对 CCNBD 试样的Ⅰ型断裂进行数值试验研究，也对采用 CCNBD 进行Ⅰ-Ⅱ复合型断裂属性测试的试验方法进行评估。

2.4.1　Ⅰ型断裂数值试验

Ⅰ型加载条件下 CCNBD 试样的数值模型如图 2.15a 所示。CCNBD 数值模型的几何形状与 ISRM 建议的标准试样(表 1.4)一致，该模型共包含 612,480 个六面体单元。数值试验过程中，约束 CCNBD 模型底部在竖直方向上的位移，同时给模型顶部向下施加 0.002mm 每步的位移荷载。图 2.15b 给出了Ⅰ型 CCNBD 数值试验中得到的力-位移曲线。该曲线形状与 Cui 等和 Aliha 等进行Ⅰ型 CCNBD 断裂试验后得到的力-位移曲线形状比较相似[108,163]。

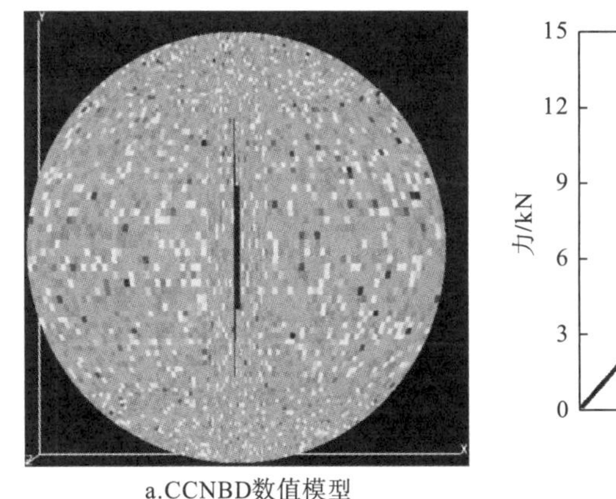

a.CCNBD数值模型

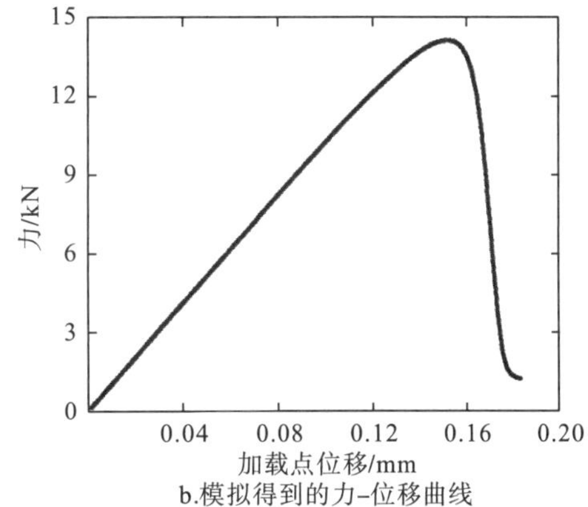

b.模拟得到的力-位移曲线

图 2.15　CCNBD 数值试验采用的数值模型与得到的力-位移曲线

图 2.16 显示了 6 个典型荷载阶段人字形韧带剖面上的最小主应力云图，图 2.17 给出了相应视角的累计声发射分布。可以看出，在巴西类型非直接拉伸荷载作用下，CCNBD 试样的人字形韧带尖端首先出现高应力集中，并且人字形韧带的曲线边缘也有一定程度应力集中。在 40%～60%峰值力时，人字形韧带尖端开裂。随着荷载增加，断裂进一步朝加载端扩展。值得注意的是，当加载力达到峰值时，裂纹前缘已经超出人字形韧带根部(即 $a_c > a_1$)。

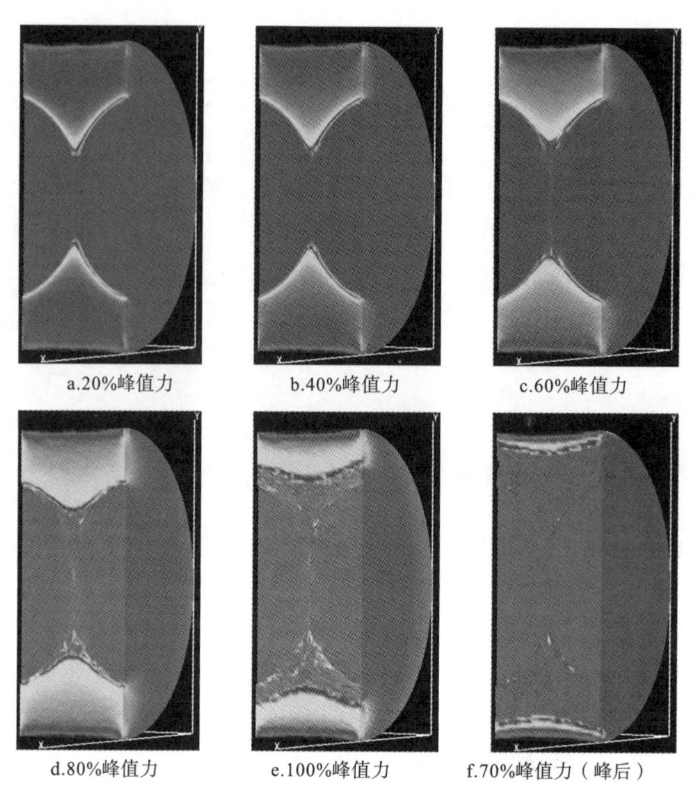

a.20%峰值力　b.40%峰值力　c.60%峰值力

d.80%峰值力　e.100%峰值力　f.70%峰值力（峰后）

图 2.16　CCNBD 数值试样断裂过程中人字形韧带剖面内的最小主应力云图

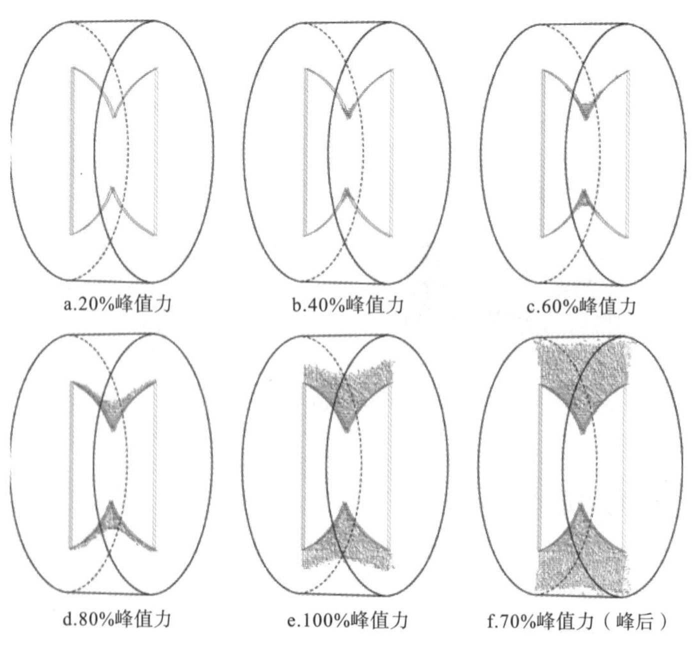

a.20%峰值力　b.40%峰值力　c.60%峰值力

d.80%峰值力　e.100%峰值力　f.70%峰值力（峰后）

图 2.17　CCNBD 数值试验的累计声发射演化

图 2.18 显示了过人字形韧带尖端的切片上的最小主应力云图，从中可以清楚地观察到裂纹生长。图 2.19 给出了相同视角观察到的累计声发射演化。在裂纹扩展过程中，图 2.18 和图 2.19 显示裂纹前端和边缘会产生一些微破裂。这说明微破裂的产生、聚集和贯通也是宏观裂纹生长的一个诱因，这与岩石断裂的微观机理一致。值得注意的是，在加载力接近峰值时，CCNBD 试样有大量微破裂超出韧带，这表明裂纹生长容易偏离理想的纯 I 型断裂面，造成测试误差。这也说明 CCNBD 试样在峰值荷载时存在较宽的断裂过程区，这与断裂韧度测试基于的 LEFM 模型不符。值得说明的是，在断裂韧度测试中，往往假设主裂纹之外的材

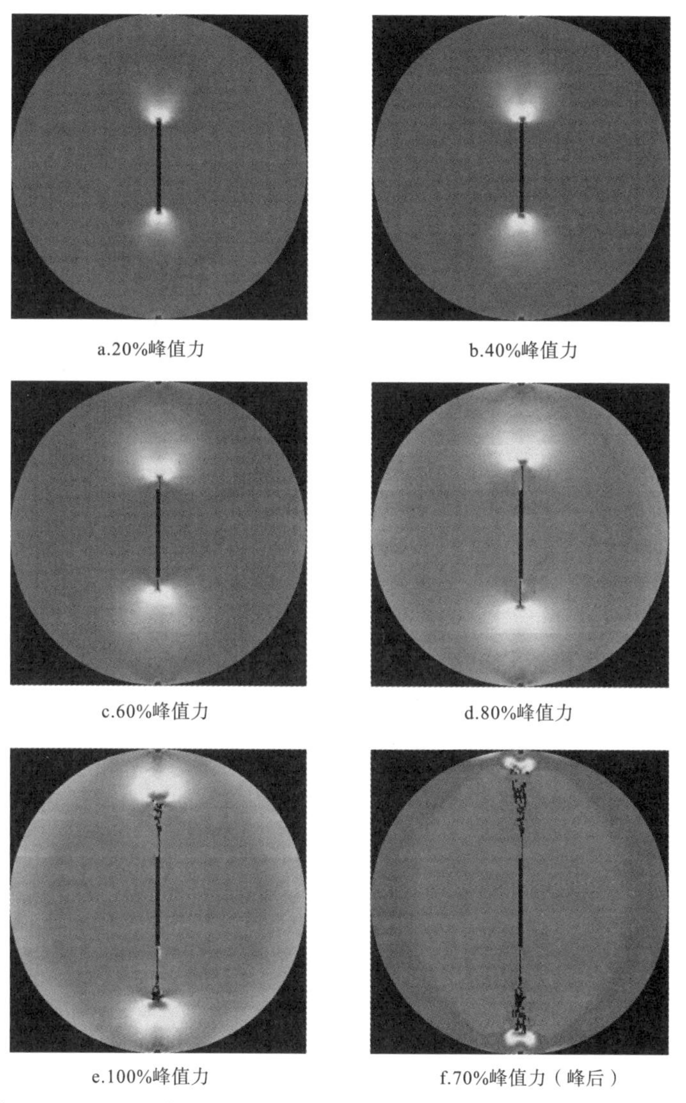

图 2.18　CCNBD 数值试样过人字形韧带尖端切片上的最小主应力演化

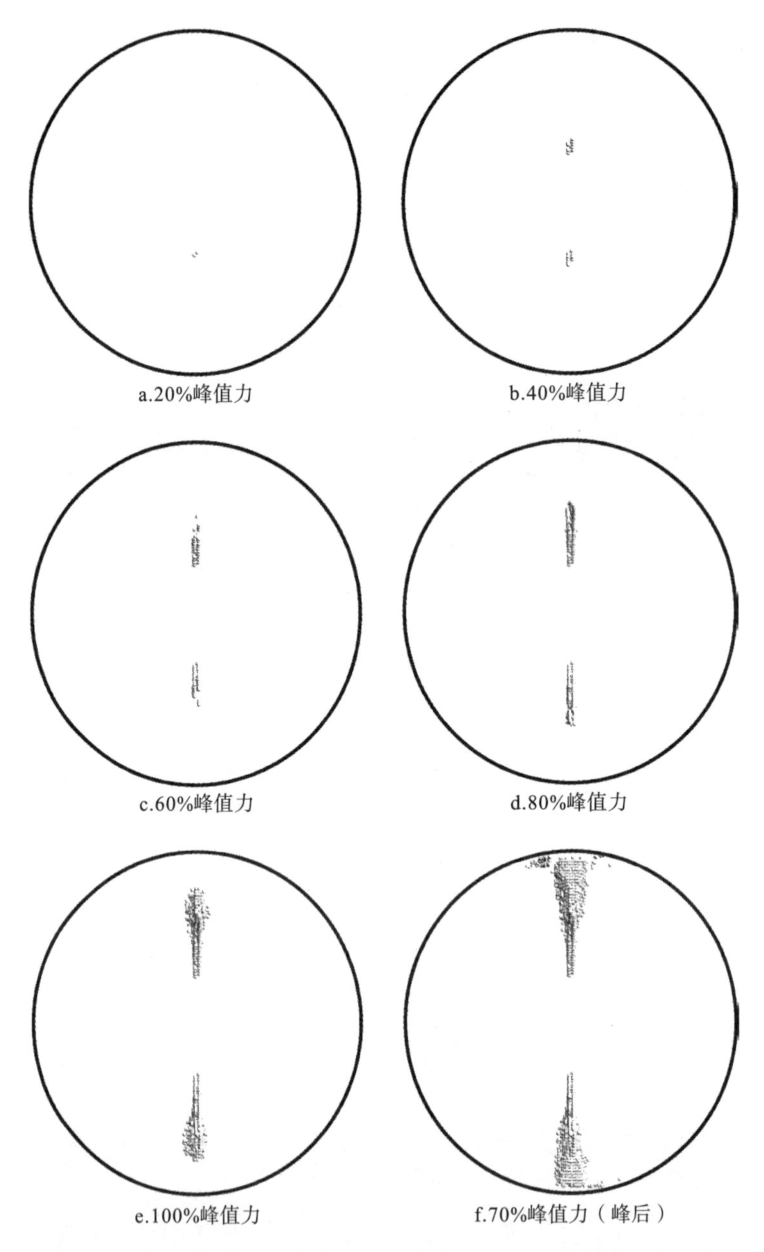

图 2.19 CCNBD 数值试验的累计声发射演化(沿圆盘轴线方向观察)

料为均匀致密的线弹性体，由此基于 LEFM 理论建立断裂韧度计算公式(该计算公式只考虑了主裂纹，未考虑其他微裂纹的干涉效应)。然而，CCNBD 试样断裂过程伴随着较宽的断裂过程区，基于 LEFM 理论公式得到的断裂韧度值并不能反映微破裂耗散的能量。于是，从能量的角度来看，CCNBD 试样测得的断裂韧度也会有一定的误差。

正如前面介绍的人字形切槽类试样的测试原理，CCNBD 试验的测试原理是：当裂纹扩展到人字形韧带中间的某一位置时，荷载将会达到最大值，相应的临界裂纹长度 a_c 应该满足 $a_0 < a_c < a_1$。对于标准 CCNBD 试样(α_0=0.2637，α_1=0.65，α_B=0.8，α_S=0.6933)，Wang 等标定得到的临界无量纲裂纹长度为 0.50[162]。图 2.20 比较了数值模拟得到的临界裂纹前缘位置以及基于经典 LEFM 理论确定的临界裂纹前缘位置。显然，数值试验中的临界裂纹前缘已经超过人字形韧带的根部，即 $a_c > a_1$。这表明 CCNBD 试样存在较长的断裂过程区或严重的亚临界裂纹扩展。根据表面能等效的原则，数值试验中的临界有效裂纹长度可以确定为 0.722*R*，而基于 LEFM 理论确定的临界裂纹长度为 0.5*R*(详见 3.4.3 节)，于是 CCNBD 试样的亚临界裂纹扩展长度大约为 0.222*R*。

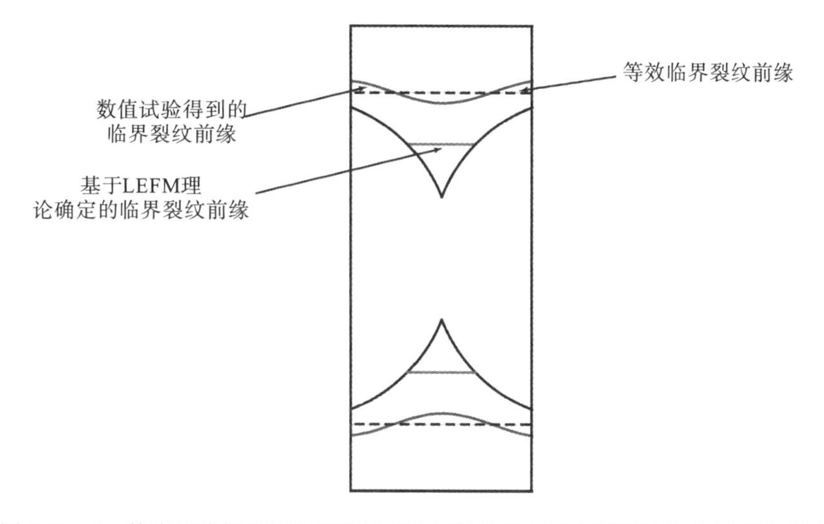

图 2.20　SR 数值试验得到的临界裂纹前缘与基于 LEFM 理论确定的临界裂纹前缘

2.4.2　Ⅰ-Ⅱ复合型(含Ⅱ型)断裂数值试验

CCNBD 试样被许多研究用于岩石Ⅰ-Ⅱ复合型断裂韧度测试，然而，ISRM 并没有针对 CCNBD 试样的复合型断裂测试提供建议方法，CCNBD 复合型断裂试验的原理缺乏有效评估。

1.复合型断裂测试原理

采用 CCNBD 试样进行Ⅰ-Ⅱ复合型断裂韧度测试的研究均是基于一定的、理想的裂纹扩展假设。不同学者基于的假设不同，由此也提出了不同的复合型断裂韧度计算方法。其中，Chang 等提出的计算方法得到较多研究者的支持[153]，基于该计算方法确定的复合型断裂韧度也得到较多文献的引用[211]。Chang 等基于理想假设建立的复合型断裂韧度计算方法介绍如下[153]。

首先，中心直裂纹巴西圆盘 CSTBD 试样的应力强度因子数值解可以表示为[219]

$$
\begin{cases}
K_{\mathrm{I}} = \dfrac{P\sqrt{\pi a}}{\pi RB}Y_{\mathrm{I}} = \dfrac{P}{\sqrt{\pi}RB}\sqrt{\alpha}Y_{\mathrm{I}} \\
K_{\mathrm{II}} = \dfrac{P\sqrt{\pi a}}{\pi RB}Y_{\mathrm{II}} = \dfrac{P}{\sqrt{\pi}RB}\sqrt{\alpha}Y_{\mathrm{II}}
\end{cases} \tag{2.10}
$$

式中，P 为对径压缩荷载；B 为试样厚度；a 为中心裂纹的半长；Y_{I} 和 Y_{II} 分别为 CSTBD 试样在裂纹长度为 $2a$ 时的Ⅰ型和Ⅱ型无量纲应力强度因子，其取值与无量纲裂纹长度($\alpha=a/R$)以及初始裂纹与加载方向的夹角有关。

对于 Y_{I} 和 Y_{II} 的取值，一些学者给出了不同精度的近似解[219-221]。Chang 等基于穿透直裂纹假设将式(2.10)中的 B 替换为 $B\times\sqrt{\alpha-\alpha_0}\big/\sqrt{\alpha_1-\alpha_0}$，由此得到Ⅰ-Ⅱ复合型加载条件下不同裂纹长度 CCNBD 试样的应力强度因子解[153]：

$$
\begin{cases}
K_{\mathrm{I}} = \dfrac{P}{\sqrt{\pi}RB}\sqrt{\alpha}\sqrt{\dfrac{\alpha_1-\alpha_0}{\alpha-\alpha_0}}Y_{\mathrm{I}} \\
K_{\mathrm{II}} = \dfrac{P}{\sqrt{\pi}RB}\sqrt{\alpha}\sqrt{\dfrac{\alpha_1-\alpha_0}{\alpha-\alpha_0}}Y_{\mathrm{II}}
\end{cases} \tag{2.11}
$$

Chang 等基于的测试原理是[153]：在Ⅰ-Ⅱ复合型 CCNBD 试验中(图 2.21)，裂纹萌生于人字形韧带的尖端并沿着韧带稳定扩展到其根部(即裂纹长度 a 达到人字形切槽最终长度 a_1)，此时加载力达到峰值。随后，裂纹扩展失稳，荷载急剧降低。于是，根据记录的峰值荷载 $P_{\max}$、裂纹失稳扩展时的无量纲裂纹长度α_1、与裂纹长度α_1 对应的无量纲应力强度因子 Y_{I} 和 Y_{II}，可以由式(2.12)计算得到复合型断裂韧度。

$$
\begin{cases}
K_{\mathrm{I}} = \dfrac{P_{\max}\sqrt{\alpha_1}}{\sqrt{\pi}RB}Y_{\mathrm{I}}\Big|_{\alpha=\alpha_1} \\
K_{\mathrm{II}} = \dfrac{P_{\max}\sqrt{\alpha_1}}{\sqrt{\pi}RB}Y_{\mathrm{II}}\Big|_{\alpha=\alpha_1}
\end{cases} \tag{2.12}
$$

需要注意的是，Chang 等在计算 CCNBD 的Ⅰ-Ⅱ复合型断裂韧度时，实际上对试样中的裂纹扩展做出了如下两点假设：①假设裂纹会沿着人字形韧带扩展到其根部；②假设裂纹扩展到达根部时，加载力刚好达到最大值。依据 Chang 等的观点，CCNBD 试样在最大荷载时本质上是一个裂纹长度为 a_1 的直穿透裂纹巴西圆盘(CSTBD)，人字形韧带的作用仅仅是诱发裂纹产生并引导裂纹传播到韧带根部。进而，CCNBD 试样的Ⅰ-Ⅱ复合型断裂韧度测试可以采用 CSTBD 试样Ⅰ-Ⅱ复合型断裂韧度的计算公式。

根据 Chang 等的观点，当切槽倾角 β 较小时，裂纹扩展到达切槽根部的 CCNBD 试样会受到拉剪耦合作用，裂纹尖端会同时存在 K_{I}(正值)和 K_{II}。随着 β 增大，K_{I} 会逐渐减小。当 β 为某个特定值时，$K_{\mathrm{I}}=0$，此时试样受到纯粹的Ⅱ型加

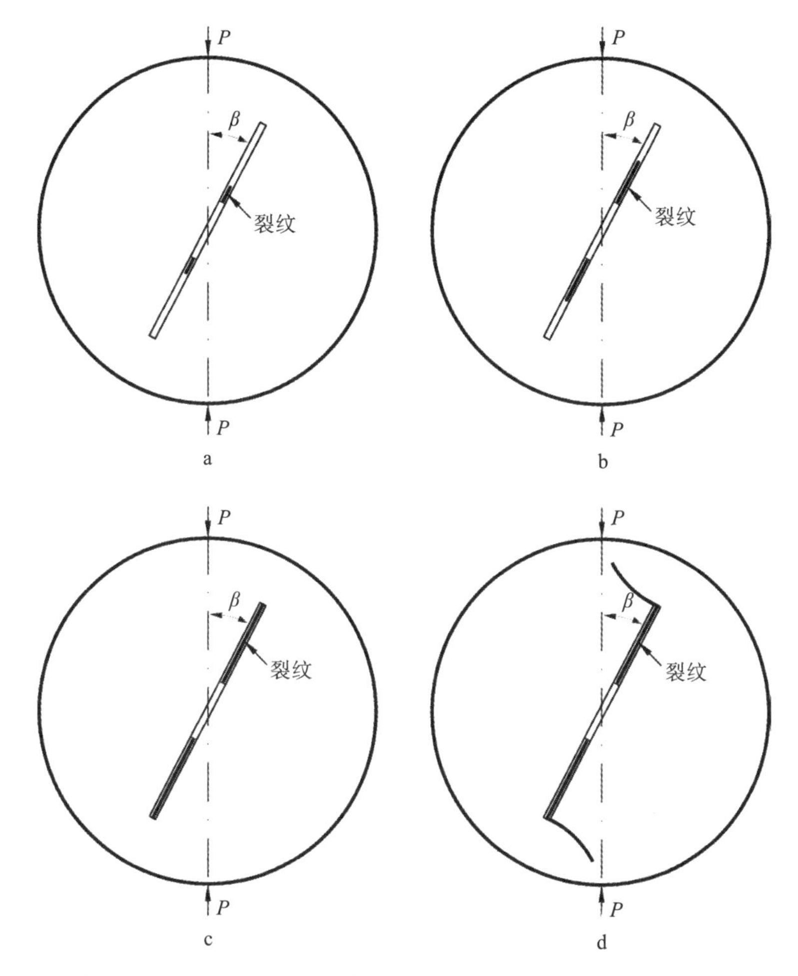

图 2.21　采用 CCNBD 试样进行复合型测试基于的裂纹扩展假设

载。于是，当设置合适的 β 值时，CCNBD 试样可以实现纯 II 型断裂韧度测试。随着 β 继续增大，K_{I} 变为负值，试样受到压剪耦合作用。

Xu 也利用 CCNBD 试样进行了岩石 I-II 复合型断裂韧度测试[216]，他采用的假设与 Chang 等一致。Xu 认为，“由于切槽的约束作用，裂纹必定沿着人字形韧带扩展到其根部(即 a=a_1)，只有这样产生的断裂面才小于裂纹沿其他方向扩展所产生的断裂面，由此需要的能量才最小”。

Aliha 和 Ayatollahi 也用 CCNBD 试样开展了岩石 I-II 复合型断裂韧度测试，他们确定纯 II 型加载角度以及计算复合型断裂韧度的方法与 Chang 等不同[212]。Aliha 和 Ayatollahi 将 CCNBD 试样视为裂纹长度 a=(a_0+a_1)/2 的 CSTBD 试样，然后将 CSTBD 复合型断裂韧度测试的方法用在 CCNBD 上。Erarslan 和 Williams 也采用 CCNBD 试样研究了岩石在循环复合型荷载作用下的断裂机理[214]。

2.CCNBD 复合型断裂模拟

当 CCNBD 试样的切槽倾角不为 0° 时，生成的裂纹尖端同时存在 K_{I} 和 K_{II}，试样受到复合型荷载。本节以标准 CCNBD 试样为例，模拟多种切槽倾角条件下的 CCNBD 复合型试验。根据 Chang 等的假设[153]，Ⅰ-Ⅱ复合型加载条件下的 CCNBD 试样等效于裂纹长度为 a_1 的 CSTBD 试样，结合 Ayatollahi 和 Aliha 对不同裂纹长度 CSTBD 试样确定的纯Ⅱ型加载角[222]，可以得到标准 CCNBD 试样实现纯Ⅱ型加载的切槽倾角为 20°。同样，若根据 Aliha 和 Ayatollahi 的方法，CCNBD 试样则视为裂纹长度 $a=(a_1+a_0)/2$ 的 CSTBD 试样，得到的标准 CCNBD 试样的纯Ⅱ型加载角则为 24°。另外，为了与 Erarslan 和 Williams 开展的不同切槽倾角的 CCNBD 复合型试验结果进行对比[214]，本节选取切槽倾角为 20°、24°、33°、45° 和 70° 的 CCNBD 复合型断裂试验进行模拟。为了更好地揭示切槽倾角的影响，将切槽倾角为 0° 的结果也一同进行对比。

图 2.22a 显示了 6 种切槽倾角下的 CCNBD 数值模型，模型均由 612,480 个六面体单元组成，单元的细观力学参数与前面数值试验中采用的参数一致。每组数值试验的加载方式类似，均是固定试样底部在竖直方向上的位移，然后给试样顶部施加向下 0.002mm 每步的位移荷载。图 2.22b 给出了不同切槽倾角的 CCNBD 复合型断裂试验的力-位移曲线模拟结果。可以看出，随着切槽倾角的增大，峰值力与对应的加载位移也呈单调增加的趋势。

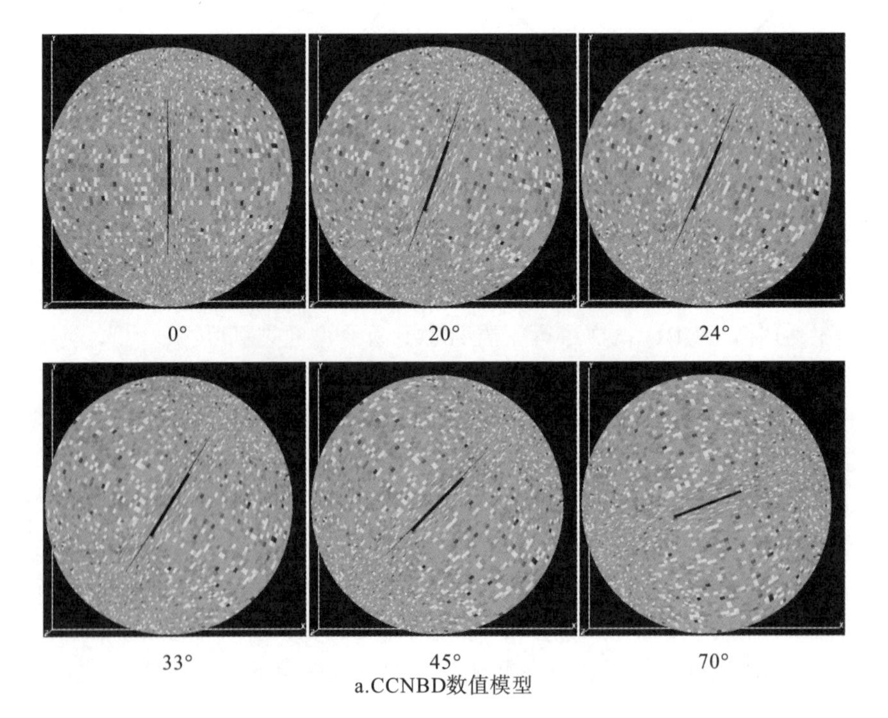

a.CCNBD数值模型

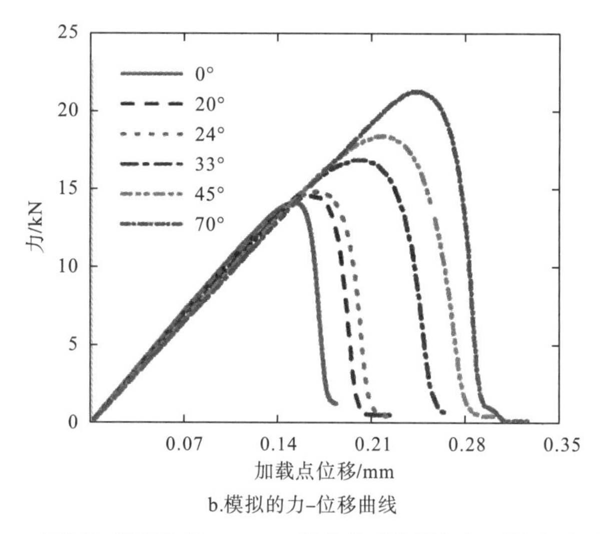

b.模拟的力–位移曲线

图 2.22　不同切槽倾角的 CCNBD 数值模型与模拟得到的力-位移曲线

图 2.23 显示了 6 种切槽倾角的 CCNBD 试样失效后，在试样表面观察到的水平方向位移云图。就试样表面的断裂情形来看，除了 0° 时的断裂基本沿着切槽平面扩展，在其他切槽倾角下，断裂最后均会偏离切槽平面。总的来说，切槽倾角越大，裂纹偏离切槽平面的角度越大。当切槽倾角较小时，试样表面的断裂几乎总是从切槽根部起始，然后朝上下两个加载端扩展。随着切槽倾角的增大，从试样表面观察到的起裂位置逐渐向切槽中间靠拢。比如，当切槽倾角为 33° 和 45° 时，试样表面的断裂已经不再从切槽根部开始，表面裂纹的起始位置与切槽根部有一定距离。当切槽倾角为 70° 时，就试样表面来看，断裂大约起始于 $a=a_0$ 处。

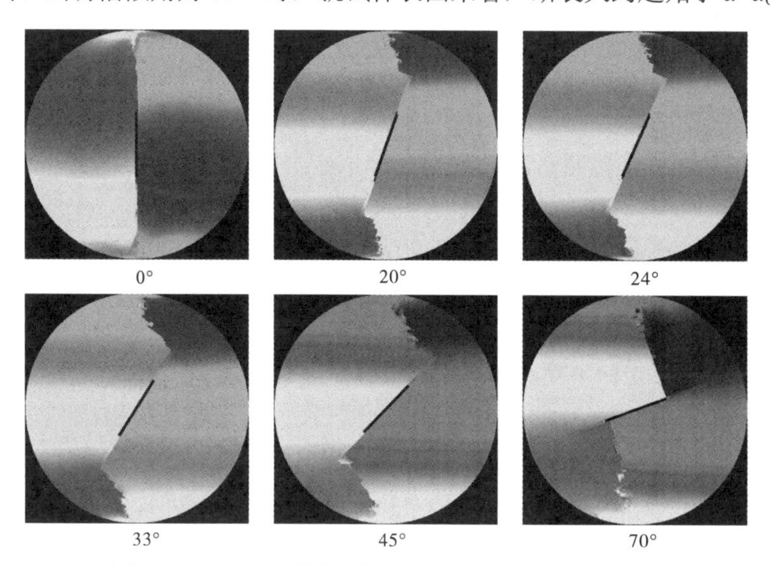

图 2.23　CCNBD 数值试样失效后的水平方向位移云图

图 2.24 展示了 Erarslan 和 Williams 开展不同切槽倾角 CCNBD 断裂试验后得到的破坏试样[214]。显然，真实试样的破坏形态与这里数值试样的破坏形态较为相似，具有较好的可比性。随着切槽倾角的增大，试样表面裂纹的起始位置均有从切槽根部向试样中心转移的趋势。Erarslan 和 Williams 的物理试验较好地记录了裂纹张开位移等数据，但在呈现试样内部裂纹的产生和扩展方面存在困难，尤其是对于 CCNBD 这类带有人字形切槽的试样。本书的数值试验可以较好地揭示试样内部的渐进断裂过程。下面以切槽倾角为 20° 的情形为例，详细分析 CCNBD 试样在 I-II 复合型加载条件下的渐进断裂过程。

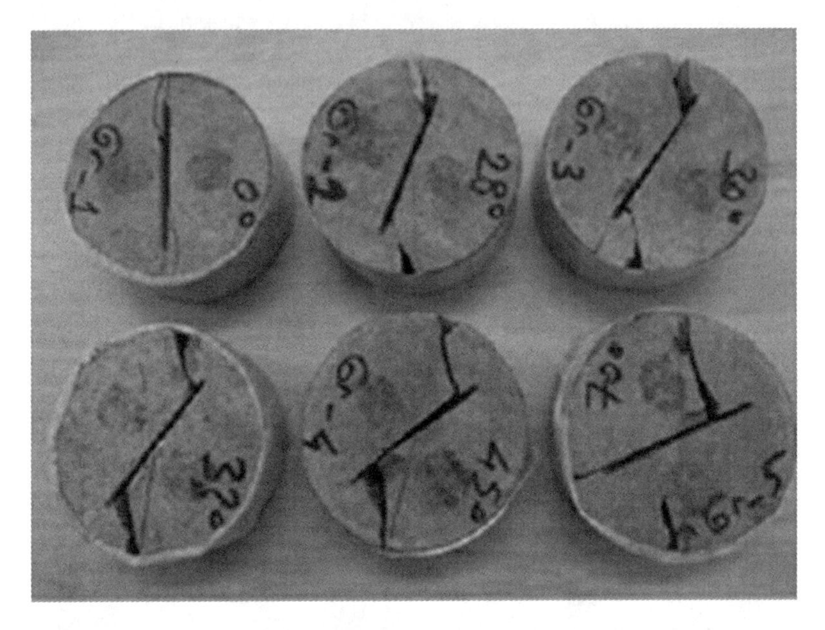

图 2.24　不同切槽倾角 CCNBD 试样的破坏结果

图 2.25 显示了切槽倾角 20° 时过人字形韧带尖端的切片上的最小主应力。从该切片可以看出，当荷载约为峰值力的 40%时，主裂纹开始从人字形韧带尖端萌生。在荷载为 60%峰值力的阶段，切槽下端的裂纹有轻微沿着人字形韧带扩展的趋势，但切槽上端的裂纹已经偏离切槽平面。当荷载为 80%峰值力时，可以看出裂纹已经明显偏离切槽平面，开始朝加载端扩展。当加载力达到峰值时，裂纹已经显著偏离人字形切槽平面。随后，裂纹径直朝加载端扩展。

图 2.26 和图 2.27 分别给出了沿圆盘表面法线方向观察到的累计声发射演化以及从三维视角观察到的累计声发射演化。值得注意的是，声发射小球均显示为蓝色，这表明尽管 CCNBD 模型最初处于 II 型主导的加载模式，但细观单元发生的仍是拉伸失效。从图 2.26 可以看出，当加载力为峰值的 20%时，人字形韧带尖端几乎没有声发射产生。当荷载为 40%峰值力时，已有部分声发射沿着人字形韧带

产生。当荷载为 60%～80%峰值力时，声发射事件在沿着韧带发展的同时，整个韧带上的声发射也在往加载端蔓延。图 2.26 观察到的试样失效后的累计声发射事

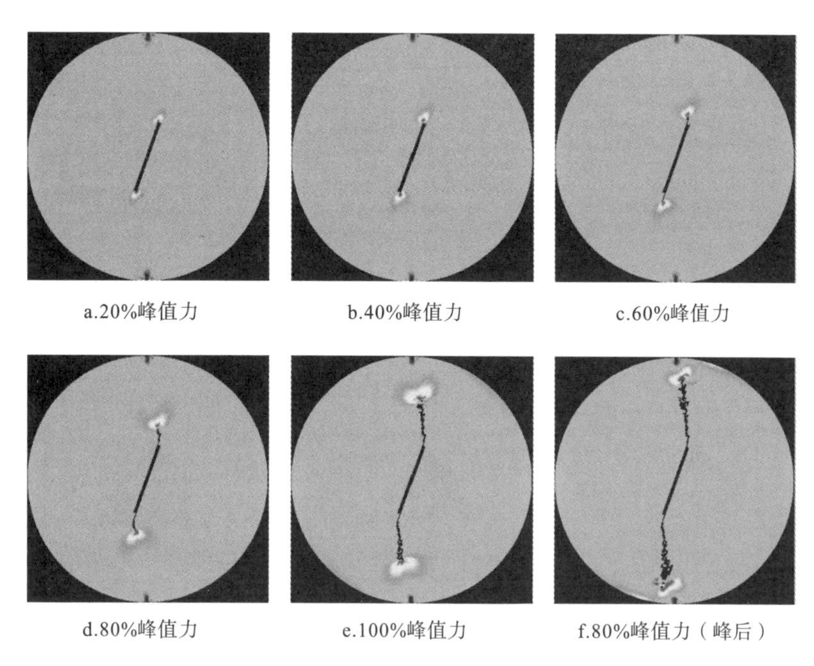

a.20%峰值力　b.40%峰值力　c.60%峰值力

d.80%峰值力　e.100%峰值力　f.80%峰值力（峰后）

图 2.25　过人字形韧带尖端的切片上的最小主应力云图(切槽倾角为 20°）

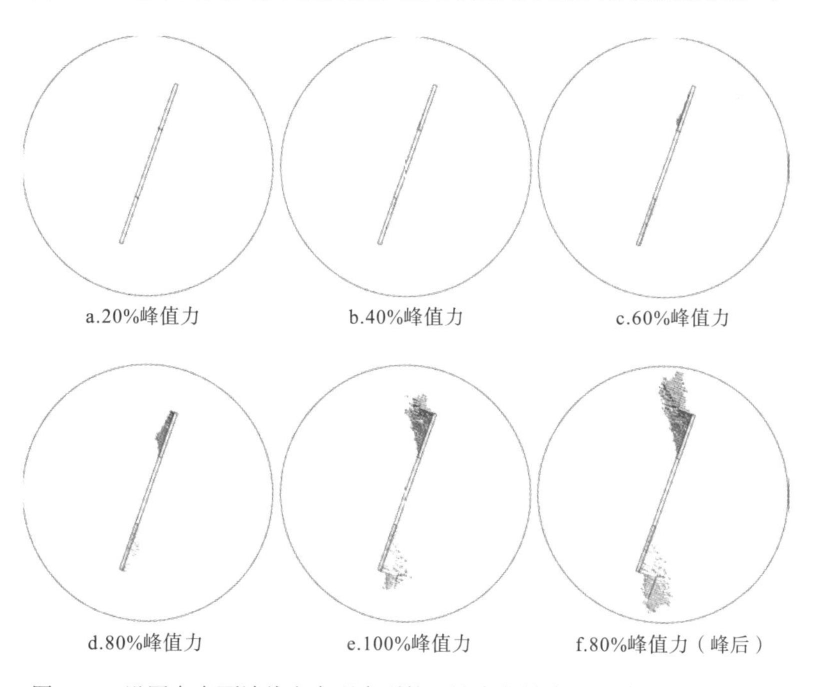

a.20%峰值力　b.40%峰值力　c.60%峰值力

d.80%峰值力　e.100%峰值力　f.80%峰值力（峰后）

图 2.26　沿圆盘表面法线方向观察到的累计声发射演化(切槽倾角为 20°）

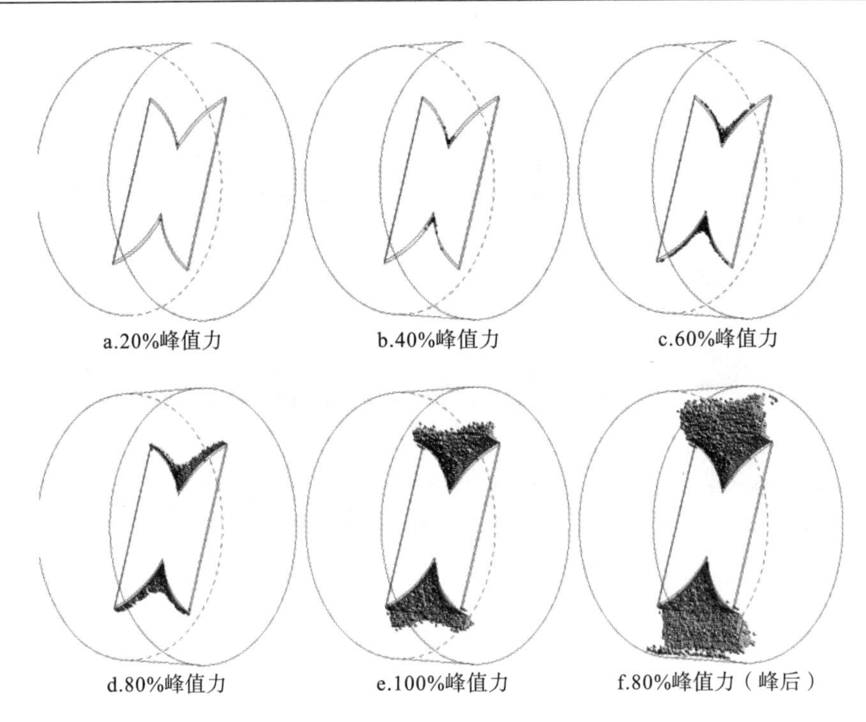

图 2.27　从三维视角观察到的累计声发射演化(切槽倾角为 20°)

件呈带状分布。结合图 2.27 中的声发射演化规律可以更好地理解 CCNBD 试样在Ⅱ型主导的加载条件下的渐进断裂过程。图 2.27 表明，当荷载在 60%峰值力以下时，除了人字形韧带尖端出现较为集中的声发射事件，在人字形韧带边缘上也分布较多声发射，这可能是由于人字形韧带边缘一定程度的应力集中引起的。从 60%和 80%峰值力阶段的累计声发射分布可以推断，裂纹在沿着人字形韧带边缘蔓延的同时，也在以三维曲面的形式朝着加载端扩展。可以看出，上部人字形韧带处的断裂面是一个三维凸面，而下部人字形韧带处的断裂面则是三维凹面。这可以解释为何从圆盘表面法线方向观察到的累计声发射事件呈带状分布。由图 2.26 和图 2.27 可以推断，在该加载模式下，CCNBD 试样的断裂呈现典型的三维翼形裂纹扩展模式，该断裂面在试样厚度方向上并非是直穿透式的。

图 2.28 展示了在试样厚度方向不同位置得到的切片，切片上显示了水平方向位移云图。每个切片都可以看成厚度很薄的穿透直裂纹巴西圆盘试样。切片 1 取自试样厚度方向的最中间位置，切片 6 取自试样表面，切片 2 到 5 位于切片 1 和 6 之间，是根据等间距插值的原则取出的。于是，从切片 1 到切片 6，初始切槽长度从 a_0 变为 a_1。由图 2.28 可知，切片 1 中的裂纹仅沿着人字形韧带平面扩展了很小一段距离就开始偏转。切片 2 到 6 中的裂纹在起始之后便直接偏离韧带平面，几乎不沿着韧带平面扩展。于是，从图 2.28 也可以推断出，断裂面为三维凸面或者凹面。

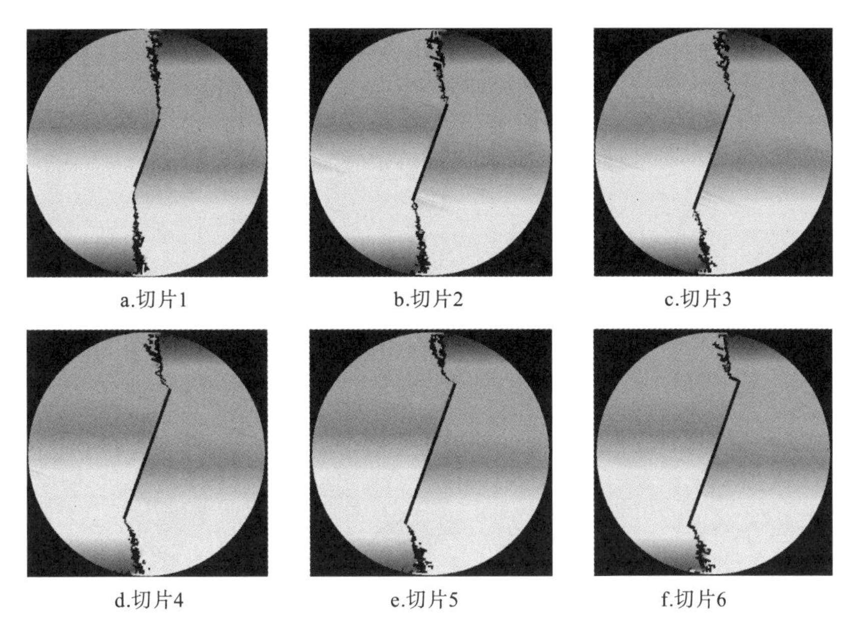

图 2.28　试样厚度方向不同位置切片的断裂路径(切槽倾角 20° 的 CCNBD 试样)

图 2.25～图 2.28 表明，当 CCNBD 试样遭受 II 型主导的荷载时，人字形韧带尖端产生的裂纹仅仅沿着韧带扩展极小的一段距离之后，便开始向加载端扩展，根本不会扩展到人字形韧带根部(即 $a=a_1$ 处)。另一方面，当加载力达到峰值时，裂纹前缘的位置早已严重偏离人字形韧带平面。因此，峰值荷载时的 CCNBD 试样根本不能等效为裂纹长度 $a=a_1$ 的 CSTBD 试样。数值试验显示，Chang 等基于的裂纹扩展假设和测试原理与 CCNBD 试样在复合型荷载下的渐进断裂过程严重不符[153]。

图 2.29 展示了切槽倾角为 24° 时，CCNBD 试样断裂过程中伴随的声发射演化。可以看出，断裂仍然起始于人字形韧带尖端。随着荷载的增加，裂纹在沿着人字形韧带边缘扩展的同时，也在朝加载端扩展，裂纹受到的荷载越来越由拉伸作用主导。最终，上部人字形韧带处的断裂面为一凸面，下部人字形韧带处的断裂面为一凹面。值得注意的是，当荷载达到峰值力时，裂纹已经朝着加载端扩展了较长距离，裂纹前缘已经显著偏离人字形韧带平面并且贯穿试样的厚度。Aliha 和 Ayatollahi 将 CCNBD 试样视为初始裂纹长度为 $a=(a_1+a_0)/2$ 的 CSTBD 试样，由此确定纯 II 型加载角并计算复合型断裂韧度[212]。然而，峰值力时的 CCNBD 试样已经显著不同于裂纹长度为 $a=(a_1+a_0)/2$ 的 CSTBD 试样，于是，Aliha 和 Ayatollahi 的做法可能会带来显著误差。

图 2.30 展示了切槽倾角为 70° 时过人字形韧带尖端的切片上的最小主应力分布。图 2.31 展示了相应视角的累计声发射分布。大约在 80%峰值力以下时，人字形韧带尖端处仅有少量声发射产生。超过 80%峰值力以后，宏观裂纹开始出现，并且该裂纹根本不沿着韧带平面扩展，而是径直朝加载端扩展。由于切槽倾角为

70° 的 CCNBD 试样具有较大的失效荷载，试样加载端部严重的应力集中导致产生少量声发射事件。

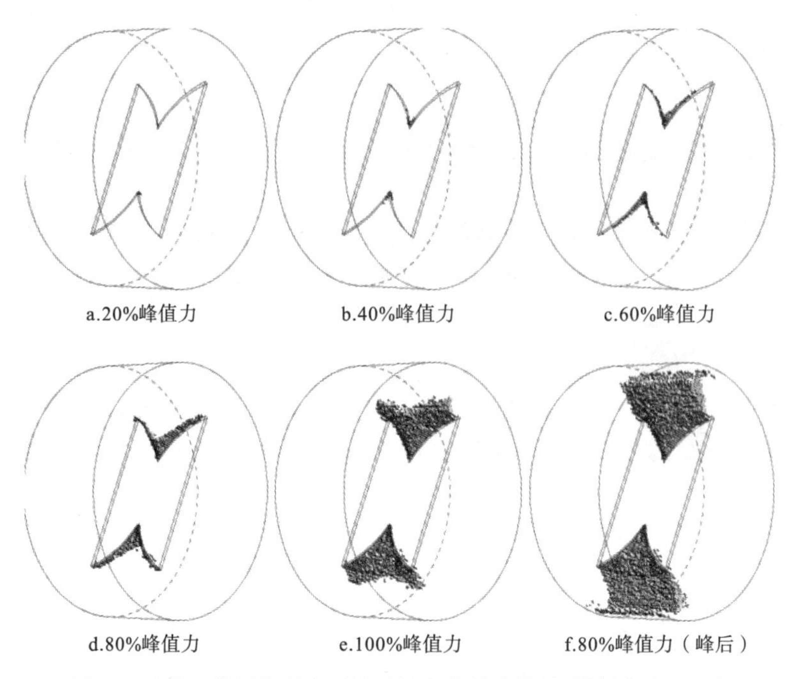

a.20%峰值力　b.40%峰值力　c.60%峰值力

d.80%峰值力　e.100%峰值力　f.80%峰值力（峰后）

图 2.29　从三维视角观察到的累计声发射演化(切槽倾角为 24°)

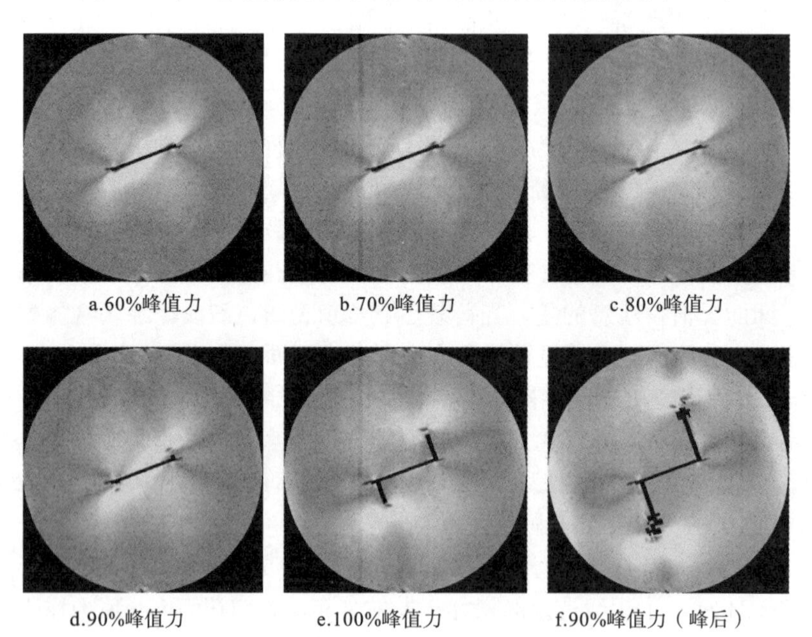

a.60%峰值力　b.70%峰值力　c.80%峰值力

d.90%峰值力　e.100%峰值力　f.90%峰值力（峰后）

图 2.30　过人字形韧带尖端的切片上的最小主应力分布(切槽倾角 70° 的 CCNBD 试样)

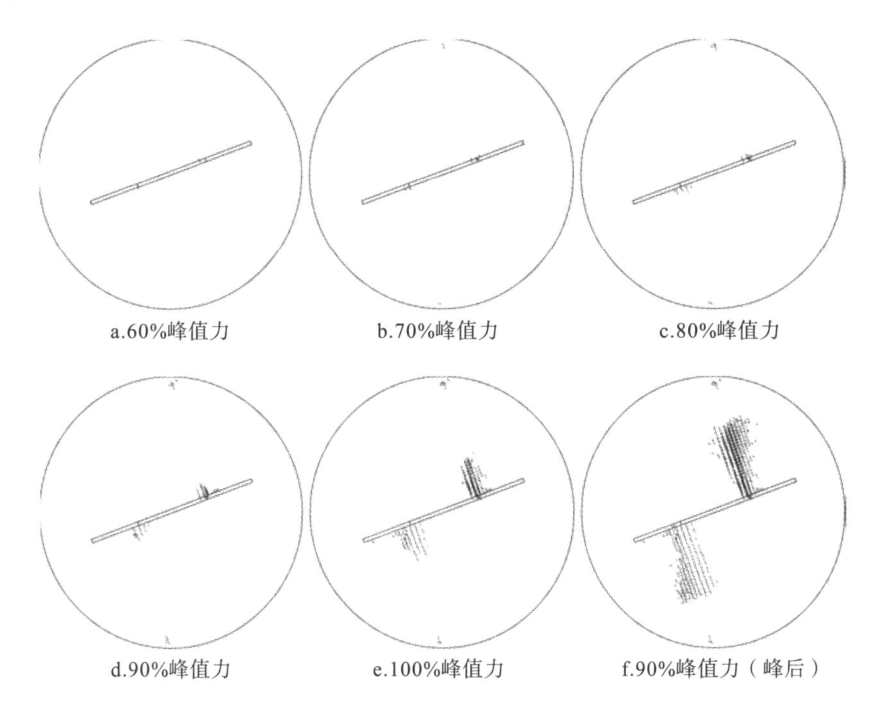

图 2.31　沿圆盘表面法线方向观察到的累计声发射演化(切槽倾角为 70°)

2.5　SCB 数值试验

ISRM 建议 SCB 试样的裂纹长度与半径之比为 0.4～0.6，本节的数值试验取裂纹长度 a=0.5R。为了研究支撑跨距 S 对 SCB 试验的影响，数值试验考虑三种支撑跨距，即 S/D=0.3、0.5 和 0.8。数值试样的直径均设置为 75mm，厚度均为 0.8R，不同支撑跨距的 SCB 数值模型采用一致的网格。图 2.32a 展示了建立的 SCB 数值

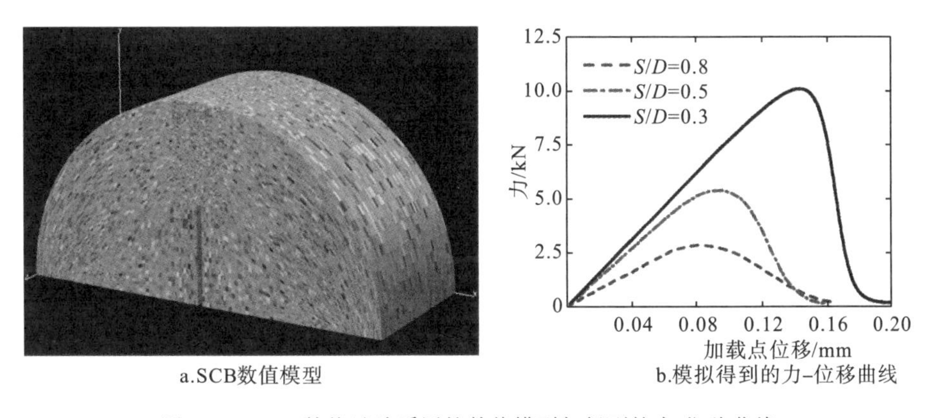

图 2.32　SCB 数值试验采用的数值模型与得到的力-位移曲线

模型，该模型包含 442,600 个六面体单元。在数值试验中，约束试样底部支撑位置在竖直方向上的位移，然后在试样顶部向下施加每步 0.002mm 的位移荷载。图 2.32b 展示了三种支撑跨距 SCB 数值试验的力-位移曲线。可以看出，支撑跨距越大，加载力随加载点位移增加得越缓慢，曲线的峰值荷载越小。

图 2.33 展示了 SCB 数值试样切槽剖面内的最小主应力，以及对应视角观察到的累计声发射演化。当加载力约为峰值的 85%时，断裂已经有从切槽端部萌生扩展的趋势。值得注意的是，对于三种跨距的 SCB 试验，在峰值荷载时，断裂均已明显传播了一段距离。而且，支撑跨距越小，峰值荷载时断裂传播得越远。这说明三种支撑跨距 SCB 数值试验中均存在亚临界裂纹扩展，而且，支撑跨距越小，亚临界裂纹扩展越严重(LEFM 原理，SCB 试样达到峰值时才起裂)。

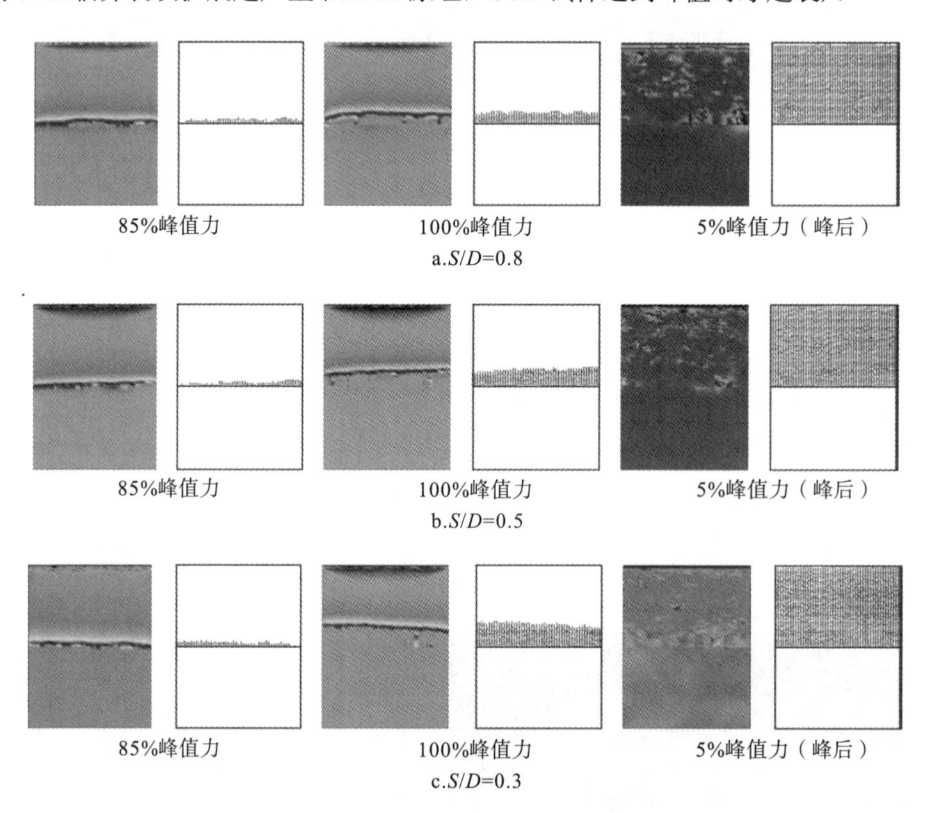

图 2.33　SCB 数值试样切槽剖面内的最小主应力云图以及累计声发射分布

图 2.34 给出了沿圆盘表面法线方向观察到的累计声发射。可以看出，当 S/D=0.8 和 0.5 时，整个断裂过程只有少量声发射超出切口韧带区域。当 S/D=0.3 时，最初的断裂仍然较好地限制在切槽韧带区域；随着裂纹进一步扩展，大量声发射事件开始超出切槽韧带区域。这表明支撑跨距越小，裂纹在传播的过程中越容易偏离纯 I 型断裂面。而且，较小的支撑跨距会造成 SCB 试样的断裂出现较大

的过程区。由于断裂韧度计算公式均是基于 LEFM 理论建立起来的，在 LEFM 中通常假设断裂仅由主裂纹主导。大的断裂过程区将会导致 LEFM 理论失效，使测得的断裂韧度具有较大误差。于是，采用 SCB 试验测试岩石断裂韧度时不宜设置过小的支撑跨距。

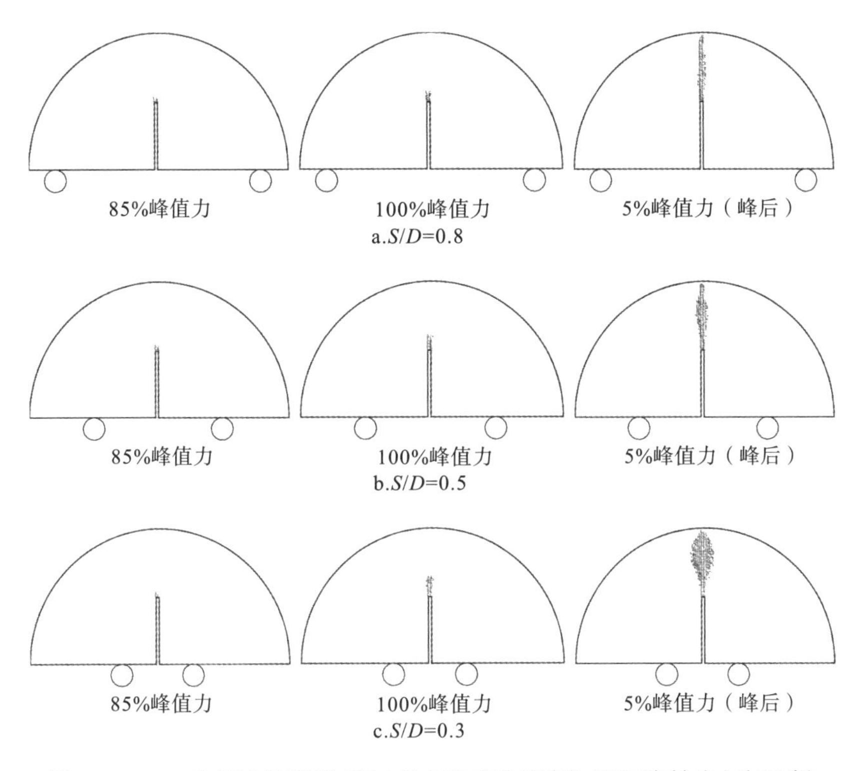

图 2.34　SCB 数值试样断裂过程中的累计声发射演化(沿圆盘轴线方向观察)

图 2.35 给出了试样厚度中间位置的切片上的最小主应力云图，从中可以清楚地观察到裂纹扩展。与图 2.33 和图 2.34 的结果类似，三种跨距的 SCB 试样在峰值荷载时已经明显地产生了亚临界裂纹扩展。支撑跨距越小，亚临界裂纹扩展距离越长，SCB 试样的断裂行为与 LEFM 理论相差越远。从图 2.35 可以得到 SCB 试验在 S/D=0.8、0.5 和 0.3 时的亚临界裂纹扩展长度分别约为 0.076R、0.089R 和 0.121R。另一方面，与图 2.34 的结果类似，图 2.35 也说明支撑跨距越小，断裂路径越宽，裂纹生长越容易偏离理想断裂平面，裂纹生长伴随着越宽的断裂过程区。因此，由数值试验结果可知，支撑跨距越大，越有助于减小断裂过程区，SCB 试样的断裂越加符合 LEFM 理论，测得的断裂韧度越合理。而且，较大的支撑跨距有助于减小试样与支辊之间的摩擦，以及减小支撑跨距设置偏差对韧度结果的影响。

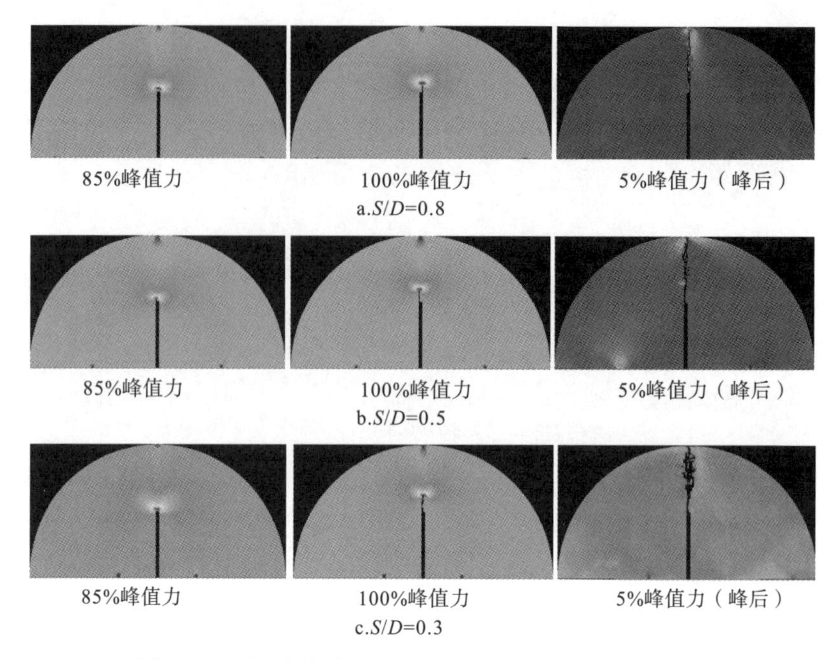

图 2.35　不同支撑跨距 SCB 数值试验中的裂纹扩展过程

2.6　本 章 讨 论

过去对 4 种 ISRM 建议拉伸断裂试验方法的研究主要集中在室内试验手段，本章首次对该 4 种试验方法系统地开展数值试验评估。结果表明，CB、SR 和 CCNBD 3 种人字形切槽试样均是从人字形韧带尖端起裂，裂纹沿着韧带平面扩展；SCB 试样是从切槽端部起裂，裂纹朝向上部加载端扩展。4 种数值试验的峰值加载力对应的临界裂纹长度与基于 LEFM 理论确定的临界裂纹长度均有一定差距，这可以通过以下原因解释。

在 LEFM 中，对于承受平面以内荷载的二维问题，裂纹尖端附近的应力可以表示为[223](参见图 2.36 所示的裂尖坐标系)

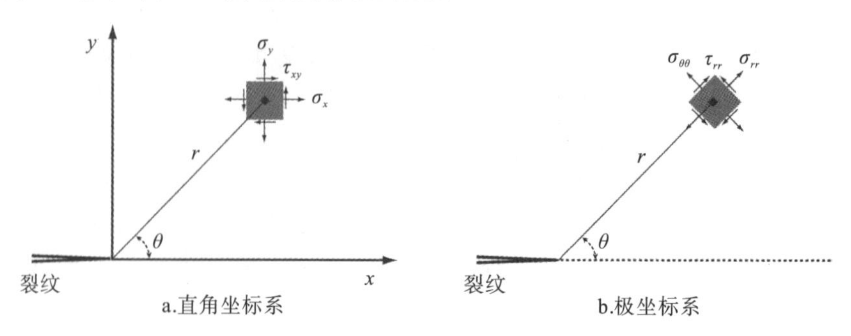

图 2.36　常用的裂纹尖端坐标系

$$
\begin{Bmatrix}\sigma_x\\ \sigma_y\\ \tau_{xy}\end{Bmatrix}=\sum_{n=1}^{\infty}\frac{n}{2}A_n r^{\left(\frac{n}{2}-1\right)}\begin{Bmatrix}\left[2+\frac{n}{2}+(-1)^n\right]\cos\left(\frac{n}{2}-1\right)\theta-\left(\frac{n}{2}-1\right)\cos\left(\frac{n}{2}-3\right)\theta\\ \left[2-\frac{n}{2}-(-1)^n\right]\cos\left(\frac{n}{2}-1\right)\theta+\left(\frac{n}{2}-1\right)\cos\left(\frac{n}{2}-3\right)\theta\\ \left(\frac{n}{2}-1\right)\sin\left(\frac{n}{2}-3\right)\theta-\left[\frac{n}{2}+(-1)^n\right]\sin\left(\frac{n}{2}-1\right)\theta\end{Bmatrix}
$$

$$
-\sum_{n=1}^{\infty}\frac{n}{2}B_n r^{\left(\frac{n}{2}-1\right)}\begin{Bmatrix}\left[2+\frac{n}{2}-(-1)^n\right]\sin\left(\frac{n}{2}-1\right)\theta-\left(\frac{n}{2}-1\right)\sin\left(\frac{n}{2}-3\right)\theta\\ \left[2-\frac{n}{2}+(-1)^n\right]\sin\left(\frac{n}{2}-1\right)\theta+\left(\frac{n}{2}-1\right)\sin\left(\frac{n}{2}-3\right)\theta\\ -\left(\frac{n}{2}-1\right)\cos\left(\frac{n}{2}-3\right)\theta+\left[\frac{n}{2}-(-1)^n\right]\cos\left(\frac{n}{2}-1\right)\theta\end{Bmatrix} \tag{2.13}
$$

式中，r 和 θ 为图 2.36b 所示的极坐标；n 为该无穷序列中某一项的序号；A_n 和 B_n(对 B_n 来说，$n\neq2$)取决于裂纹体的几何和加载配置。

对于纯 I 型断裂，裂纹延长线上的周向应力可以表示为

$$
\begin{aligned}\sigma_y\big|_{\theta=0}&=\sum_{n=1}^{\infty}\frac{n}{2}A_n r^{\left(\frac{n}{2}-1\right)}\left[1-(-1)^n\right]\\ &=A_1 r^{-\frac{1}{2}}+3A_3 r^{\frac{1}{2}}+5A_5 r^{\frac{3}{2}}+7A_7 r^{\frac{5}{2}}+9A_9 r^{\frac{7}{2}}+11A_{11} r^{\frac{9}{2}}+13A_{13} r^{\frac{11}{2}}+\cdots\end{aligned} \tag{2.14}
$$

这里，奇异应力项中的 A_1 与应力强度因子 K_{I} 的关系为

$$
A_1=\frac{K_{\mathrm{I}}}{\sqrt{2\pi}} \tag{2.15}
$$

根据 LEFM 理论，一般断裂韧度试样裂纹延长线上的周向应力分布如图 2.37 所示。图 2.37 和式(2.14)表明，裂纹延长线上非常靠近裂尖的位置(即 $r\approx0$)张拉应力趋近于无穷大。显然，真实材料裂纹端部不允许存在无穷大的张应力，对于金属等存在明显塑性行为的材料，裂纹尖端会形成塑性区；对于岩石等准脆性材料，裂尖会形成微裂纹区并可能伴随着主裂纹的亚临界扩展。

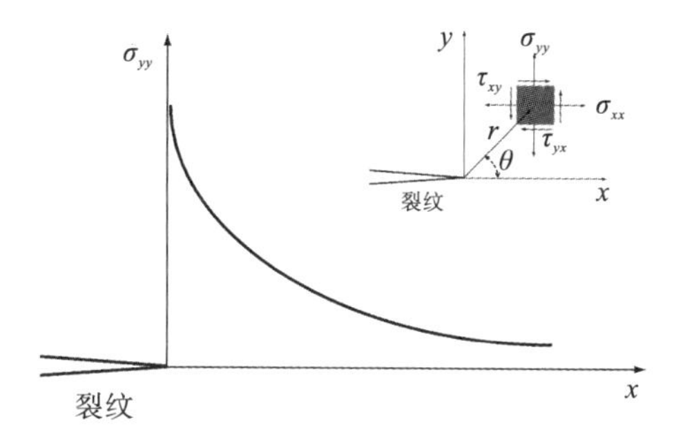

图 2.37　一般断裂韧度试样裂纹延长线上的张应力分布

已有的研究表明，裂纹在岩石类材料中的传播过程大致如图 2.38 所示[224]。当受到荷载时，裂纹尖端会出现应力集中(图 2.38 中阶段Ⅰ)。随着荷载增大，应力集中区内会出现微裂纹并逐渐累积(图 2.38 中阶段Ⅱ)。当荷载达到一定程度时，微裂纹成核贯通形成一段宏观裂纹并可能伴随着主裂纹的亚临界扩展(图 2.38 中阶段 III)。岩石类材料中裂纹的传播就是主裂纹尖端产生亚临界扩展连同微裂纹不断产生、成核和贯通的结果。随后，当裂纹失稳扩展时，岩石承载力急剧降低(即图 2.38 中阶段Ⅳ)。在主裂纹传播过程中，位于裂尖的非线性损伤区通常称为断裂过程区。

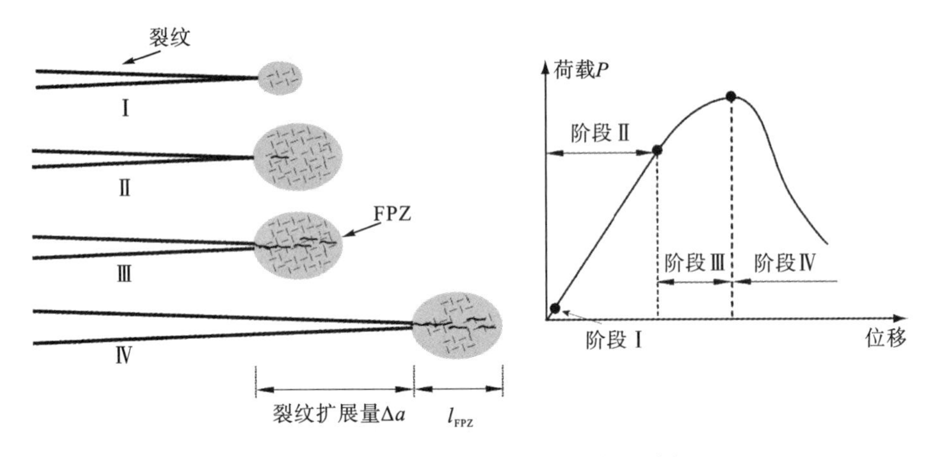

图 2.38 岩石类材料中裂纹的渐进扩展过程

在本书的数值试验中，由于基于 LEFM 的临界裂纹延长线上的应力或应变满足单元的失效准则，裂纹延长线一定距离以内的单元发生失效。于是，亚临界裂纹扩展被模拟得到。亚临界裂纹扩展越严重，试样的断裂行为偏离线弹性断裂力学理论越远，测得的断裂韧度误差也越大。由此，亚临界裂纹扩展的程度是衡量断裂韧度试验是否合理和断裂韧度结果是否可靠的一个重要因素。

数值试验表明，对于 CB 和 SR 试验，当裂纹前缘到达人字形韧带中部的某一位置时，加载力达到峰值。然而，在 CCNBD 试验，当加载力达到最大值时，裂纹前缘已经超出人字形韧带根部(即临界裂纹长度 a_c 已经大于 a_1)。这意味着 CCNBD 试验中的亚临界裂纹扩展可能最为严重。CB、SR 和 CCNBD 试验中的亚临界裂纹扩展长度 a_s 分别约为 0.199R、0.179R 和 0.222R。就此三种试验来说，CCNBD 试验中亚临界裂纹扩展长度最长，SR 最短。而且，CB 和 SR 试样在理论上的临界残余韧带长度 l_{rc}(分别为 1.44R 和 1.34R)要明显大于 CCNBD 试样的临界残余韧带长度(0.5R)。CB 和 SR 试验中的亚临界裂纹扩展长度相对于临界残余韧带长度较短(a_s/l_{rc}=0.138 和 0.134)，而 CCNBD 试验中的亚临界裂纹扩展长度相对于临界残余韧带长度较长(a_s/l_{rc}=0.444)。因此，CCNBD 试验受到亚临界裂纹扩展的影响可能比 CB 和 SR 更严重。

在 SCB 试验中，当加载力达到峰值时，裂纹已明显扩展了一段距离。S/D=0.8、0.5 和 0.3 时的亚临界裂纹扩展长度 a_s 分别为 0.076R、0.089R 和 0.121R。这不仅表明支撑跨距越小时 a_s 越大，而且表明支撑跨距较小时 a_s 受到支撑跨距的影响越明显。例如，当 S/D 从 0.8 减小到 0.5 时，a_s 仅增加 0.013R，而当 S/D 从 0.5 减小到 0.3 时，a_s 却增加了 0.032R。与 CB、SR 和 CCNBD 试验相比，三种跨距 SCB 试验的亚临界裂纹扩展长度更短。然而，S/D=0.8、0.5 和 0.3 时 SCB 数值试验的 a_s/l_{rc} 值分别为 0.152、0.178 和 0.242。因此，SCB 试验中亚临界裂纹扩展长度占临界残余韧带长度的比例高于 CB 和 SR 试验，而低于 CCNBD 试验。

为了定量评估亚临界裂纹扩展对 4 种试验造成的影响，这里引入有效裂纹长度的概念。由于断裂过程区(含亚临界裂纹扩展区域和微裂纹区)的存在，LEFM 并不严格适用于岩石与混凝土等材料。因此，许多改进的 LEFM 模型或者非线性断裂力学模型被提出，包括虚拟裂缝模型[225]、裂缝带模型[226]、双参数模型[227]、有效裂纹模型[228]、尺寸效应模型[229]、双 K 模型[230,231]等。其中有效裂纹模型认为，用考虑了断裂过程区的有效裂纹长度所确定的断裂韧度更合理。有效裂纹模型的有效性与实用性得到许多文献和研究的支持与证实[232]。例如，对于金属断裂试验，美国材料与试验协会(ASTM)建议有效裂纹长度应由初始裂纹长度、可见的裂纹扩展长度以及塑性区修正长度三部分组成[233]。相似地，Labuz 等的试验研究也表明，岩石断裂试验中的有效裂纹长度也应该包含断裂过程区长度[234]。Irwin 曾经也指出，只要在应力强度因子计算时采用考虑了非线性区修正的有效裂纹长度，线弹性断裂力学则仍然有效[235]。我国的《水工混凝土断裂试验规程》中也采用了有效裂缝长度确定裂缝失稳扩展时的断裂韧度[236]。而且，其他的改进线弹性断裂力学模型，如双参数模型和双 K 模型，也用到有效裂纹长度的概念来确定断裂韧度。另外，从能量的角度来看，利用有效裂纹长度可以将耗散在断裂过程区的能量近似地考虑到断裂韧度测定中[234]。由于本研究建立的数值模型较为均匀，未见显著的裂尖微破裂区，模拟得到的裂纹长度可视为包含了亚临界裂纹扩展长度的有效裂纹长度。

不同裂纹长度下，裂纹体的无量纲应力强度因子并不相同。对于 4 种 ISRM 建议试样，无量纲应力强度因子 Y 随无量纲裂纹长度 α($\alpha=a/R$)的变化关系可以通过有限元分析得到(详见 3.4.4 节)。表 2.2 给出了 4 种 ISRM 建议试样在临界无量纲有效裂纹长度 α_{ec} 时的 Y 值[表示为 $Y(\alpha_{ec})$]以及 LEFM 理论中确定的临界无量纲裂纹长度 a_c 对应的 Y 值[表示为 $Y(\alpha_c)$]。根据 K_{Ic} 计算公式[式(1.3)、式(1.5)和式(1.8)]可知，对于 CB、SR 和 CCNBD 试验，亚临界裂纹扩展对韧度测试的影响可以通过$[Y(\alpha_c)-Y(\alpha_{ec})]/Y(\alpha_{ec})$估算。根据式(1.10)，SCB 试验中亚临界裂纹扩展对韧度测试的影响可以通过$\left[Y(\alpha_c)\sqrt{\alpha_c}-Y(\alpha_{ec})\sqrt{\alpha_{ec}}\right]/\left[Y(\alpha_{ec})\sqrt{\alpha_{ec}}\right]$估算。

表 2.2 亚临界裂纹扩展对 4 种数值试验韧度结果的影响估计

试样	α_c	$Y(\alpha_c)$	α_{ec}	$Y(\alpha_{ec})$	测试影响
CB	0.56	9.167	0.759	9.755	−6.0%
SR	1.56	23.06	1.739	23.59	−2.3%
CCNBD	0.50	0.946	0.722	1.300	−27%
SCB (a/R=0.5，S/D=0.8)	0.5	6.534	0.576	7.917	−23%
SCB (a/R=0.5，S/D=0.5)	0.5	3.612	0.589	4.664	−29%
SCB (a/R=0.5，S/D=0.3)	0.5	1.672	0.621	2.631	−43%

可以看出，SR 试验受到亚临界裂纹扩展的影响最小，CB 次之，而 CCNBD 和 SCB 受到亚临界裂纹生长的影响较大。于是，直接利用峰值荷载与基于 LEFM 理论确定的临界裂纹长度进行断裂韧度计算会给 CCNBD 与 SCB 试验带来显著误差。由于计算时所用的临界裂纹长度和无量纲应力强度因子比实际有效值偏低，CCNBD 和 SCB 试验的断裂韧度结果会明显偏保守。这可以一定程度地解释为何 CCNBD 与 SCB 试验的测试结果经常比 CB 和 SR 试验显著偏低。

鉴于 CCNBD 试样经常在国际上用于岩石 I-II 复合型断裂韧度测试，但试验原理缺乏严格评估的现状，本章对该 I-II 复合型断裂试验方法进行了数值试验研究。结果表明，CCNBD 试样的断裂始于人字形韧带的尖端，而且裂纹在沿着人字形韧带边缘蔓延的同时，也在朝向加载端扩展。试样的断裂属于三维翼形断裂，最终形成的断裂面为一个凹面和一个凸面。也就是说，在复合型荷载的作用下，CCNBD 试样中的裂纹并不会沿着人字形韧带平面扩展到其根部(即 a=a_1 处)；而且，当切槽倾角较大时，试样表面的裂纹并不起始于切槽端部，而是在切槽中部某处。另外，当加载力达到峰值时，三维翼形裂纹已经向上下加载端扩展了很长的一段距离，并非 Chang 等假设的“裂纹扩展到人字形韧带根部时加载力达到峰值”。

事实上，CCNBD 试样可以视作厚度很薄的 CSTBD 试样的集合体。从试样厚度方向来看，不同位置切片得到的 CSTBD 试样具有不同的初始裂纹长度：中间位置切片得到的 CSTBD 试样拥有最短的初始裂纹长度，而试样表面切片得到的 CSTBD 试样拥有最长的初始裂纹长度。根据 Aliha 等、Ayatollahi 和 Sistaninia 的研究，当切槽倾角和切槽长度不大时，在压缩荷载作用下，所有薄片 CSTBD 试样的裂纹都将起始于切槽端部，然后朝向加载端扩展[237,238]。然而，不同裂纹长度 CSTBD 试样中的裂纹偏转角度并不相同。如图 2.39 所示，当切槽倾角固定时，CSTBD 试样切槽长度越短时裂纹偏转角度越小，而切槽长度越长时裂纹偏转角度越大。对于 CCNBD 试样，切片位置越接近圆盘表面则断裂初始角越大。于是，

CCNBD 试样的断裂面在厚度方向上并非是直穿透式的，不同切片的断裂路径最终导致 CCNBD 试样的三维断面呈现内凹或外凸状。既然裂纹不沿着人字形韧带扩展，那么“裂纹扩展到人字形切槽根部时，加载力达到最大值”的假设也是不成立的。因此，CCNBD 试样在复合型荷载作用下的断裂行为与 Chang 等在复合型断裂韧度测试中基于的裂纹扩展假设[153]严重不符。

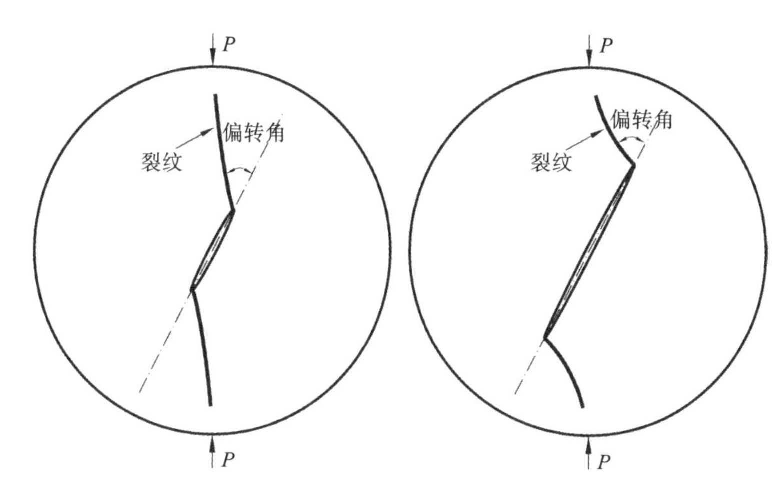

图 2.39　不同初始裂纹长度 CSTBD 试样中的裂纹偏转角度示意

另外，Aliha 和 Ayatollahi 将 CCNBD 试样视为裂纹长度 $a=(a_1+a_0)/2$ 的 CSTBD 试样来确定纯 II 型加载角和计算复合型断裂韧度[212]也是不合理的。当 CCNBD 受到剪切型主导的荷载时，人字形韧带由于应力集中会率先出现裂纹。由凹凸形的断裂面可知，裂纹在沿着人字形韧带边缘蔓延的同时也会朝向加载端扩展，呈现三维翼形扩展模式。尽管试样最初遭受的是剪切型荷载，随着裂纹的生长，裂纹受到的荷载逐渐向拉伸型转变。当加载力达到峰值时，拥有复杂裂纹形态的 CCNBD 试样不再受到纯剪作用，建立的计算 II 型应力强度因子的公式也不再适用。有学者认为，即便是直裂纹 CSTBD 试样测得的 II 型断裂韧度也并非真实 II 型断裂韧度，因为 CSTBD 试样在 II 型荷载（$K_{\mathrm{I}}=0$，$K_{\mathrm{II}}\neq0$）作用下并非发生面内剪切型破坏[239]，而本质上是拉伸失效造成的。然而，即便断裂模式并不符合传统的 II 型断裂韧度定义，但 CSTBD 复合型断裂试验可以测得 $K_{\mathrm{I}}=0$ 且 $K_{\mathrm{II}}\neq0$ 时的断裂韧度，仍然具有重要的物理意义[240]。而对于 CCNBD 试样，通过设置一定的切槽倾角来测试 I-II 复合型和纯 II 型断裂韧度的试验方法则是完全不合理的。CCNBD 试样并不具备“通过设置一定的切槽倾角可以测试 I-II 复合型断裂韧度”的优势。

2.7 本 章 小 结

为了直观揭示室内试验不易观察到的一些岩石断裂现象和机理，本章系统地介绍了针对 4 种 ISRM 建议方法开展的数值试验评估，直观展现了试样的整个渐进断裂过程。由于裂纹尖端场存在奇异性，裂纹端部应力/应变超过一定临界值的区域也会出现一定的开裂。因此，数值试验模拟出了 ISRM 建议试样在断裂过程中没有被 LEFM 考虑到的主裂纹亚临界扩展现象，这与岩石类材料的断裂机制一致。

数值试验显示，4 种试样中亚临界裂纹扩展长度从大到小的顺序依次是 CCNBD＞CB＞SR＞SCB，若是从亚临界裂纹扩展长度占临界残余韧带理论值的比例来看，从大到小的顺序依次是 CCNBD＞SCB＞CB＞SR。对于 I 型 CCNBD 试验，在临界时刻有较多微破裂超出韧带两侧，表明 CCNBD 试样具有较大的断裂过程区。对于 SCB 试验，当支撑跨距较小(如 S/D=0.3)时，也会出现较大的断裂过程区。

本章基于有效裂纹模型评估了 4 种 ISRM 数值试验中的亚临界裂纹扩展现象对韧度测试结果的影响。结果显示，SR 和 CB 试验受到亚临界裂纹扩展的影响较小，而 CCNBD 和 SCB 试验结果可能因亚临界裂纹扩展而显著偏低。

鉴于 CCNBD 试样被许多研究用于岩石 I-II 复合型断裂韧度测试，但测试原理缺乏严格评估，本章也基于数值试验对 CCNBD 复合型断裂试验方法进行了探讨。在 I-II 复合型(含纯 II 型)加载时，CCNBD 试样呈现典型的三维翼形裂纹扩展模式，裂纹在传播过程中会逐渐向拉伸型转变，不同于国际上采用该试样进行复合型断裂属性测试所基于的裂纹扩展假设。

第 3 章　应力强度因子标定

3.1　引　　言

第 2 章的数值试验表明，CCNBD 试验中存在严重的亚临界裂纹扩展，其测试结果可能因亚临界裂纹扩展而显著偏低，并且 SCB 试验的测试结果也受亚临界裂纹扩展影响。为了进一步检查数值试验结果的有效性，本书将对 4 种 ISRM 建议方法在临界时刻的断裂过程区(包含亚临界裂纹扩展区)长度进行理论评估，并分析和比较过程区长度对 4 种 ISRM 建议方法测试结果的影响。由于在此之前需要已知各个试样在临界时刻的几何信息、受力状态以及任一裂纹长度时的无量纲应力强度因子，本章将对 ISRM 建议试样在宽范围裂纹长度下的应力强度因子进行系统的标定，获取临界裂纹长度 a_c、临界无量纲应力强度因子 Y_c、无量纲应力强度因子 Y 随无量纲裂纹长度α的变化关系。

在断裂韧度测试中，对一个带裂纹的试件施加荷载使其失效，然后将记录的关键荷载和试样几何信息代入与式(1.11)类似的计算公式求得断裂韧度。值得注意的是，几乎所有试验方法的断裂韧度计算公式中都含有一个常数系数。该系数通常称为临界无量纲应力强度因子 Y_c。对于不同试验，Y_c 值通常并不相同；对于同一试验方法，当韧度计算公式不同时，Y_c 也不相同。而当试样形状、加载方式和韧度计算公式给定时，Y_c 是一个确定的常数。显然，Y_c 直接影响断裂韧度计算结果，因此确定准确的 Y_c 值对于测得可靠的岩石断裂韧度至关重要。4 种 ISRM 建议方法均给出了相应的 Y_c 值[比如，ISRM 对 CB、SR 和 CCNBD 标准试样建议的 Y_c 值分别为 10.42、24 和 0.84(与 ISRM 建议的断裂韧度公式对应)[59,65,66]]。然而，已有研究表明，即便是 ISRM 建议的 Y_c 值也可能有误差。

Wang 等基于位移外推法和分片合成法标定了 CCNBD 试样的应力强度因子，结果显示 ISRM 建议方法中给出的 Y_c 偏低(就标准试样来讲，偏低约 12%)，指出 Y_c 值的误差是造成 CCNBD 试验测试结果偏低的重要原因[162]。Iqbal 和 Mohanty 则认为，CCNBD 试验测试结果偏低的原因是 1995 年 ISRM 建议方法文献给出的 K_{Ic} 计算公式[式(1.8)]出现了书写错误，公式中的直径 D 实际应该为半径 R[99,155]。Fowell 等也撰文将 CCNBD 试验的 K_{Ic} 计算公式更新到 R 版本[161]。目前，有不少关于 CCNBD 试验的文献采用 R 版本公式，同时也有许多研究采用 D 版本公式，ISRM 建议的 Y_c 值以及 Wang 等重新标定的结果均得到使用。显然，CCNBD 的 K_{Ic} 计算公式以及公式中的 Y_c 值已经引起了争议与混淆。因此，需要对其开展深入研究。

另一方面，CB 和 SR 试样的应力强度因子则较少评估。由于 CB 和 SR 试样是典型的三维构型，较为复杂，加之 20 世纪的数值计算条件较为落后，CB 和 SR 试样的应力强度因子仍值得进一步校验。而且，1988 年 ISRM 建议方法文献只给出了 CB 和 SR 试样的 Y_c 值，并未给出 α_c 以及 Y 随 α 的变化等关键信息。关于 SCB 试样，虽然许多文献给出了多种裂纹长度和支撑跨距下的 Y 计算公式，而不同文献给出的公式差异较大。比如，Lim 等早在 1993 年给出了 SCB 试样的 Y 拟合公式[24]，此公式被大量文献采用。然而，2014 年 ISRM 建议方法文献指出 Lim 等的拟合公式有严重误差。同时，2012 年 ISRM 建议方法文献(将 SCB 颁布为动态 I 型断裂韧度测试建议方法)中也给出了 SCB 试样的 Y 值拟合公式[135]。由于该动态测试建议方法采用的是准静态数据处理方法，2014 年 ISRM 建议方法文献(静态测试)与 2012 年 ISRM 建议方法文献(动态测试)中给出的 Y 值理应一致。然而，事实却并非如此，两者的计算公式实际存在一定差异。后来，Ayatollahi 等也给出了一个 SCB 试样无量纲应力强度因子的计算式[69]。为了系统地校准这些 ISRM 建议方法的韧度计算公式以及公式中关键系数，本章对 ISRM 建议试样的应力强度因子进行系统的标定。

3.2 应力强度因子确定方法简介

计算 I 型应力强度因子的方法多种多样，大致可以分为试验法、解析法与数值法三大类。试验法通过一定的试验技术和手段(例如光弹试验[242]、数字图像相关技术[243])得到裂纹尖端的应力、位移场等，进而确定裂尖的奇异性，得到应力强度因子。试验法所需费用多，对设备要求高，实施难度大。解析方法包含复变函数法和积分变换法等，通常只适用于可以简化为二维问题的简单断裂力学分析。对于复杂的三维断裂力学问题，数值计算方法往往更高效，也得到更广泛的应用。常用的应力强度因子数值计算方法主要包括有限元法[244,245]和边界元法[246,247]。其中，有限元法已经被广泛用于确定应力强度因子。下面简单介绍一些基于有限元计算应力强度因子的方法。

3.2.1 应力外推法

应力强度因子的大小可以表征裂纹尖端应力场的强弱，因此计算应力强度因子的一种最直接的方法是确定裂纹尖端的应力。I 型应力强度因子 K_I 与裂纹尖端延长线上垂直于裂纹走向的张拉应力 σ_y(参见图 2.36a 所示的坐标系)具有如下关系[48]：

$$K_{\mathrm{I}}=\lim_{r\to 0}\left[\sigma_y\sqrt{2\pi r}\right] \tag{3.1}$$

因此，K_{I}是在 r 趋近于 0 时的$\sigma_y\sqrt{2\pi r}$。然而，在有限元计算中，r=0 处的应力 σ_y 总是一个有限值，而并非 LEFM 中的无穷大值。于是需要用外推法来确定K_{I}。单元应力外推法的基本思路如下。

在有限元计算中，裂纹尖端延长线上单元积分点的坐标和应力是很容易直接读取的。根据积分点的坐标和应力可以得到图 3.1 所示的应力分布曲线。因此，将裂纹尖端区域划分为十分密集的单元网格，读取靠近裂纹尖端的节点上的应力σ_{yi}和坐标 r_i，可以计算出各节点的名义应力强度因子 $K_{\mathrm{I}i}$。

$$K_{\mathrm{I}i}=\sigma_{yi}\sqrt{2\pi r_i} \tag{3.2}$$

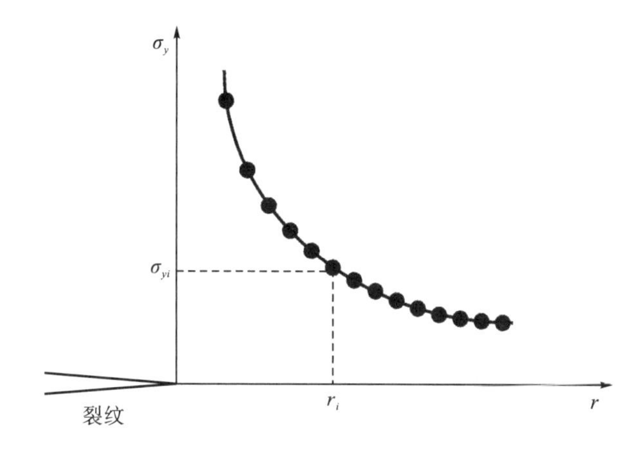

图 3.1　裂纹前端沿裂纹面法线方向的应力分布

接着，可以用最小二乘法来对数据集(r_i，$K_{\mathrm{I}i}$)进行拟合。通常假设 r_i 和 $K_{\mathrm{I}i}$之间具有近似的线性关系，可以得到

$$\hat{K}_{\mathrm{I}}=A^*r+B^* \tag{3.3}$$

当 r=0 时，$\hat{K}_{\mathrm{I}}\approx K_{\mathrm{I}}(=B^*)$。依据最小二乘法的原理，最佳的拟合应使式(3.4)成立。

$$Z=\sum\left(\hat{K}_{\mathrm{I}i}-K_{\mathrm{I}i}\right)^2=\sum\left(A^*r_i+B^*-K_{\mathrm{I}i}\right)^2=\text{最小值} \tag{3.4}$$

可以得到

$$\frac{\partial Z}{\partial A^*}=2\sum\left(A^*r_i+B^*-K_{\mathrm{I}i}\right)r_i=2\left(A^*\sum r_i^2+B^*\sum r_i-\sum r_i K_{\mathrm{I}i}\right)=0 \tag{3.5}$$

$$\frac{\partial Z}{\partial B^*}=2\sum\left(A^*r_i+B^*-K_{\mathrm{I}i}\right)r_i=2\left(A^*\sum r_i+B^*N-\sum K_{\mathrm{I}i}\right)=0 \tag{3.6}$$

对线性方程组进行求解，可得

$$A^{*}=\frac{\sum r_i \sum K_{\mathrm{I}i}-N\sum r_i K_{\mathrm{I}i}}{\left(\sum r_i\right)^2-N\sum r_i^2} \tag{3.7}$$

$$K_{\mathrm{I}}\approx B^{*}=\frac{\sum r_i \sum r_i K_{\mathrm{I}i}-\sum r_i^2\sum K_{\mathrm{I}i}}{\left(\sum r_i\right)^2-N\sum r_i^2} \tag{3.8}$$

3.2.2 位移外推法

在一般的有限元计算软件中，应力是通过应变与位移联系起来的，而位移是有限元求解的基本变量。因此，求解的应力精度通常要低于位移精度。另一种外推法则通过位移求解应力强度因子。根据 LEFM(图 2.36)，裂纹尖端区域任一点的位移与应力强度因子的关系为

$$u=\frac{K_{\mathrm{I}}}{2\mu}\sqrt{\frac{r}{2\pi}}\cos\left(\frac{\theta}{2}\right)\left[\kappa-1+2\sin^2\left(\frac{\theta}{2}\right)\right]+\frac{K_{\mathrm{II}}}{2\mu}\sqrt{\frac{r}{2\pi}}\sin\left(\frac{\theta}{2}\right)\left[\kappa+1+2\cos^2\left(\frac{\theta}{2}\right)\right] \tag{3.9}$$

$$v=\frac{K_{\mathrm{I}}}{2\mu}\sqrt{\frac{r}{2\pi}}\sin\left(\frac{\theta}{2}\right)\left[\kappa+1-2\cos^2\left(\frac{\theta}{2}\right)\right]-\frac{K_{\mathrm{II}}}{2\mu}\sqrt{\frac{r}{2\pi}}\cos\left(\frac{\theta}{2}\right)\left[\kappa-1-2\sin^2\left(\frac{\theta}{2}\right)\right] \tag{3.10}$$

对于纯 I 型加载，如图 3.2 所示，裂纹面上每个节点的坐标 r 和沿裂纹面法向的位移 v 之间的关系可以表示为

$$v=\frac{K_{\mathrm{I}}}{2\mu}\sqrt{\frac{r}{2\pi}}\sin\left(\frac{\theta}{2}\right)\left[\kappa+1-2\cos^2\left(\frac{\theta}{2}\right)\right] \tag{3.11}$$

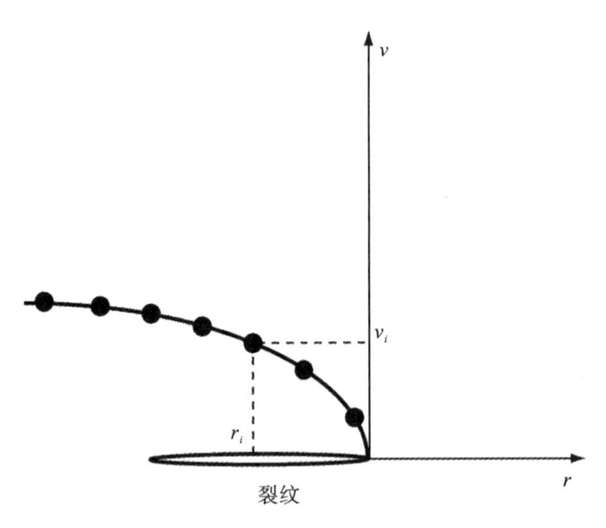

图 3.2 裂尖后端裂纹面的位移示意图

在有限元分析中，r_i 和 v_i 可以直接得到。因此，和应力外推法类似，可以组建数据集(r_i，$K_{\mathrm{I}i}$)。

$$K_{\mathrm{I}i}=\frac{2\mu}{\kappa+1}v_i\sqrt{\frac{2\pi}{r_i}} \tag{3.12}$$

随后，通过最小二乘法对数据进行拟合，可以得到 I 型应力强度因子。

3.2.3　基于应变能释放率的方法

在 LEFM 中，对于纯 I 型断裂平面应力问题，应变能释放率 G 与 I 型应力强度因子存在如下关系

$$G=\frac{K_{\mathrm{I}}^2}{E} \tag{3.13}$$

若是平面应变，E 应替换为 $E/(1-v^2)$。

于是，K_{I} 可以通过 G 转化得到。应变能释放率的定义由 Irwin[248]提出，他假定一个含有单边裂纹的二维裂纹体，其裂纹长度为 a，裂纹体厚度为 B，由于应变能释放率 G 是产生面积为 ΔA 的新裂纹面所需要的能量，于是有

$$G=-\lim_{\Delta A\to 0}\frac{\Delta\Pi}{\Delta A}=-\lim_{\Delta a\to 0}\frac{\Delta\Pi}{B\Delta a} \tag{3.14}$$

式中，$\Pi=U-W$ 为势能，U 为裂纹体应变能，W 为外力功。

显然，式(3.14)要求裂纹增量 Δa 趋近于 0。在一般的有限元分析中，可以采用包含两步分析过程的虚拟裂纹扩展法得到 G。如图 3.3 所示，第一步，利用有限元分析确定裂纹长度为 a 的裂纹体的势能 $\Pi_1=U_1-W_1$；第二步，分析确定裂纹长度为 $a+\Delta a$ 的裂纹体的势能 $\Pi_2=U_2-W_2$。当 Δa 足够小，应变能释放率 G 就可以被近似为

$$G\approx-\frac{\Pi_2-\Pi_1}{B\Delta a} \tag{3.15}$$

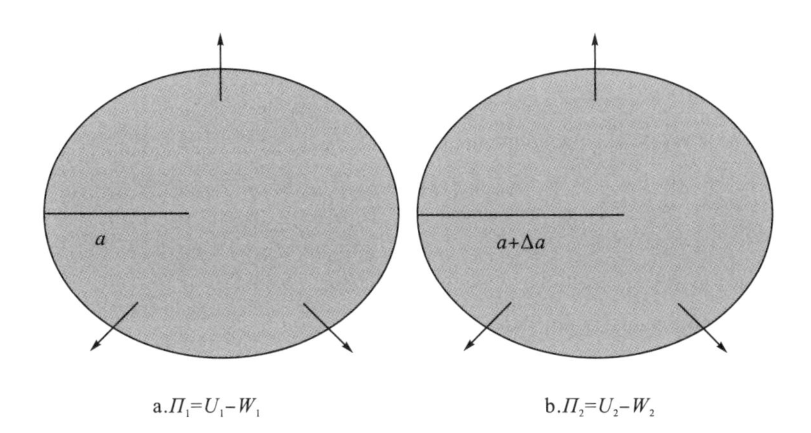

图 3.3　虚拟裂纹扩展法求应变能释放率的示意图

上述基于应变能释放率的方法对于纯Ⅰ型断裂问题可以确定Ⅰ型应力强度因子。然而，若是对于Ⅰ-Ⅱ复合型加载，只能得到总的应变能释放率，而无法分离Ⅰ型和Ⅱ型分量。Irwin发现，势能的改变与将裂纹闭合扩展增量所需要的功是相等的。鉴于此，裂纹尖端的能量释放率可以通过如下裂纹闭合积分来计算：

$$G_{\mathrm{I}} = \lim_{\Delta a \to 0} \frac{1}{2B\Delta a} \int_0^{\Delta a} \sigma_{yy} \Delta v \mathrm{d}x \tag{3.16}$$

$$G_{\mathrm{II}} = \lim_{\Delta a \to 0} \frac{1}{2B\Delta a} \int_0^{\Delta a} \tau_{xy} \Delta u \mathrm{d}x \tag{3.17}$$

式中，σ_{yy}(图3.4)和τ_{xy}为裂纹在扩展之前分布在裂纹延长线Δa范围内的法向应力和切应力；Δu和Δv为当裂纹扩展Δa时，先前闭合面上的位移分量。

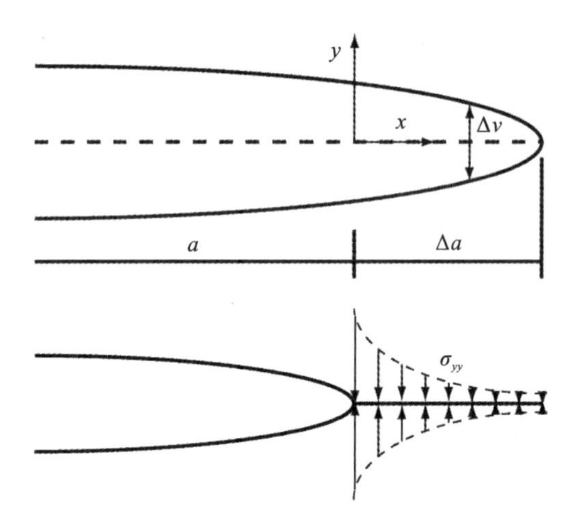

图3.4 闭合的虚拟裂纹示意图

式(3.16)和式(3.17)并不便于直接应用，因为它要求对闭合裂纹线上的应力进行数值积分，而闭合裂纹线通常与单元的边共线，需要用到节点上的应力值，然而在有限元分析中，当把应力外推到节点上或单元非常靠近裂尖时，得到的应力值可能存在较大的误差。为了保证计算结果的准确性，可以采用节点力代替对应力的积分。以图3.5为例，通过节点力和节点位移计算应变能释放率的公式如下：

$$G_{\mathrm{I}} \approx \frac{F_{y1}^{(1)} \Delta v_{1,1}^{(2)}}{2B\Delta a} \tag{3.18}$$

$$G_{\mathrm{II}} \approx \frac{F_{x1}^{(1)} \Delta u_{1,1}^{(2)}}{2B\Delta a} \tag{3.19}$$

式中，$F_{x1}^{(1)}$和$F_{y1}^{(1)}$分别为节点1处x和y方向上的节点力；$\Delta u_{1,1}^{(2)}$和$\Delta v_{1,1}^{(2)}$分别为节点1分离后在裂纹走向和法向上的距离。

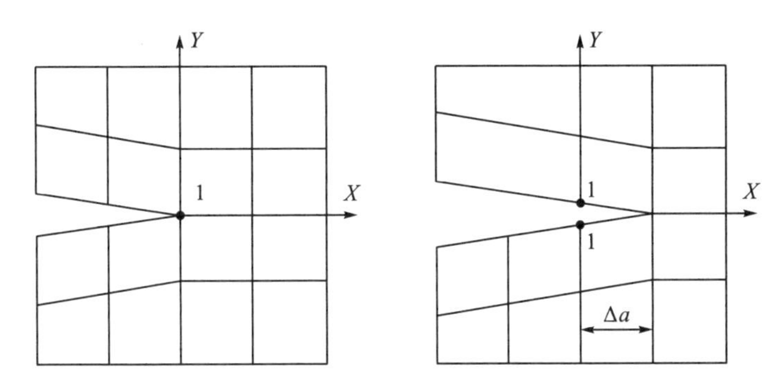

图 3.5　局部虚拟裂纹扩展法计算应变能释放率的示意图

值得注意的是，上述方法存在一个不便之处。它要求两步分析过程，这两步过程中的裂纹长度并不相同。这对有限元网格有一定的要求，特别是对于三维断裂问题更为困难。而且，在研究裂纹扩展时也显得非常不适用，因为需要基于上一步的计算结果不断更新网格。

为此，Rybicki 和 Kanninen 提出了适用于二维断裂问题的一步分析法，称为修正的裂纹闭合积分法，该方法也被重新命名为虚拟裂纹闭合法[249]。Raju 首次对该方法进行了数学上的证明，而且也给出了针对高阶单元和奇异单元的计算公式[250]。

该方法的基本假定是实际裂纹尖端后面的张开位移与虚拟裂纹尖端后面的张开位移相等。于是，如图 3.6 所示，式(3.18)和式(3.19)可改进为

$$G_{\mathrm{I}} \approx \frac{F_{y1}\Delta v_{3,4}}{2B\Delta a} \tag{3.20}$$

$$G_{\mathrm{II}} \approx \frac{F_{x1}\Delta u_{3,4}}{2B\Delta a} \tag{3.21}$$

式中，$\Delta u_{3,4}$ 和 $\Delta v_{3,4}$ 分别为节点 3 和节点 4 在裂纹走向和法向上的距离增量。

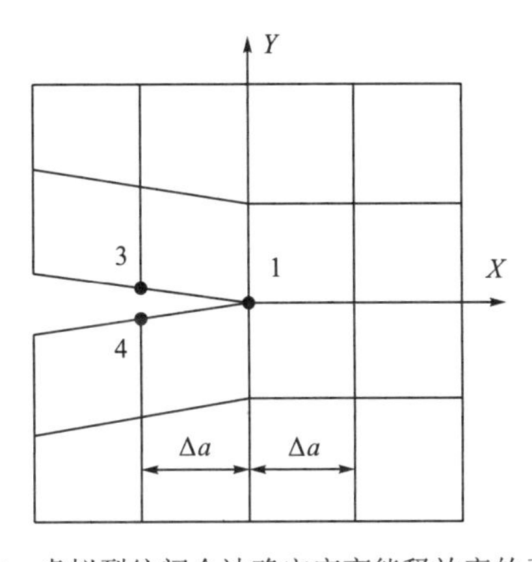

图 3.6　虚拟裂纹闭合法确定应变能释放率的示意图

3.2.4 基于 J 积分的方法

根据 LEFM 理论，对于 I 型断裂平面应力问题，I 型应力强度因子与路径无关积分 J 的关系如下[48]：

$$J = \frac{K_{\mathrm{I}}^2}{E} \tag{3.22}$$

若为平面应变，E 应替换为 $E/(1-\nu^2)$。

于是，K_{I} 可以通过 J 转化得到。J 积分的概念是由 Rice 提出的，是一个处理非线性断裂力学问题的断裂参数；J 积分基于能量守恒定律而引入，对裂纹尖端应力奇异性的依赖性较弱，并不要求对裂纹尖端的单元进行特殊处理。如图 3.7 所示，对于任意一个围绕裂尖的逆时针回路 Γ，J 积分可以表示为

$$J = \int_{\Gamma} (w\mathrm{d}x_2 - T_i \frac{\partial u_i}{\partial x_i})\mathrm{d}s \tag{3.23}$$

式中，u_i 为位移矢量的分量；ds 为积分路径 Γ 上的增量；w 为应变能密度因子，其表达式如下：

$$w = \int_0^{\varepsilon_{ij}} \sigma_{ij}\,\mathrm{d}\varepsilon_{ij} \tag{3.24}$$

式中，σ_{ij} 和 ε_{ij} 分别为应力张量和应变张量。

T_i 为张力矢量，具体地说，其为作用在围线中心体边界上的正应力，可以由式(3.25)计算。

$$T_i = \sigma_{ij} n_j \tag{3.25}$$

式中，n_j 为 Γ 的单位法矢量。

J 积分的数值被证明与围绕裂尖的积分路径无关；故 J 积分也被称为路径无关积分。

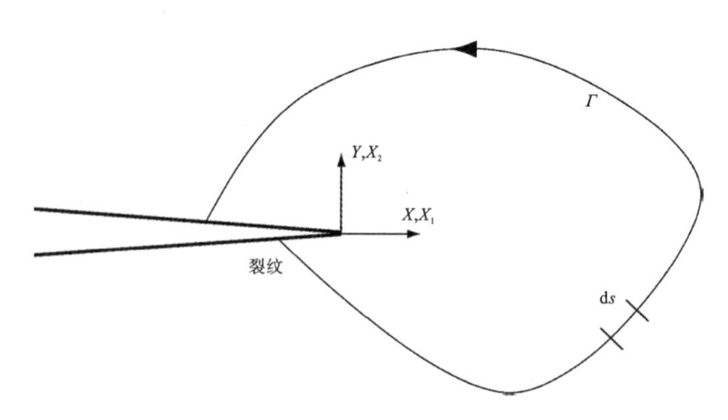

图 3.7 虚拟裂纹闭合法确定应变能释放率的示意图

3.3　标定方法的验证

2014 年 ISRM 建议方法指出，在使用有限元确定应力强度因子时，基于围线积分的方法(如 J 积分方法)要比传统的位移/应力外推法更准确，因为裂纹尖端高应力梯度造成的数值误差对围线积分方法的影响更小[66]。因此，本书采用 ABAQUS10.0 中基于 J 积分的算法来确定 4 种 ISRM 建议试样的应力强度因子，进而校准 ISRM 建议方法断裂韧度计算公式以及其中的关键系数——临界无量纲应力强度因子。

为了简化和改善 CB、SR 和 CCNBD 数值模型的网格划分，本书采用子模型法(又称为切割边界位移法或特定边界位移法)进行 CB、SR 和 CCNBD 的应力强度因子数值计算。而由于 SCB 试验可以简化为二维分析，则 SCB 的应力强度因子计算并不使用子模型法。子模型法的原理是：首先建立一个全局模型得到结构的全场位移，然后再将重点关注的区域切割出来构造子模型；全局模型切割边界上的位移计算值即为子模型的位移边界条件。下面以直穿透裂纹巴西圆盘(CSTBD)试样(a/R=0.5)的应力强度因子计算为例，来检验本书采用的数值计算方法在应力强度因子计算方面的有效性以及精度。

CSTBD 试样在 I 型荷载作用下的应力强度因子经典解为[251]

$$K_{\mathrm{I}} = \frac{P}{B\sqrt{D}}Y \tag{3.26}$$

$$\begin{aligned} Y = \sqrt{\frac{2}{\pi}}\sqrt{\frac{\alpha}{1-\alpha}}(1 &- 0.4964\alpha + 1.5582\alpha^2 - 3.1818\alpha^3 + 10.0962\alpha^4 \\ &- 20.7782\alpha^5 + 20.1342\alpha^6 - 7.5067\alpha^7) \end{aligned} \tag{3.27}$$

对于 a/R=0.5 的 CSTBD 试样，式(3.27)计算得到的 Y 值约为 0.7829。

这里首先检验不使用子模型法时的应力强度因子计算精度。CSTBD 试样的有限元模型如图 3.8 所示，由于试样具有对称性，仅将试样的四分之一建立为有限元模型。选用线弹性模型，假设弹性模量和泊松比分别为 20GPa 和 0.25。为了得到准确的断裂参数，对裂纹尖端区域进行加密，加密单元呈“同心圆”式的排列方式。为了考虑裂纹尖端应力的 $r^{-1/2}$ 奇异性，裂纹尖端区域采用特殊的奇异单元(四分之一节点单元)[252]。该模型总共由 832 个单元和 2,654 个节点组成，半径为 1m，厚度为 1m，施加的荷载为 1N。接着在施加合适的边界条件并启动分析后，可以输出得到应力强度因子。表 3.1 列出了从裂尖向外依次 5 个围线(从内到外依次编号为 1～5)上输出的结果。显然，每一道围线输出的应力强度因子均为 1.107Pa·m$^{0.5}$，表明计算结果收敛。

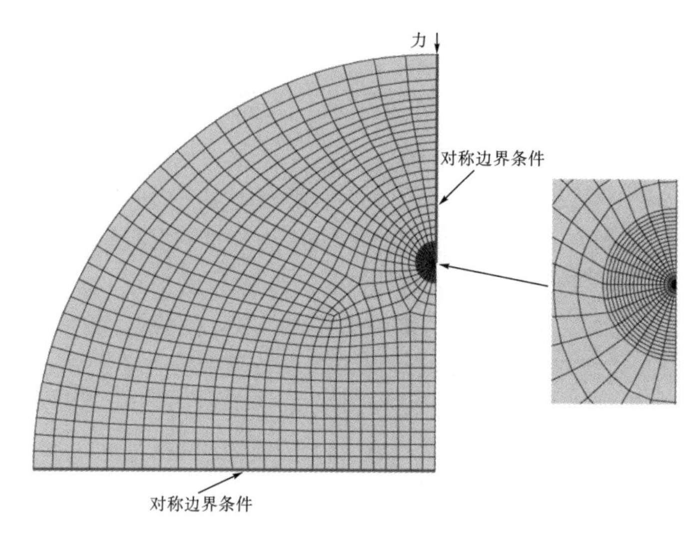

图 3.8　CSTBD 试样应力强度因子计算采用的数值模型

表 3.1　CSTBD **数值模型从裂尖向外依次** 5 **个围线上输出的应力强度因子**

围线编号	1	2	3	4	5
$K_{\mathrm{I}}/(\mathrm{Pa}\cdot\mathrm{m}^{0.5})$	1.107	1.107	1.107	1.107	1.107

通过式(3.26)(其中 P 指的是相对于整个 CSTBD 试样的荷载，即直接施加在数值模型上荷载的 2 倍)可以将应力强度因子转换为无量纲(量纲为 1)的 Y 值(0.7828)，这与通过公式(3.27)计算得到的 0.7829 几乎完全一致。

本书在 CB、SR 和 CCNBD 试样的应力强度因子计算中使用了子模型法，接下来检查使用子模型法标定 CSTBD 试样应力强度因子的精度。模拟 CSTBD 试样所用的数值模型如图 3.9 所示。值得注意的是，在全局模型的裂纹尖端仅仅采用了普通的有限元网格。在施加荷载和合适的对称边界条件之后，启动全局模型的计算并记录全场位移数据，然后建立包含裂纹尖端的半圆状子模型(图 3.9)，在子模型裂纹尖端区域划分精细的网格，并将全局模型分析得到的切割边界上的位移值作为边界条件输入到子模型上。表 3.2 列出了从子模型输出的应力强度因子(半圆状子模型的半径为试样半径的 0.5 倍，即 $R_{子}/R$=0.5)，除了靠近裂尖的两道围线的计算结果受到高应力梯度的轻微扰动外，计算结果很好地收敛于 1.107Pa·m$^{0.5}$。鉴于子模型的大小可能会对计算结果产生一定的影响，这里采用多种尺寸的子模分析，结果详见表 3.3。可以看出，只要子模型的大小适中，应力强度因子计算结果基本不随子模型尺寸而变化，这里计算的 K_{I} 值均接近 1.107Pa·m$^{0.5}$。因此，基于子模型法的计算结果与直接标定法(不采用子模型)以及理论公式的结果一致，表明本书采用的应力强度因子标定方法可靠。

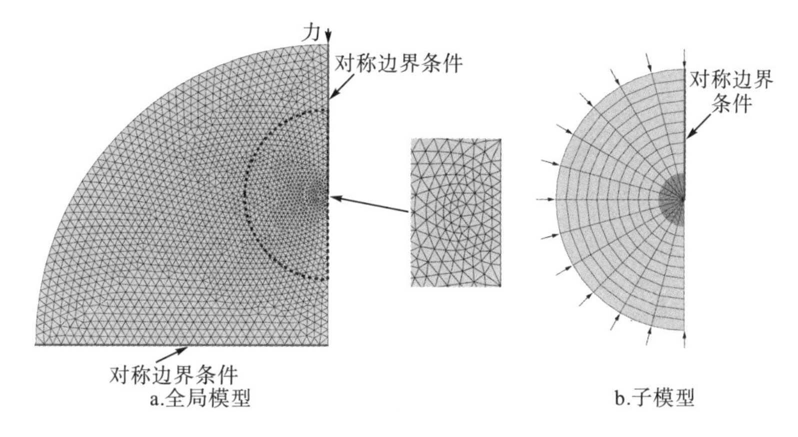

图 3.9　基于子模型法确定 CSTBD 试样应力强度因子所用的数值模型

表 3.2　子模型从裂尖向外依次 5 个围线上输出的应力强度因子

围线编号	1	2	3	4	5
$K_I/(\mathrm{Pa\cdot m^{0.5}})$	1.106	1.106	1.107	1.107	1.107

表 3.3　不同子模型得到的应力强度因子

$R_{子}/R$	0.6	0.5	0.4	0.3	0.2
$K_I/(\mathrm{Pa\cdot m^{0.5}})$	1.107	1.107	1.106	1.106	1.106

3.4　ISRM 建议试样的应力强度因子

3.4.1　CB 试样应力强度因子

如图 3.10 所示，利用对称性将四分之一 CB 试样建立为数值模型。CB 数值模型的几何尺寸与 ISRM 建议的标准 CB 试样一致。为了使全局模型在子模型边界处的位移计算结果足够准确，对全局模型中裂纹前缘周围区域的网格进行了加密。子模型裂尖附近采用密集的“同心圆”式的分网，以提高数值结果的准确性。为了模拟裂纹尖端应力的奇异性，裂尖附近采用了奇异单元(即四分之一节点单元)。全局模型共包含 38,669 个十节点二次单元以及 56,437 个节点；子模型共包含 5,760 个二十节点的二次单元和 26,177 个节点。数值计算中，假设弹性模量 E=20GPa，泊松比 v_0=0.25。在模型加载点处向下施加 0.25P 的荷载，并在模型的两个对称面上设置对称边界条件，计算输出裂纹尖端的 I 型应力强度因子 K_I。

图 3.11 给出了 CB 试样在裂纹长度为 0.6R 时二分之一裂纹前缘上的 K_I 值，b 为完整裂纹前缘宽度。总的来说，裂纹前缘外侧(Z=0.5b 的一侧)的 K_I 要轻微高

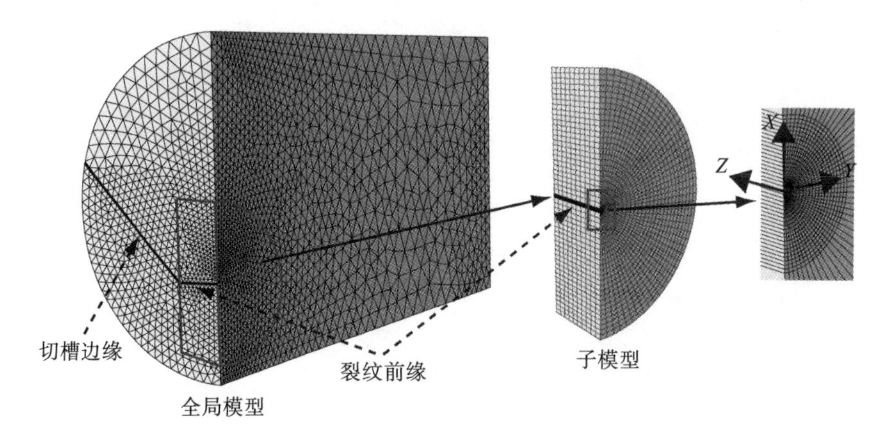

图 3.10　CB 试样应力强度因子标定采用的数值模型

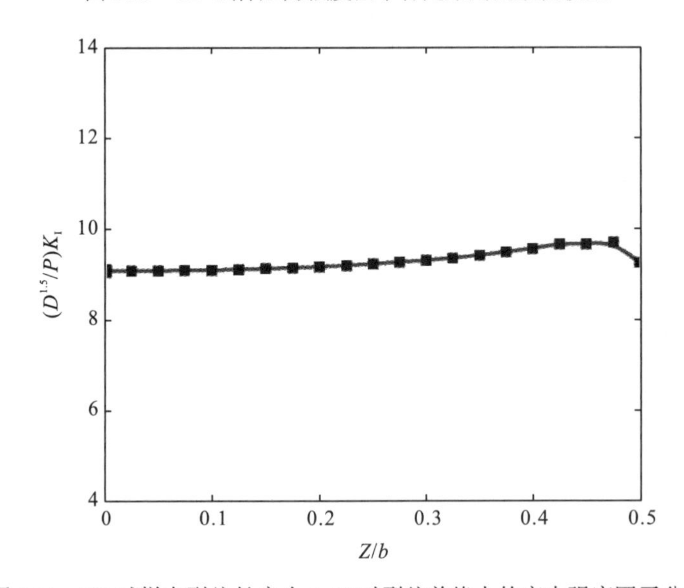

图 3.11　CB 试样在裂纹长度为 0.6*R* 时裂纹前缘上的应力强度因子分布

于裂纹前缘中间（*Z*=0 的一侧），对于非常靠近裂纹前缘外侧的点，$K_{\rm I}$值发生突变不再保持缓慢增加的趋势，这是由于直裂纹前缘到边弧线切槽的几何突变所引起的扰动。另一方面，裂纹前缘外侧的点非常靠近子模型边界，其准确性也会受到一定影响。在基于子模型法的应力强度因子标定中，通常会舍去裂纹前缘最外侧部分点的 $K_{\rm I}$ 值。因此，本书将裂纹前缘外侧三个点的 $K_{\rm I}$ 值舍去，再将剩下点的 $K_{\rm I}$ 值取平均作为 CB 试样在该裂纹长度下的 $K_{\rm I}$ 值。

通过式(3.28)可将 $K_{\rm I}$ 值进行无量纲化/标准化。

$$Y = \frac{K_{\rm I} D^{1.5}}{P} \tag{3.28}$$

式中，*P* 为相对于完整 CB 试样的荷载，是直接施加在 CB 全局模型上荷载的 4 倍。

改变数值试样的裂纹长度，可以得到宽范围裂纹长度对应的 Y 值，如图 3.12 所示。CB 试样无量纲应力强度因子随裂纹长度的变化可以拟合为

$$Y=\begin{cases}20.363-40.422\alpha+36.531\alpha^2, & \alpha<\alpha_c\\ 15.852-22.491\alpha+19.048\alpha^2, & \alpha\geqslant\alpha_c\end{cases} \tag{3.29}$$

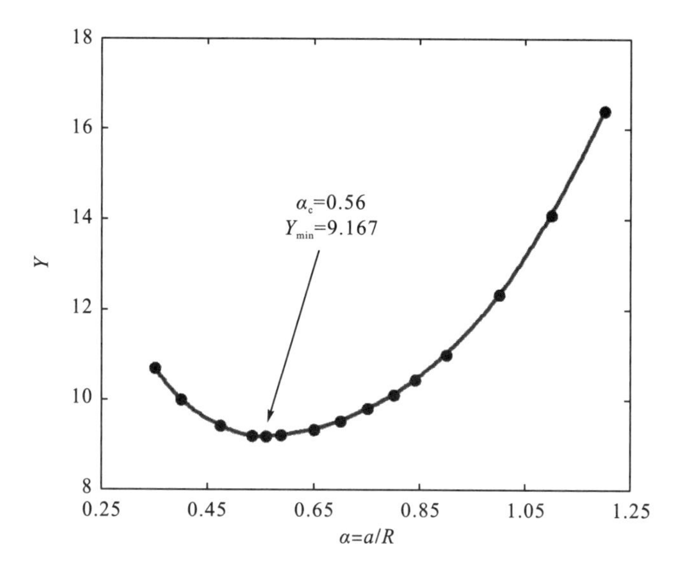

图 3.12　CB 试样无量纲应力强度因子与裂纹长度的关系

可以看出，随着裂纹长度的增加，Y 值先减小后增大。从标定结果可以确定临界无量纲裂纹长度α_c为 0.56，对应的临界(最小)无量纲应力强度因子为 9.167。这表明 1988 年 ISRM 建议方法文献给的建议值 10.42 比真实值偏高约 13.7%。

3.4.2　SR 试样应力强度因子

由于对称性，将四分之一 SR 试样建立为数值模型，如图 3.13 所示。全局模型共计包含 38,669 个十节点二次单元以及 56,437 个节点；子模型共包含 5,760 个二十节点的二次单元和 26,177 个节点。SR 数值模型的几何尺寸与 ISRM 建议的标准 SR 试样一致；其子模型的网格划分与 CB 试样类似，采用同心圆式的网格。在 SR 全局模型开口端施加垂直于切槽平面的拉伸荷载，并在 SR 全局模型的两个对称面上施加对称边界条件，最终可以从子模型得到 SR 试样的 K_{I} 值。无量纲应力强度因子 Y 由式(3.28)得出(其中 P 是直接施加在 SR 全局模型上荷载的 2 倍)。宽范围裂纹长度下的计算结果如图 3.14 所示，Y 值与α的关系可以拟合为

$$Y=\begin{cases}97.244-96.447\alpha+31.347\alpha^2, & \alpha<\alpha_c\\ 87.799-81.096\alpha+25.402\alpha^2, & \alpha\geqslant\alpha_c\end{cases} \tag{3.30}$$

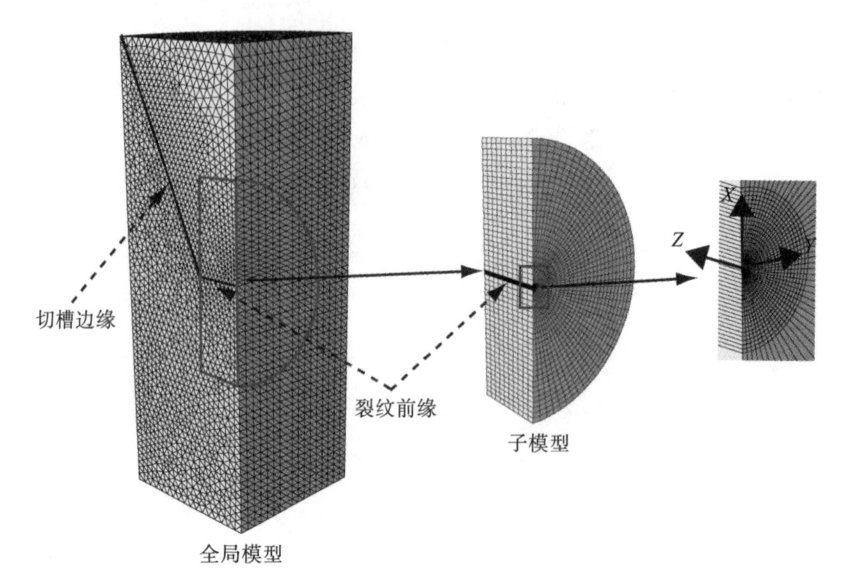

图 3.13　SR 试样应力强度因子标定采用的数值模型

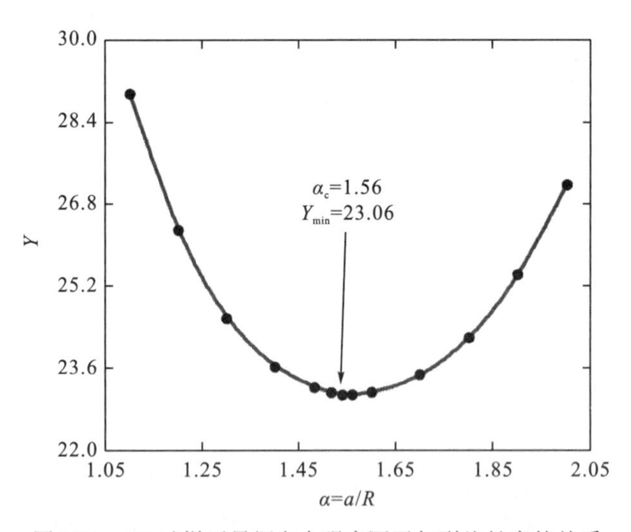

图 3.14　SR 试样无量纲应力强度因子与裂纹长度的关系

由式(3.30)确定 SR 试样的α_c为 1.56，Y_c为 23.06。这表明 1988 年 ISRM 建议方法文献给出的 Y_c(值为 24)比准确值偏高约 4.1%。

3.4.3　CCNBD 试样应力强度因子

由于对称性，仅以试样的八分之一来建立全局模型(图 3.15)。数值模型的几何尺寸与 ISRM 建议的标准 CCNBD 试样一致。全局模型共计包含 34,705 个十节点二次单元以及 51,524 个节点；子模型共包含 5,760 个二十节点的二次单元和

26,177 个节点。在全局模型的加载端施加向下的线荷载，然后在两个对称面上施加对称的边界条件，最终可以在子模型上输出 K_{I}。得到的应力强度因子由式(3.31)转化为无量纲形式。

$$Y = \frac{K_{\mathrm{I}} B \sqrt{D}}{P} \tag{3.31}$$

式中，P 为相对于完整 CCNBD 试样的荷载，是直接施加在 CCNBD 全局模型上荷载的 4 倍。

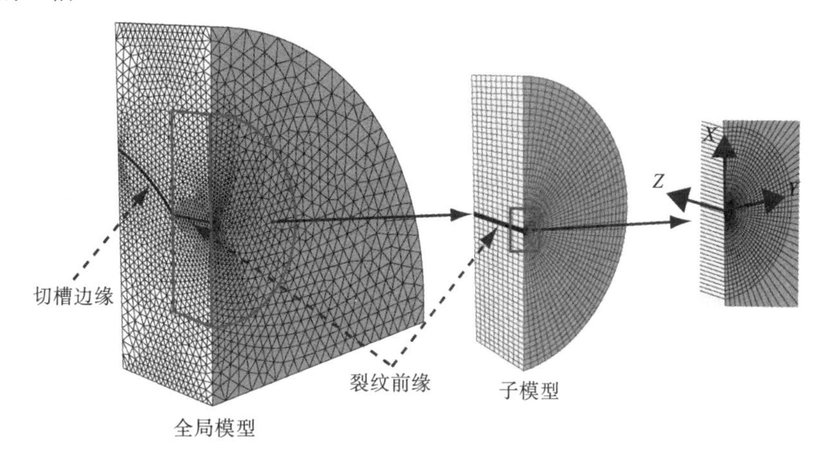

图 3.15　CCNBD 试样应力强度因子标定采用的数值模型

图 3.16 给出了 CCNBD 试样无量纲应力强度因子 Y 随α的变化，两者的拟合关系式为

$$Y = \begin{cases} 3.427 - 10.129\alpha + 10.353\alpha^2, & \alpha < \alpha_{\mathrm{c}} \\ 2.850 - 7.505\alpha + 7.420\alpha^2, & \alpha \geqslant \alpha_{\mathrm{c}} \end{cases} \tag{3.32}$$

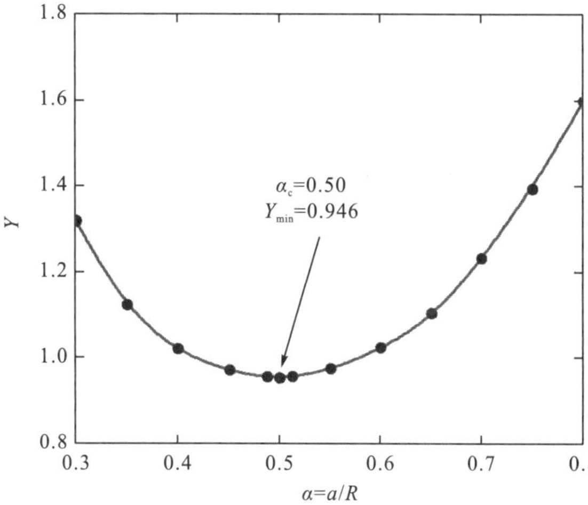

图 3.16　SR 试样无量纲应力强度因子与裂纹长度的关系

由此可以确定 CCNBD 标准试样的临界无量纲裂纹长度为 0.50，临界无量纲应力强度因子为 0.946。这比 1995 年 ISRM 建议方法文献给出的 0.84 高 12.6%，但与 Wang 等标定得到的 0.957 十分接近(误差仅为 1%)[162]。这不仅说明 1995 年 ISRM 建议方法文献给出的 CCNBD 试样的 Y_c 的确偏低，而且表明 1995 年 ISRM 建议方法文献给出的 Y_c 值与 D 版本公式更匹配。如果 ISRM 建议方法文献中给出的 Y_{min} 值是对应于 R 版本公式的话，那么给出的 Y_{min} 值会比真实值偏大 25.6%，过大的误差并不合理。因此，文献[155]和[161]中“ISRM 建议方法文献中的断裂韧度计算公式实际应采用 R 版本公式”的观点并不合理。

3.4.4 SCB 试样应力强度因子

本节对多种支撑跨距($0.3\leqslant S/D\leqslant 0.8$)和宽范围裂纹长度($0.2\leqslant a/R\leqslant 0.8$)的大量 SCB 试验进行了应力强度因子标定。SCB 试样的应力强度因子计算可以简化为二维分析，利用对称性，仅将 SCB 试样的二分之一建立有限元模型。一个典型的 SCB 数值模型(S/D=0.5，α=0.5)如图 3.17 所示，该模型由 832 个单元和 2,654 个节点组成。

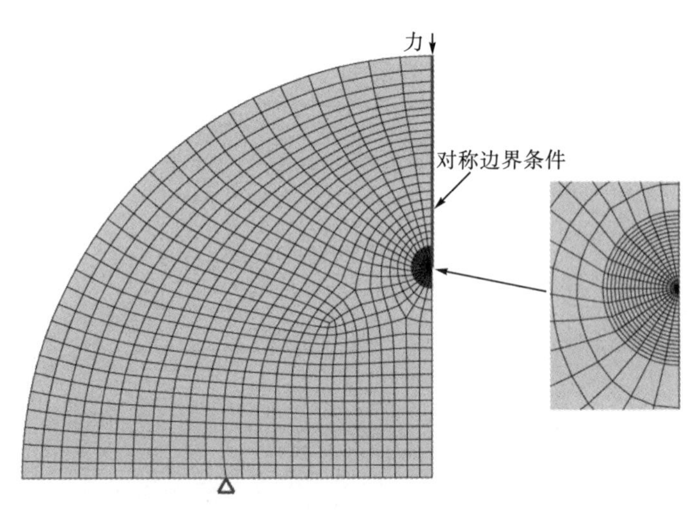

图 3.17 SCB 试样(a/R=0.5，S/D=0.5)应力强度因子标定采用的数值模型

为了得到准确的断裂参数，对裂纹尖端区域进行了加密，加密单元呈同心圆式的排列方式，裂纹尖端区域采用特殊的奇异单元(四分之一节点单元)。约束试样在支撑点处竖直方向上的位移，并给试样对称面的非裂纹部分施加对称边界条件，再在加载端向下施加一定的荷载，可以得到 SCB 试样的 K_{I}。从 SCB 试样的断裂韧度计算式(1.10)可知，可以按式(3.33)对 K_{I} 进行无量纲化/标准化。

$$Y=\frac{2K_{\mathrm{I}}RB}{P\sqrt{\pi a}} \tag{3.33}$$

式中，P 指的是作用在完整 SCB 试样上的荷载，是直接施加在 SCB 全局模型上荷载的 2 倍。

进行大量数值计算后得到 SCB 试样的 Y 值如表 3.4 所示。通过多项式拟合，SCB 试样 Y 与 α 的关系为

$$Y=\begin{cases}-0.609+27.65\alpha-174.8\alpha^2+500.2\alpha^3-650.3\alpha^4+329.2\alpha^5 & (S/D=0.3)\\ -1.289+48.13\alpha-280.5\alpha^2+757.8\alpha^3-949.8\alpha^4+468.1\alpha^5 & (S/D=0.4)\\ -2.060+67.26\alpha-376.2\alpha^2+993.5\alpha^3-1230\alpha^4+602.1\alpha^5 & (S/D=0.5)\\ -2.621+83.25\alpha-456.5\alpha^2+1194\alpha^3-1473\alpha^4+719.9\alpha^5 & (S/D=0.6)\\ -3.028+97.74\alpha-531.5\alpha^2+1387\alpha^3-1709\alpha^4+836.0\alpha^5 & (S/D=0.7)\\ -3.487+113.4\alpha-612.7\alpha^2+1593\alpha^3-1961\alpha^4+958.3\alpha^5 & (S/D=0.8)\end{cases} \tag{3.34}$$

表 3.4　宽范围 SCB 试样的无量纲应力强度因子

S/D	α						
	0.2	0.3	0.4	0.5	0.6	0.7	0.8
0.3	0.997	0.989	1.229	1.672	2.425	3.848	7.248
0.4	1.813	1.810	2.083	2.639	3.634	5.536	10.083
0.5	2.518	2.578	2.924	3.612	4.848	7.242	13.000
0.6	3.198	3.327	3.758	4.584	6.065	8.948	15.877
0.7	3.887	4.075	4.593	5.557	7.284	10.655	18.759
0.8	4.595	4.833	5.434	6.534	8.507	12.361	21.636

3.5　本 章 讨 论

尽管 ISRM 给出了 CB、SR、CCNBD 和 SCB 试样临界无量纲应力强度因子的建议值，仍有必要对 Y_c 值等关键信息进行评估。一方面，CCNBD 试验的断裂韧度计算策略已经在国际上引起了争议。Wang 等认为 D 版本公式连同重新标定的 Y_c 值才是正确的 K_{Ic} 计算策略[162]，而 Iqbal 和 Mohanty[155]以及 Fowell 等认为正确的 K_{Ic} 计算策略应该采用 R 版本公式[161]。目前，在国际上已经造成了 D 版本公式和 R 版本公式的混淆。另一方面，CB 和 SR 试样的 Y_c 值缺乏评估，ISRM 建议 CB 和 SR 试验文献也未给出 CB 和 SR 试样的临界裂纹长度、Y 随 α 的变化关系等关键信息；而 SCB 试样则存在 Y 值计算公式繁多、准确性不一的问题。本章对 4 种 ISRM 建议试样的应力强度因子等关键信息进行了系统的评估，不仅有助于正确认识与合理应用这些 ISRM 建议方法，并且可以为过程区长度及其影响的理论估计提供必要的准确参数。

对于应力强度因子计算，J 积分方法比过去传统的位移-应力外推法具有更高的精度[66]。本书采用基于 J 积分算法的有限元分析标定了 4 种 ISRM 建议试样在

宽范围裂纹长度下的 Y 值。标定得到 SR 试验的 Y_c 值为 23.02，这与 ISRM 建议 SR 试验的 24 较为接近，两者的差异仅约为 4%。这不仅说明 ISRM 建议 SR 试验的 Y_c 值基本可以接受，也表明本书数值计算的准确性。对于 CB 试验，本书标定的 Y_c 值为 9.167，而 ISRM 建议方法给出的值为 10.42，这表明 ISRM 建议 Y_c 值偏高约 13.7%；对于标准 CCNBD 试样，本书标定的 Y_c 值为 0.946，而 ISRM 建议值为 0.84，这表明建议值偏低 11%。值得注意的是，本书标定 CCNBD 标准试样的 Y_c 值与 Wang 等得到的 0.957[162]非常接近，两者的误差仅为 1%，这进一步说明 ISRM 建议值的确偏低。

由于本书是通过式(3.31)将 CCNBD 试样的 K_I 进行无量纲化，标定出的 Y_c=0.946 实际上与 D 版本公式[即式(1.8)]对应。本书与 Wang 等标定结果的高度一致性说明，D 版本公式连同 Wang 等对 Y_c 的重新标定结果才是 CCNBD 试验符合断裂力学理论的 K_{Ic} 计算策略。而对于 Iqbal 和 Mohanty 以及 Fowell 等坚持的 R 版本公式计算策略，若改写为 D 版本形式，则 CCNBD 标准试样对应的临界无量纲应力强度因子应该为 1.188($\approx 0.84\times\sqrt{2}$)，这与本书基于 LEFM 理论标定得到的 0.946 相差甚远。因此，采用 R 版本公式和 ISRM 建议 Y_c 值的计算策略是不符合断裂力学原理的。

对于 SCB 试样，不同文献均给出了多种裂纹长度和多种支撑跨距下的 Y 值计算公式。Lim 等在 1993 年给出的 Y 值拟合公式如下[241]：

$$Y=\frac{S}{D}\left(2.91+54.39\alpha-391.4\alpha^2+1210.6\alpha^3-1650\alpha^4+875.9\alpha^5\right) \tag{3.35}$$

SCB 试验于 2012 年被 ISRM 推荐用于确定岩石动态断裂韧度[135]。该动态断裂试验采用的是准静态数据处理方法，给出的无量纲应力强度因子适用于静态断裂韧度测试。对于支撑跨距 S/D=0.5 和 0.6 的 SCB 试样，该建议方法给出的 Y 计算公式为

$$Y=\begin{cases}0.5037+3.4409\alpha-8.0792\alpha^2+16.489\alpha^3 & (S/D=0.5)\\ 0.4444+4.2198\alpha-9.1107\alpha^2+16.952\alpha^3 & (S/D=0.6)\end{cases} \tag{3.36}$$

SCB 试验于 2014 年被 ISRM 建议为岩石静态 I 型断裂试验方法，建议的 Y 计算式为

$$Y=-1.297+9.516\frac{S}{D}-\left(0.47+16.457\frac{S}{D}\right)\alpha+\left(1.071+34.401\frac{S}{D}\right)\alpha^2 \tag{3.37}$$

Ayatollahi 等给出 SCB 试样的 Y 计算式为[69]

$$\begin{aligned}Y=&\left(0.4122+5.06355\frac{S}{D}\right)+\left(-16.65+3.319\frac{S}{D}\right)\alpha+\left(52.939+76.910\frac{S}{D}\right)\alpha^2\\&+\left(-67.027-257.726\frac{S}{D}\right)\alpha^3+\left(29.247+252.8\frac{S}{D}\right)\alpha^4\end{aligned} \tag{3.38}$$

为了检验这些计算式的精度，本书对 SCB 试验的应力强度因子也进行了评估，得到 Y 值与 S/D 和 α 的关系为式(3.34)。以 ISRM 于 2014 年建议的断裂韧度计算公式［式(1.10)］为基础，图 3.18 直观比较了本书标定的无量纲应力强度因子与式(3.34)～式(3.38)的匹配性。

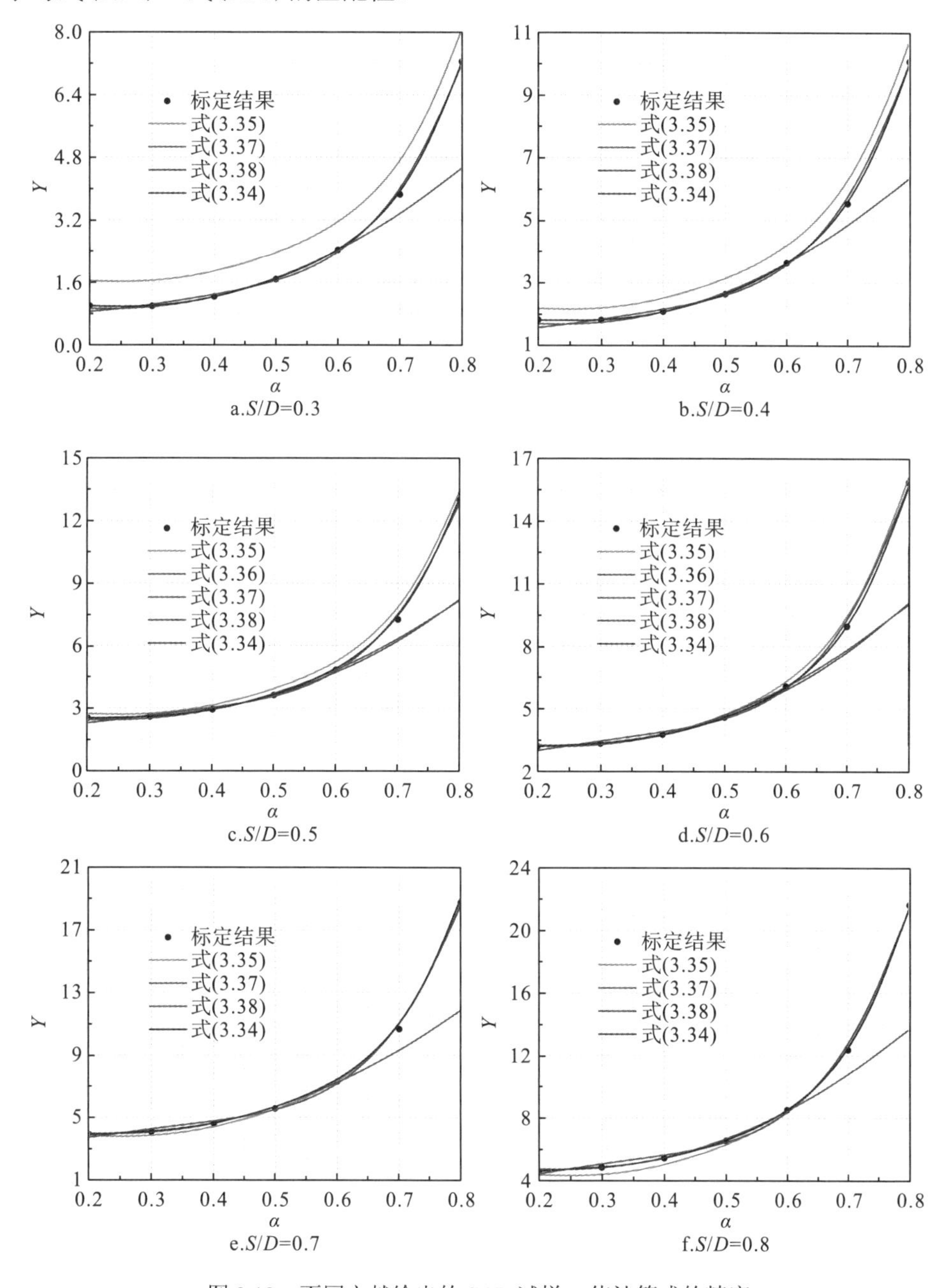

图 3.18　不同文献给出的 SCB 试样 Y 值计算式的精度

当S/D=0.3时，可以看出Lim等的Y表达式与标定结果相差较大；2014年ISRM建议方法的表达式在$\alpha \leqslant 0.6$时与标定结果差异较小；Ayatollahi等的研究成果和本书的表达式与标定结果匹配较好；而本书在α=0.2和0.4时的准确性高于Ayatollahi等的结果。S/D=0.4时，Lim等的Y表达式误差较大，2014年ISRM建议方法的Y表达式在$\alpha \leqslant 0.6$时误差较小；本书的表达式在α=0.2、0.4和0.7时的准确性比Ayatollahi等更高。S/D=0.5时，Lim等的Y表达式与α=0.6和0.7时的标定结果相差较大；2012年与2014年ISRM建议方法的表达式显著低估了$\alpha > 0.6$时的Y值。当S/D=0.6时，Lim等的Y表达式仍具有一定的误差；2012年与2014年ISRM建议方法的表达式仍低估了$\alpha > 0.6$时的Y值；Ayatollahi等的表达式在α=0.2、0.3、0.4、0.6和0.7时的误差要大于本书的表达式。当S/D=0.7时，2014年ISRM建议方法的表达式仍在$\alpha > 0.6$时有显著误差；本书表达式的准确性优于Lim等和Ayatollahi等的表达式。当S/D=0.8时，2014年ISRM建议方法的Y计算式仍不能准确得到$\alpha > 0.6$时的Y值；而本书的表达式仍比Lim等和Ayatollahi等的表达式准确性更高。从以上结果可知，2012年与2014年ISRM建议方法给出的表达式不能准确计算SCB试样在$\alpha > 0.6$时的Y值；Lim等给出的Y值表达式不如Ayatollahi等的精度高，而后者的精度又比本书表达式低，这可能是由于Ayatollahi等直接将多种跨距的Y值拟合为一个2元4次多项式，降低了拟合的精度。总的来说，本书的表达式计算得到的Y值精度最高，因此本书关于SCB试验的研究均采用新得到的Y值表达式。

3.6 本 章 小 结

本章简单回顾了确定应力强度因子的方法，确定了SR、CB和CCNBD标准试样的临界无量纲应力强度因子、临界裂纹长度以及Y值随裂纹长度的变化。结果显示，SR和CB试验的Y_c值分别应为23.06和9.167，表明ISRM建议值分别偏低4%和偏高13.7%。CCNBD标准试样的Y_c值应为0.946，这与文献中的标定结果几乎一致，进一步证实ISRM建议方法给定的Y_c的确偏低约11.2%，而且表明式(1.8)连同文献中重新标定的Y_c值才是CCNBD试样符合LEFM理论的K_{Ic}计算策略。本章也标定了SCB试样在$0.3 \leqslant S/D \leqslant 0.8$和$0.2 \leqslant a/R \leqslant 0.8$时的$Y$值。结果显示，Lim等的$Y$计算式准确性较差，2012年与2014年ISRM建议SCB试验的Y计算式在$a/R > 0.6$时具有严重误差，而本书的Y计算式精度最高。

第 4 章　断裂过程区评估

4.1　引　　言

岩石断裂力学主要是在 LEFM 的理论基础上建立起来的，岩石断裂韧度的计算公式也是基于 LEFM 理论推导而出的，裂纹之外的材料均假设为均匀、连续的介质(图 4.1a)。然而，岩石材料实际是造岩矿物按一定结构集合而成的地质体，内部经常含有微裂纹等力学缺陷，在细观上具有非均质性，并非理想、均匀、连续的线弹性体。在 LEFM 理论中，裂纹尖端场具有 $r^{-1/2}$ 的奇异性，即裂尖的应力会无穷大。真实材料裂纹端部显然不允许存在无穷大的应力。对于金属等存在明显塑性行为的材料，裂纹尖端会形成塑性区；而对于岩石等偏脆性的材料，裂尖会形成微裂纹区并可能伴随着主裂纹的亚临界扩展(图 4.1b)。在本研究中，将裂尖亚临界裂纹扩展区域和微裂纹区域的集合统称为断裂过程区。

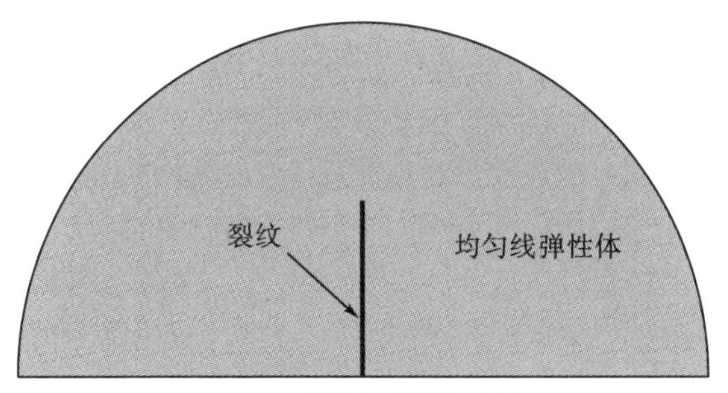

a.LEFM理论中的裂纹扩展

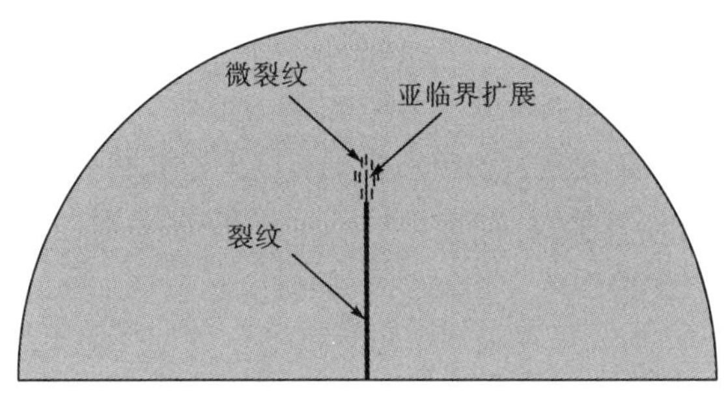

b.岩石裂纹扩展过程的示意

图 4.1　LEFM 理论中的裂纹扩展过程和真实岩石中的裂纹扩展过程

研究断裂过程区对于理解岩石类材料的断裂机理具有重要作用，目前许多文献对断裂过程区开展了研究。Swanson 和 Spetzler 利用表面超声波对双悬臂梁 Westerley 花岗岩试件的断裂过程进行探测，发现在直切槽端部或裂纹尖端附近有一长度为几十毫米的逐渐分离区[253]。Labuz 等开展了楔形加载的双悬臂梁 Charcoal 和 Rockville 花岗岩断裂试验，并采用声发射技术、超声波探测和光学裂纹长度测量技术对断裂过程进行了监测，也证实了裂纹尖端非线性断裂过程区的存在[234]。易小平用注入荧光渗透剂的办法测量了 Kallax 辉长岩短棒试样断裂过程的裂纹长度，并用柔度标定的办法估计了有效裂纹长度，最终估计了短棒试件中的断裂过程区长度[254]。Zang 等用压电陶瓷传感器监测了 Aue 花岗岩的剪切断裂过程，在裂纹端部也观测到了一个微裂纹区，发现当 P 波透过该过程区时振幅降低了 26dB，波速降低了 10%[255]。孙秀堂等用激光散斑法观测了由两种花岗岩和一种大理岩制作的、带有切槽的三点弯曲试件的断裂过程区，发现微裂纹区于 28%～30%峰值力时形成，当荷载达到 70%～80%峰值荷载时，微裂纹区形成主裂纹[256]。Erarslan 研究了 Brisbane 凝灰岩 CCNBD 试样在循环荷载作用下的断裂行为，发现在循环荷载作用下存在严重的断裂过程区，并且断裂韧度较单调加载时大大降低[117]。Li 等用声发射技术研究了沥青混合物 SCB 试样在低温条件下的断裂过程区，结果表明温度越低，断裂过程区越长[257]。Bazant 和 Kazemi、Hu 和 Duan 也对断裂过程区长度进行了研究，并分别提出了考虑断裂过程区的尺寸效应模型和边界效应模型[229,258]。

已有的研究表明，断裂过程区的存在使得裂纹尖端的材料不再服从线弹性行为，也使得线弹性断裂力学并不严格适用于岩石材料。当断裂过程区较小时，试样的断裂仍可近似采用 LEFM 进行分析；当断裂过程区较大时，直接应用 LEFM 会造成显著的误差。断裂过程区大小与材料本身、试样构形和加载方式有关。纪维伟等通过数字图像相关法研究了黄砂岩和大理岩 SCB 试样的断裂特征，发现黄砂岩(一种软岩)的断裂过程区长度远远大于大理岩(一种硬岩)[149]。Tutluoglu 和 Keles 比较了 SCB 试样和直切槽三点弯曲圆盘试样的断裂过程区，并发现前者的断裂过程区是后者的 2.15 倍[88]。在岩石类材料的断裂韧度测试中，研究者总是希望断裂过程区尽量小，这样才满足 LEFM 的适用条件，依据 LEFM 理论计算的断裂韧度才具代表性，才能真实反映材料抵抗裂纹失稳扩展的性能。一些研究表明，断裂过程区随着试样尺寸的增加而增加，但其增加幅度小于尺寸的增加幅度，因此试样越大，断裂过程区相对于试样尺寸就会越小[259]。Bazant 的尺度率理论也指出，当试样尺寸较小时，断裂过程区相对较大，试样的断裂由强度理论控制，只有当试样尺寸较大时，试样的断裂才由断裂韧度控制，服从线弹性断裂力学分析[229]。为了满足 LEFM 的适用条件，ISRM 建议方法文献均提出了最小试样尺寸要求。断裂过程区较大的试验显然需要更大的试样尺寸，而断裂过程区较小的试验则可以使用较小尺寸的试样。因此，研究不同断裂试验方法中的断裂过程区大小和影响至关重要，这直接关系到韧度测试的难易性(要求的试样尺寸过大则试验较难)、基于 LEFM 的韧度计算公式的适用性以及韧度测试结果的合理性。

断裂过程区大小已经成为评判韧度测试方法优劣性的一个重要指标，然而，从未有研究对 4 种 ISRM 建议方法的断裂过程区进行评估与比较。本节系统地对 4 种 ISRM 建议方法中的过程区长度进行理论研究。已有研究表明，脆性材料裂纹尖端的断裂过程区呈狭长条带状[260]，断裂过程区的长度往往受到更多关注。Li 和 Marasteanu 的声发射试验结果表明，温度越低，沥青混合物 SCB 试样的断裂过程区越长，但断裂过程区宽度则无变化[257]。值得注意的是，过去许多研究均是通过一定的试验手段(比如激光散斑法和声发射技术等)来观测断裂过程区，而这些试验手段对于定量测试 ISRM 建议试样的断裂过程区却存在较大困难。对于人字形切槽试样、开槽后形成的韧带以及试验过程中的裂纹生长均位于试样内部，不宜使用激光散斑法和数字图像相关技术进行观测。而对于声发射技术，由于断裂过程区内的声发射事件是一个从密集到稀疏的渐变过程，难以准确圈定断裂过程区的绝对大小，且岩石断裂韧度试样的尺寸一般较小，利用声发射技术对断裂过程区长度进行测量也可能具有一定误差。本章基于 Schmidt 提出的最大拉应力准则估计断裂过程区的思想[224,261]，从理论层面对 ISRM 建议试样的过程区长度进行评估与比较。

4.2　断裂过程区长度评估与比较

Schmidt 的最大拉应力准则认为，岩石类材料的断裂过程区是由过度的拉伸应力引起的。如图 4.2 所示，当 I 型断裂裂纹尖端的拉应力达到岩石的抗拉强度时，容易诱发微裂纹。潜在断裂面上拉应力超过抗拉强度的区域可以视为断裂过程区[224,261]。下面基于此最大拉应力准则的思想估计 4 种 ISRM 建议试样的过程区长度 l_{FPZ}。首先假定试样的半径均为 25mm，暂时只考虑 a/R=0.5 且 S/D=0.8 的 SCB 试样。

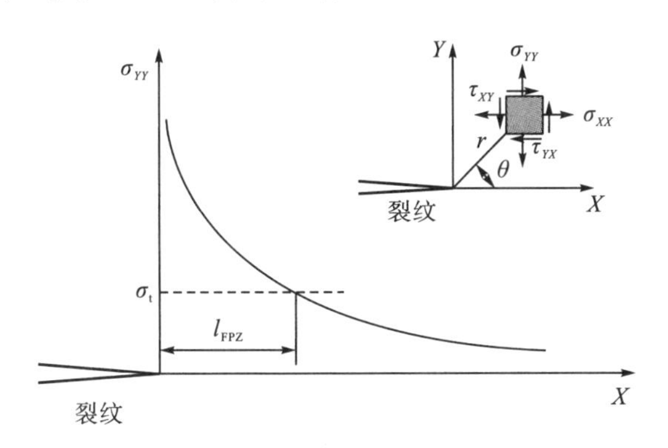

图 4.2　采用最大拉应力准则估计断裂过程区的原理示意

为了估计 4 种 ISRM 建议试样在临界阶段(裂纹开始失稳扩展的时刻，此时 $a=a_c$)的断裂过程区，需要知道 4 种试样临界残余韧带上的张应力分布，图 3.10、图 3.13、图 3.15 和图 3.17 中的数值模型和有限元分析再次被采用。在 LEFM 中，对于 SCB 试样，裂纹起始时刻即为临界时刻，此时只需确定 SCB 试样初始切槽韧带中的张应力分布。而对于 CB、SR 和 CCNBD 试样，为了获得临界残余韧带上的张应力分布，需要令数值模型中的裂纹长度为试样的临界裂纹长度。值得注意的是，三种人字形切槽试样需要用到的临界裂纹长度 a_c 和残余韧带长度 l_{rc} 已从本书前面的数值标定得出，结果如图 4.3 所示。

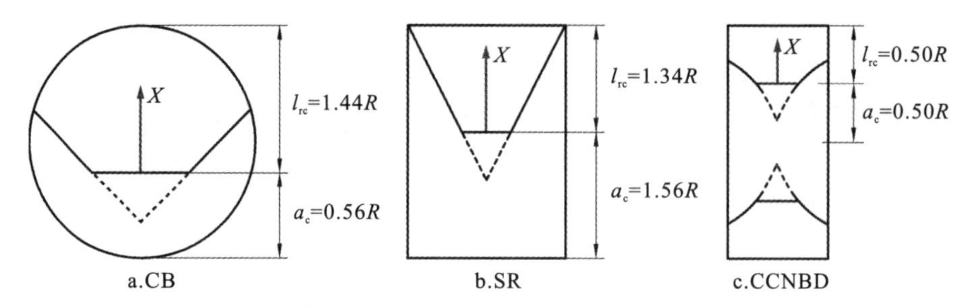

图 4.3　三种人字形切槽试样的临界裂纹长度和临界残余韧带长度

至此，数值模型的几何参数已经确定，而定量估计断裂过程区长度还需要一定的基础力学参数。这里，假设数值试样测得的断裂韧度 $K_a=k$ MPa·m$^{0.5}$(此处断裂韧度为表观断裂韧度，即简单地依据经典 LEFM 理论计算得到)，并设抗拉强度为 $\sigma_t=mk$ MPa。这个假设是可以接受的，因为对于任一岩石断裂韧度试样，总有

$$\sigma_t/\sigma_0 = m \times \left(K_a/K_0\right) \tag{4.1}$$

式中，σ_0(=1MPa)为抗拉强度参考值；K_0(=1MPa·m$^{0.5}$)为断裂韧度参考值；m 值与岩石材料和试验方法有关。

为了对 m 的取值范围有一个直观的了解，图 4.4 显示了 Zhang 收集的多种岩

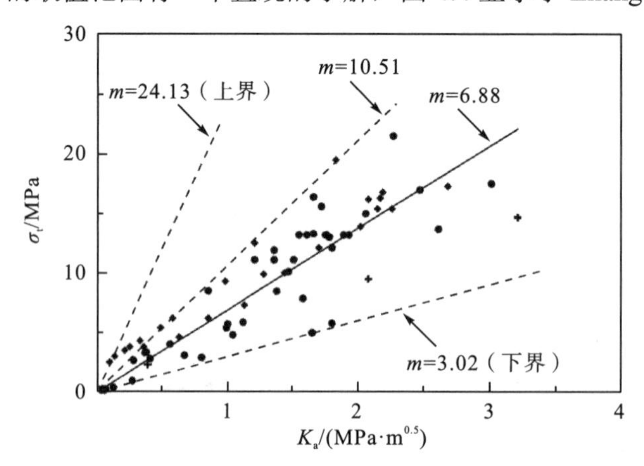

图 4.4　文献收集的岩石试样的抗拉强度和断裂韧度

石试样的抗拉强度和断裂韧度[262]。对于所有数据点，确定出的 m 值位于 3.02～24.13，并且绝大多数点 m 位于 3.02～10.51。另外，大多数点也位于直线 m=6.88 的附近。表 4.1 中收集的其他文献的数据也表现出相似的规律，大多数情况下，m 值小于 10。

表 4.1　文献中报道的一些岩石试样的表观断裂韧度和抗拉强度

岩石类型	K_a/ (MPa·m$^{0.5}$)	σ_t/MPa	m
意大利浅色大理岩[211]	0.933	16.1	17.3
沙特阿拉伯石灰岩[211]	0.42	2.31	5.5
Keochang 花岗岩[153,211]	1.35	15	11.1
Yeosan 大理岩[153,211]	1.06	6	5.7
Guiting 石灰岩[263]	0.26	2	7.7
石灰岩[237]	0.24	2	8.3
Harsin 大理岩[67]	1	7.2	7.2
Neiriz 大理岩[92]	0.74	5.64	7.6
Longtan 砂岩[108]	0.55～3.5	16.1	4.6～29.3

由 3.4 节的标定结果可知，CB、SR、CCNBD 和 SCB 试样的 Y_c 分别为 9.167、23.06、0.946 和 6.534。根据 4 种 ISRM 建议试样的断裂韧度计算公式，失效荷载分别可以确定为 484.84kN、1219.63kN、4727.42kN 和 772.32kN（k 为表观断裂韧度的值）。将失效荷载和合适的边界条件施加于图 3.10、图 3.13、图 3.15 和图 3.17 中的数值模型上，可以得到图 3.13 中 x 轴上的垂直于试样对称面的正应力，结果如图 4.5 所示。

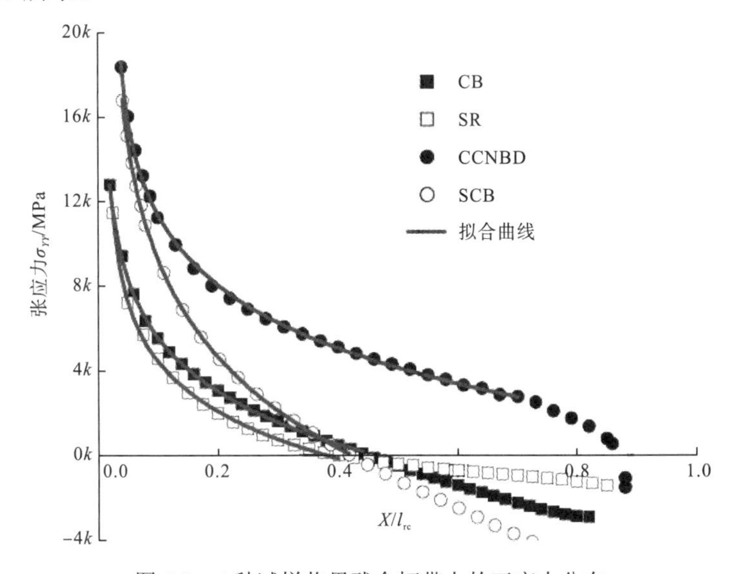

图 4.5　4 种试样临界残余韧带上的正应力分布

CB、SR、CCNBD 和 SCB 试样临界残余韧带上的张应力与到裂纹尖端距离的关系可以拟合为式(4.2)。

$$
\left(\sigma_{YY}/k\right)=\begin{cases}-2.7553-3.5096\times\ln\left(X/l_{rc}-0.0082\right), & R^2=0.9997 \quad \text{(CB)}\\ -3.0704-3.0415\times\ln\left(X/l_{rc}-0.0167\right), & R^2=0.9988 \quad \text{(SR)}\\ 1.2142-3.9150\times\ln\left(X/l_{rc}-0.0269\right), & R^2=0.9988 \quad \text{(CCNBD)}\\ -5.3015-5.8585\times\ln\left(X/l_{rc}-0.0182\right), & R^2=0.9999 \quad \text{(SCB)}\end{cases} \tag{4.2}
$$

式中，CCNBD 的拟合式只在 $\sigma_{YY}/k>3$ 时成立。

从图 4.5 可知，对于 CB、SR 和 SCB 试样，大约在距离裂纹尖端 $0.4l_{rc}$～$0.5l_{rc}$ 处存在一个中性截面，该处的张应力为 0。对中性截面靠近裂纹的一侧，试样对称面上的正应力为张拉应力；对中性截面远离裂纹的一侧，试样对称面上的正应力为压应力；CCNBD 与该三种试样的应力分布情况差异较大。在 CCNBD 试样中，残余韧带的大部分区域均受到张拉应力。另一方面，对于所有试样，应力集中导致裂纹尖端存在很大的张应力。随着到裂尖距离的增加，张应力值迅速减小；当达到某一距离时，张应力刚好达到抗拉强度。将 $\sigma_t=mk$(MPa)代入式(4.2)，可以得到 4 种试样断裂过程区长度 l_{FPZ} 与临界残余韧带长度 l_{rc} 的比值：

$$
l_{FPZ}/l_{rc}=\begin{cases}\exp\left(-0.7851m-0.2849\right)+0.0082 \quad \text{(CB)}\\ \exp\left(-1.0095m-0.3288\right)+0.0167 \quad \text{(SR)}\\ \exp\left(0.3101m-0.2554\right)+0.0269 \quad \text{(CCNBD)}\\ \exp\left(-0.9049m-0.1707\right)+0.0182 \quad \text{(SCB)}\end{cases} \tag{4.3}
$$

为了直观比较 4 种试样断裂过程区长度占临界残余韧带长度的比例，将结果绘于图 4.6。随着 m 值的增加，所有试样过程区占临界残余韧带的比例总是先快

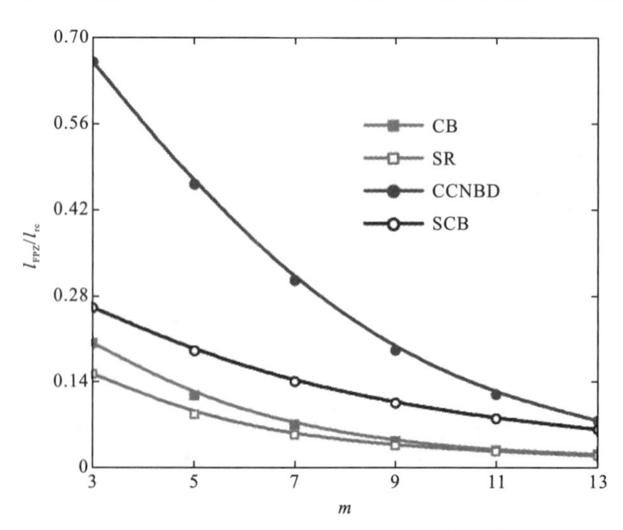

图 4.6　4 种试样断裂过程区长度与残余韧带长度的比值随 m 的变化规律

速、后缓慢地降低。当 m 值很大时，4 种试样的过程区长度相对于临界残余韧带都可以忽略不计。这表明，当材料的抗拉强度值远大于材料的断裂韧度值时，裂纹尖端区域并不易产生微破裂，断裂更加由主裂纹控制，线弹性断裂力学也更加适用。对于相同的 m 值，CCNBD 的断裂过程区占临界残余韧带的比例更大，SCB 次之，CB 和 SR 相对较小。这与第 2 章的模拟结果较为一致，均表明 CCNBD 试样存在显著的断裂过程区。

将各个试样的临界残余韧带长度代入式(4.3)，可以得到断裂过程区长度为

$$l_{\mathrm{FPZ}}=\begin{cases}\left[\exp\left(-0.7851m-0.2849\right)+0.0082\right]\times 1.44R & (\mathrm{CB})\\ \left[\exp\left(-1.0095m-0.3288\right)+0.0167\right]\times 1.34R & (\mathrm{SR})\\ \left[\exp\left(0.3101m-0.2554\right)+0.0269\right]\times 0.5R & (\mathrm{CCNBD})\\ \left[\exp\left(-0.9049m-0.1707\right)+0.0182\right]\times 0.5R & (\mathrm{SCB})\end{cases} \tag{4.4}$$

为了直观比较 4 种试样的过程区长度，将结果绘于图 4.7。可以看出，对于相同的半径 R 以及任何给定的 m 值，CCNBD 试样的过程区总是最长的。然而，图 4.7 中 CCNBD 与 CB、SR 的差异不像图 4.6 中那么显著，CB 的断裂过程区变得仅次于 CCNBD，而 SCB 的断裂过程区绝对长度相对较短。以上结果说明，若采用此 4 种试样分别测试 4 种抗拉强度相同的岩石材料(试样与岩石一一对应)，并且测得的断裂韧度一致，CCNBD 试样中的断裂过程区实际上是最长的，SCB 试样中的断裂过程区可能是最短的(尤其是当 m 较小时，比如 m=5)或者与 CB 和 SR 较接近。

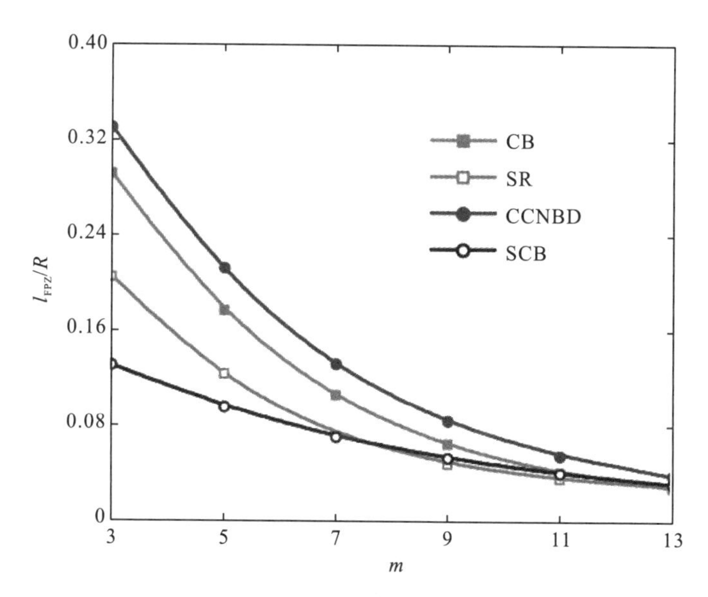

图 4.7　4 种试样的断裂过程区长度随 m 的变化规律

4.3 断裂过程区影响评估与比较

图 4.6 和图 4.7 均表明 CCNBD 中的断裂过程区较显著，这可能造成其测试结果显著偏低。然而，仅从图 4.6 和图 4.7 中仍难推测该 4 种试样断裂韧度结果受到过程区的影响程度。例如，图 4.6 表明 SCB 的过程区相对于临界残余韧带来说，其比例要大于 CB 和 SR 的情况；图 4.7 却表明 SCB 的过程区长度极可能短于 CB 和 SR。因此，图 4.6 和图 4.7 难以说明 SCB、CB 和 SR 三者中何种试验方法的结果受断裂过程区影响较小。而且，上述研究是针对同一 m 值的情况进行比较的(m 值不仅与岩石材料有关，还与断裂试验方法有关)，并不能直接比较同一岩石材料 4 种试样的过程区长度以及测试结果受过程区的影响程度。当测试同一岩石时，对 4 种试样来说，m 值可能并不相同。于是，接下来需对 4 种方法受过程区影响的程度做进一步评估。

据 2.6 节可知，有效裂纹模型认为，用考虑了断裂过程区的有效裂纹长度所确定的断裂韧度更合理。有效裂纹模型的有效性与实用性得到许多文献(如《ASTM E561 金属测试标准》[233]和《水工混凝土断裂试验规程》[236])和学者[235]的支持与证实。另外，从能量的角度来看，通过利用有效裂纹长度也可以将耗散在断裂过程区中的能量近似地考虑到断裂韧度测定中[234]。本节仍基于有效裂纹模型来定量评估或直观展现断裂过程区对 4 种 ISRM 建议方法断裂韧度结果的影响。

基于有效裂纹模型，4 种试样的临界有效裂纹长度可以写为

$$a_{\mathrm{ec}}=a_{\mathrm{c}}+l_{\mathrm{FPZ}}=\begin{cases}\{[\exp(-0.7851m-0.2849)+0.0082]\times1.44+0.56\}R & (\mathrm{CB})\\ \{[\exp(-1.0095m-0.3288)+0.0167]\times1.34+1.56\}R & (\mathrm{SR})\\ \{[\exp(0.3101m-0.2554)+0.0269]\times0.5+0.5\}R & (\mathrm{CCNBD})\\ \{[\exp(-0.9049m-0.1707)+0.0182]\times0.5+0.5\}R & (\mathrm{SCB})\end{cases} \tag{4.5}$$

将临界有效裂纹长度进行无量纲化(标准化)，可以得到

$$\alpha_{\mathrm{ec}}=a_{\mathrm{ec}}/R=\begin{cases}[\exp(-0.7851m-0.2849)+0.0082]\times1.44+0.56 & (\mathrm{CB})\\ [\exp(-1.0095m-0.3288)+0.0167]\times1.34+1.56 & (\mathrm{SR})\\ [\exp(0.3101m-0.2554)+0.0269]\times0.5+0.5 & (\mathrm{CCNBD})\\ [\exp(-0.9049m-0.1707)+0.0182]\times0.5+0.5 & (\mathrm{SCB})\end{cases} \tag{4.6}$$

将式(4.6)代入已经确定的 Y 与α的关系式[即式(3.29)、式(3.30)、式(3.32)和式(3.34)]，可以得到任一有效裂纹长度对应的 Y 值。随后，根据 4 种试样的韧度计算公式可知，过程区对韧度测试的影响可以由式(4.7)表征。

$$K_a/K_c = \begin{cases} Y(\alpha_c)/Y(\alpha_{ec}) & (\text{CB，SR，CCNBD}) \\ \left[Y(\alpha)\sqrt{\alpha}\right]/\left[Y(\alpha_{ec})\sqrt{\alpha_{ec}}\right] & (\text{SCB}) \end{cases} \tag{4.7}$$

式中，K_a 为不考虑过程区计算得到的表观断裂韧度；K_c 为利用临界有效裂纹长度确定的断裂韧度，根据有效裂纹模型，K_c 可以近似视为材料的固有断裂韧度，因此 K_a/K_c 可以反映韧度测试受过程区的影响程度；$Y(\alpha_c)$ 为试样在临界裂纹(不考虑过程区)时的 Y 值；$Y(\alpha_{ec})$ 为试样在临界有效裂纹(考虑了过程区)时的 Y 值。

由于过程区长度与 m 值有关，过程区对韧度测试的影响也与 m 值有关(图 4.8)。可以看出，对于 4 种试样，m 值越小时过程区对测试结果的影响越显著。这是由于 m 越小则代表抗拉强度相对较小或者应力强度因子相对较大，裂纹尖端越易产生微裂纹，断裂过程区越长，忽略断裂过程区造成的误差越显著。随着 m 的增加，K_a 与 K_c 的比值先快速、后缓慢增大。当 m 很大时，是否考虑断裂过程区对韧度测试结果的影响不大，因为此时裂纹尖端不易产生微裂纹，所有试样的断裂都较为接近 LEFM 理论，直接计算得到的韧度值已接近于常数。最为重要的是，对于任何给定的 m 值，忽略过程区所造成的测试误差在 SR 试验中总是最小，CB 试验次之，在 CCNBD 和 SCB 试验中则相对较大。

图 4.8 显示，当 $m>4.5$ 时，CCNBD 试验由于忽略断裂过程区引起的测试误差小于 SCB 试验；而当 $m<4.5$ 时，情况相反。图 4.8 意味着，若采用此 4 种试样分别测试 4 种抗拉强度相同的岩石材料(试样与岩石一一对应)且测得的表观断裂韧度一致，SR 和 CB 的测试值其实更加接近于被测试材料固有的断裂韧度，而 CCNBD 和 SCB 的测试值可能与被测试材料固有断裂韧度相差较大。

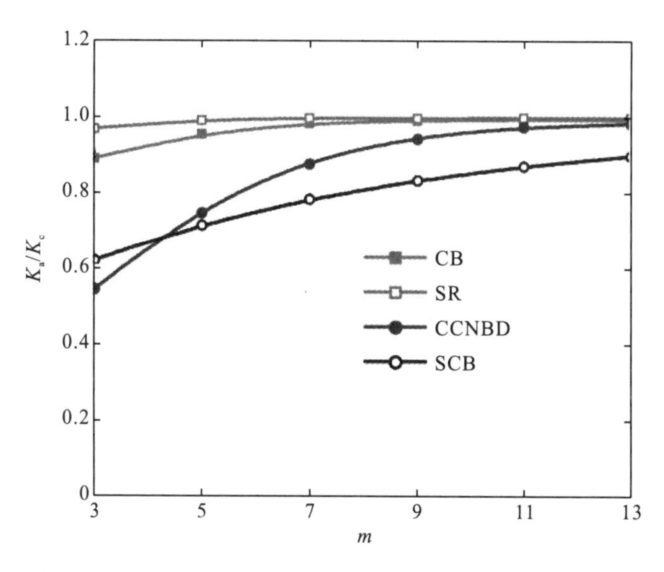

图 4.8　4 种断裂试验方法受过程区的影响程度与 m 的关系

为了进一步阐明断裂过程区对 4 种试验方法的影响差异，进行如下分析。首先定义

$$\sigma_t/\sigma_0 = n\times\left(K_c/K_0\right) \tag{4.8}$$

式中，n 为拉伸强度(MPa)与固有断裂韧度($\mathrm{MPa\cdot m^{0.5}}$)大小的比值，它只与岩石材料有关。

根据式(4.1)和式(4.8)，可知 n 和 m 存在如下关系：

$$n = m\times\left(K_a/K_c\right) \tag{4.9}$$

通常，$K_a/K_c\leqslant 1$。于是，对于给定的岩石材料，n 值总是小于或等于 m 值。表 4.2 列出了一些岩石类材料的拉伸强度和固有断裂韧度值。可以看出，对于一般岩石类材料，n 值通常比较小(对于多数材料 $n<5$)。

表 4.2　文献中报道的一些岩石类材料的固有断裂韧度和抗拉强度

岩石类材料	拉伸强度	固有断裂韧度	n
Neyriz 大理岩[259]	5.125	>1.4	<3.66
Guiting 石灰岩[157]	2	0.6	3.33
Ghorveh 大理岩[264]	5.37	1.9	2.83
混凝土[265]	3	1.23	2.44
Longtan 砂岩[108]	16.1	>3.5	<4.6
Iidate 花岗岩[229]	4.8	1.93	2.49
高强混凝土[258]	10.96	1.66	6.6

由于 K_a/K_c 随 m 的变化规律已经得到，结合式(4.9)可以得出 K_a/K_c 与 n 的关系，结果如图 4.9 所示。可以看出，4 种试样随着 n 值的增大，K_a 与 K_c 的比值越

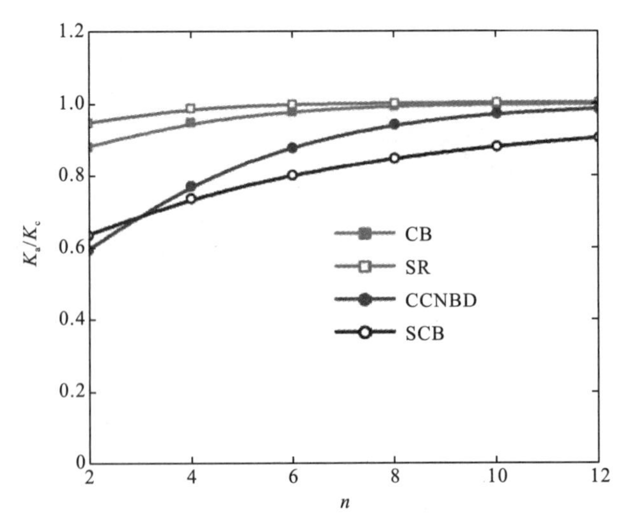

图 4.9　4 种断裂试验方法受过程区影响程度与 n 的关系

接近于 1。这表明，对于拉伸强度值与断裂韧度值之比越大的材料，测得的表观断裂韧度越能代表材料固有的断裂韧度。最重要的是，对于任何给定的 n 值，SR 试验的 K_a/K_c 总是最接近 1，CB 试验次之，CCNBD 和 SCB 的则容易与 1 相差较远。对于一个较大范围的 n 值，SCB 试验的 K_a/K_c 总是显著低于 1；另外，当 n 值较小时，CCNBD 试验也将变得与 SCB 试验类似，K_a/K_c 也是明显低于 1。这意味着，采用 4 种试样测试同一岩石，SR 和 CB 测得的断裂韧度更接近准确值，而 CCNBD 和 SCB 测得的表观断裂韧度极有可能显著低于准确值，尤其是对于拉伸强度值与断裂韧度值之比较低的岩石更是如此。

由于过程区长度与 m 值有关，而 m 与 n 的关系可以由图 4.8 和图 4.9 导出，因此过程区长度与 n 值的关系也可以得出，结果如图 4.10 所示。总的来说，SCB 的过程区长度最小。对于给定的 n 值，当 n 在 5～10 时，过程区长度从大到小的顺序依次为 CCNBD＞CB＞SR＞SCB；而当 n＜5 时，该顺序依次为 CB＞CCNBD＞SR＞SCB。于是，给定 n 值时过程区最长的试样不再始终是 CCNBD，而有可能是 CB。这与给定 m 值时 CCNBD 过程区长度始终最大的情况不同。图 4.10 表明，对于同一岩石材料制备的直径为 50mm 的 4 种试样，SCB 的过程区通常是最短的，SR 次之，而 CB 和 CCNBD 过程区相对较长。

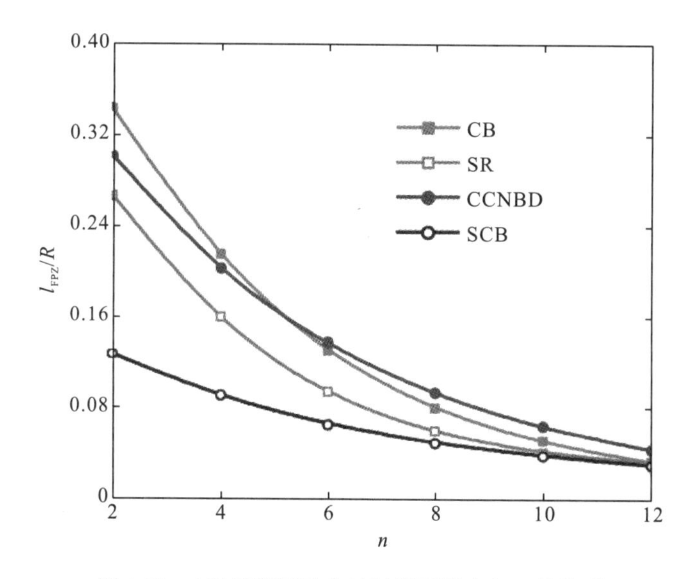

图 4.10　4 种断裂试验方法过程区长度与 n 的关系

既然 4 种试样中的过程区长度已经得到，过程区长度占临界残余韧带长度的比例也可以得到(图 4.11)。图 4.11 表明，对于同一岩石(即 n 相同)，过程区占临界残余韧带比例的大小排序依次为 CCNBD＞SCB＞CB＞SR。

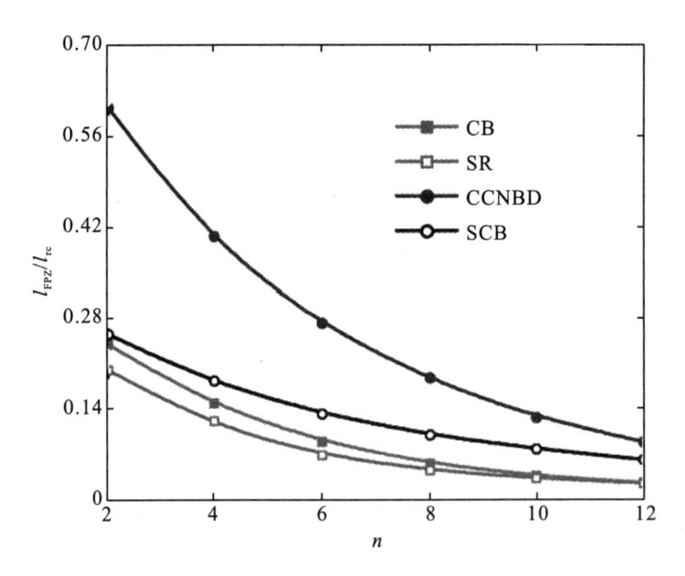

图 4.11　4 种试样过程区占临界残余韧带的比例与 n 的关系

4.4　试样尺寸和试验配置的影响

上述分析是基于试样直径 D=50mm 得到的，并且只考虑了 a/R=0.5 和 S/D=0.8 的 SCB 试样。与其他三种 ISRM 建议的人字形切槽试样不同，SCB 试样并没有一个唯一确定的标准试样和支撑跨距(ISRM 建议 $0.5 \leqslant S/D \leqslant 0.8$ 且 $0.4 \leqslant \alpha \leqslant 0.6$)。本节将对 SCB 试样考虑不同裂纹长度和不同支撑跨距进行分析，并且研究试样尺寸对 4 种 ISRM 建议方法理论评估结果的影响。

4.4.1　不同试样尺寸

对于 $D \neq 50$ mm 的情况，采用前面的数值计算方法可以得到试样临界残余韧带上的张应力分布，以此推出临界阶段的断裂过程区长度。在下列分析中，将介绍另一种基于理论推导的方法，定义试样 A 为直径 D=50mm 的任一 ISRM 建议试样，定义试样 B 为拥有相似几何形状但直径不同的试样。将试样 A 和 B 测得的表观断裂韧度分别指代为 k_A 和 k_B。根据 4 种试样的韧度计算公式，可以得到试样 A 和 B 的失效荷载比值为

$$P_B/P_A = (R_B/R_A)^{1.5}(k_B/k_A) \tag{4.10}$$

于是，对于试样 A 和 B 中任意一组对应的点，两点处的同一应力分量存在如下关系

$$\sigma_B/\sigma_A = (P_B/R_B^2)/(P_A/R_A^2) = (P_B/P_A)(R_B/R_A)^{-2} = (R_B/R_A)^{-0.5}(k_B/k_A) \tag{4.11}$$

基于式(4.11)和式(4.2)，可以得到

$$
(\sigma_{YY})_{\mathrm{B}}/k_{\mathrm{B}}=(\sigma_{YY})_{\mathrm{A}}/k_{\mathrm{A}}\times(R_{\mathrm{B}}/R_{\mathrm{A}})^{-0.5}
=\begin{cases}\left[-2.7553-3.5096\times\ln\left(X/l_{\mathrm{rc}}-0.0082\right)\right]\times(R_{\mathrm{B}}/R_{\mathrm{A}})^{-0.5} & \text{(CB)}\\ \left[-3.0704-3.0415\times\ln\left(X/l_{\mathrm{rc}}-0.0167\right)\right]\times(R_{\mathrm{B}}/R_{\mathrm{A}})^{-0.5} & \text{(SR)}\\ \left[1.2142-3.9150\times\ln\left(X/l_{\mathrm{rc}}-0.0269\right)\right]\times(R_{\mathrm{B}}/R_{\mathrm{A}})^{-0.5} & \text{(CCNBD)}\\ \left[-5.3015-5.8585\times\ln\left(X/l_{\mathrm{rc}}-0.012\right)\right]\times(R_{\mathrm{B}}/R_{\mathrm{A}})^{-0.5} & \text{(SCB)}\end{cases}\tag{4.12}
$$

通过代入$(\sigma_{YY})_{\mathrm{B}}=\sigma_t=m_{\mathrm{B}}k_{\mathrm{B}}$，试样 B 的过程区长度占临界残余韧带长度的比例可以确定为

$$
(l_{\mathrm{FPZ}}/l_{\mathrm{rc}})_{\mathrm{B}}=\begin{cases}\exp\left[-0.7851m\times(R_{\mathrm{B}}/R_{\mathrm{A}})^{0.5}-0.2849\right]+0.0082 & \text{(CB)}\\ \exp\left[-1.0095m\times(R_{\mathrm{B}}/R_{\mathrm{A}})^{0.5}-0.3288\right]+0.0167 & \text{(SR)}\\ \exp\left[0.3101m\times(R_{\mathrm{B}}/R_{\mathrm{A}})^{0.5}-0.2554\right]+0.0269 & \text{(CCNBD)}\\ \exp\left[-0.9049m\times(R_{\mathrm{B}}/R_{\mathrm{A}})^{0.5}-0.1707\right]+0.0182 & \text{(SCB)}\end{cases}\tag{4.13}
$$

试样 B 的过程区长度可以确定为

$$
(l_{\mathrm{FPZ}})_{\mathrm{B}}=\begin{cases}\left\{\exp\left[-0.7851m\times(R_{\mathrm{B}}/R_{\mathrm{A}})^{0.5}-0.2849\right]+0.0082\right\}\times1.44R_{\mathrm{B}} & \text{(CB)}\\ \left\{\exp\left[-1.0095m\times(R_{\mathrm{B}}/R_{\mathrm{A}})^{0.5}-0.3288\right]+0.0167\right\}\times1.34R_{\mathrm{B}} & \text{(SR)}\\ \left\{\exp\left[0.3101m\times(R_{\mathrm{B}}/R_{\mathrm{A}})^{0.5}-0.2554\right]+0.0269\right\}\times0.5R_{\mathrm{B}} & \text{(CCNBD)}\\ \left\{\exp\left[-0.9049m\times(R_{\mathrm{B}}/R_{\mathrm{A}})^{0.5}-0.1707\right]+0.0182\right\}\times0.5R_{\mathrm{B}} & \text{(SCB)}\end{cases}\tag{4.14}
$$

于是，无量纲的临界有效裂纹长度可以确定为

$$
(\alpha_{\mathrm{ec}})_{\mathrm{B}}=\begin{cases}\left\{\exp\left[-0.7851m\times(R_{\mathrm{B}}/R_{\mathrm{A}})^{0.5}-0.2849\right]+0.0082\right\}\times1.44+0.56 & \text{(CB)}\\ \left\{\exp\left[-1.0095m\times(R_{\mathrm{B}}/R_{\mathrm{A}})^{0.5}-0.3288\right]+0.0167\right\}\times1.34+1.56 & \text{(SR)}\\ \left\{\exp\left[0.3101m\times(R_{\mathrm{B}}/R_{\mathrm{A}})^{0.5}-0.2554\right]+0.0269\right\}\times0.5+0.5 & \text{(CCNBD)}\\ \left\{\exp\left[-0.9049m\times(R_{\mathrm{B}}/R_{\mathrm{A}})^{0.5}-0.1707\right]+0.0182\right\}\times0.5+0.5 & \text{(SCB)}\end{cases}\tag{4.15}
$$

类似于图 4.10，多种不同尺寸 ISRM 建议试样的过程区长度也可以确定。图 4.12 给出了当 n=3、4、5、6 时过程区长度与试样半径的比值随试样尺寸的变化情况；图 4.13 则给出了过程区占临界残余韧带的比例变化。可以看出，随着试样尺寸的增大，断裂过程区相对于试样半径或临界残余韧带的比例均在减小，而

且当试样较小时减小得较快，当试样较大时减小得较缓慢。由此表明，当试样尺寸越大时，断裂过程区变得越来越可以忽略不计。图 4.12 表明对于给定的岩石材料和试样半径，SCB 的过程区长度一般是最小的，SR 次之。图 4.13 表明，对于

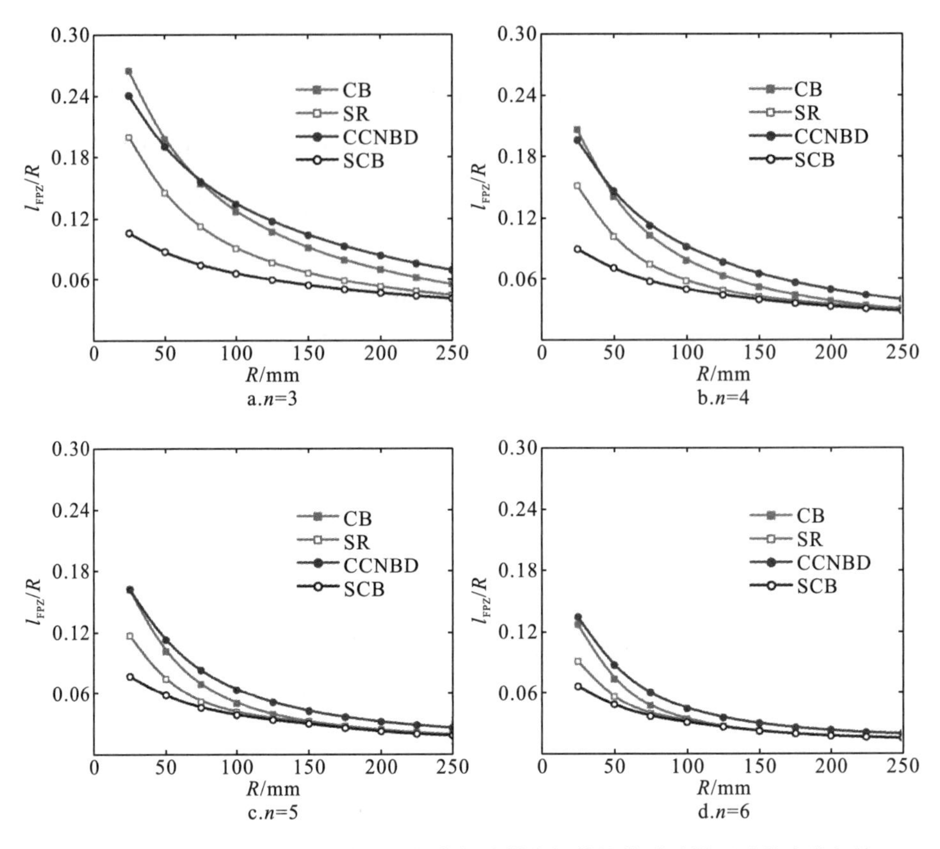

图 4.12　n=3、4、5 和 6 时过程区长度与试样半径的比值随试样尺寸的变化规律

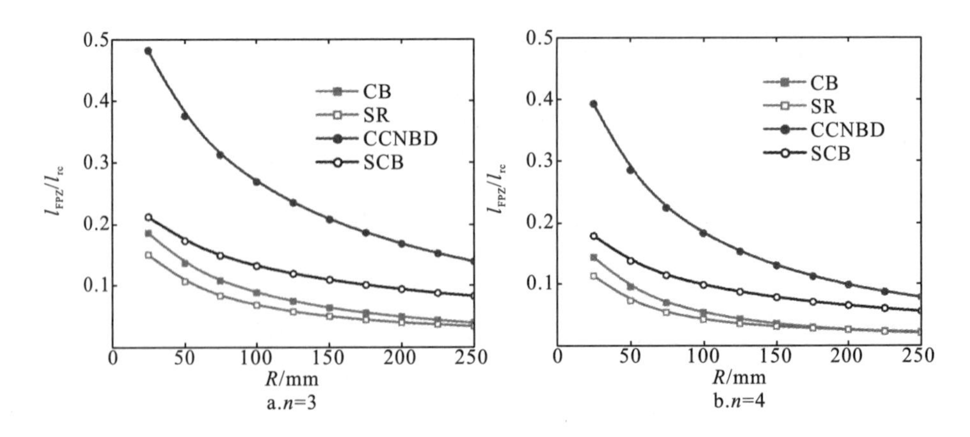

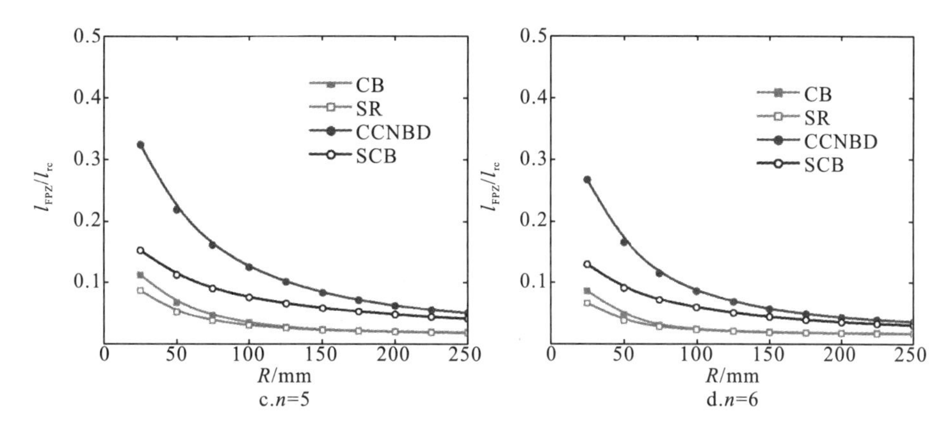

图 4.13　n=3、4、5 和 6 时过程区占临界残余韧带的比例随试样尺寸的变化规律

任何试样尺寸和 n 值，CCNBD 中断裂过程区占临界残余韧带的比例始终是最大的，SCB 次之，CB 和 SR 相对较小。要使 CCNBD 和 SCB 的过程区相对于临界残余韧带的比例较小，需要岩石材料的 n 值或者试样尺寸足够大。这也表明，为了能够忽略断裂过程区的影响，CCNBD 和 SCB 试验应具有更大的试样尺寸要求；对 n 值越小的岩石材料，要求的最小试样尺寸应该越大。

与 4.3 节的步骤类似，可以得出多种试样尺寸条件下断裂过程区对 ISRM 建议方法测试结果的影响。图 4.14 给出了断裂过程区对 ISRM 建议方法在 3 种试样尺寸(R=25mm、50mm、75mm)条件下的影响。可以看出，对于给定的 n 值，随着试样尺寸的增加，所有试样的 K_a/K_c 总是越接近于 1；且试样半径从 25mm 增加到 50mm 时，引起的 K_a/K_c 变化量大于半径从 50mm 增加到 75mm 时的变化量。这不仅表明试样尺寸越大，测得的断裂韧度越大，越接近于岩石材料的固有断裂韧度，还表明当试样较小时，增加试样尺寸能显著提高表观断裂韧度结果。当试样已经较大时，相同的半径增量引起的表观断裂韧度增量较小。可以推测，只有当每种试样各自达到一定的最小试样尺寸要求时，测得的表观断裂韧度才能近似于岩石的固有断裂韧度。另外，图 4.14 表明，随着试样尺寸的增加，SR 试样的表观断裂韧度增加较弱，这是由于 SR 试验本身受到断裂过程区影响较小。CCNBD 和 SCB 表观断裂韧度受试样尺寸的影响相对较显著，即使当 R=75mm 时，CCNBD 和 SCB 测得的表观断裂韧度仍然很可能显著低于岩石固有断裂韧度。SR 和 CB 试验采用相对较小尺寸的试样也能测得较接近固有断裂韧度的值，而 CCNBD 和 SCB 试验需要较大的试样尺寸才能测得较为合理的断裂韧度。因此，为了使断裂韧度测试足够准确，CCNBD 和 SCB 试验应该具有一个更大的试样尺寸要求，尤其对于 n 值较小的岩石更是如此。

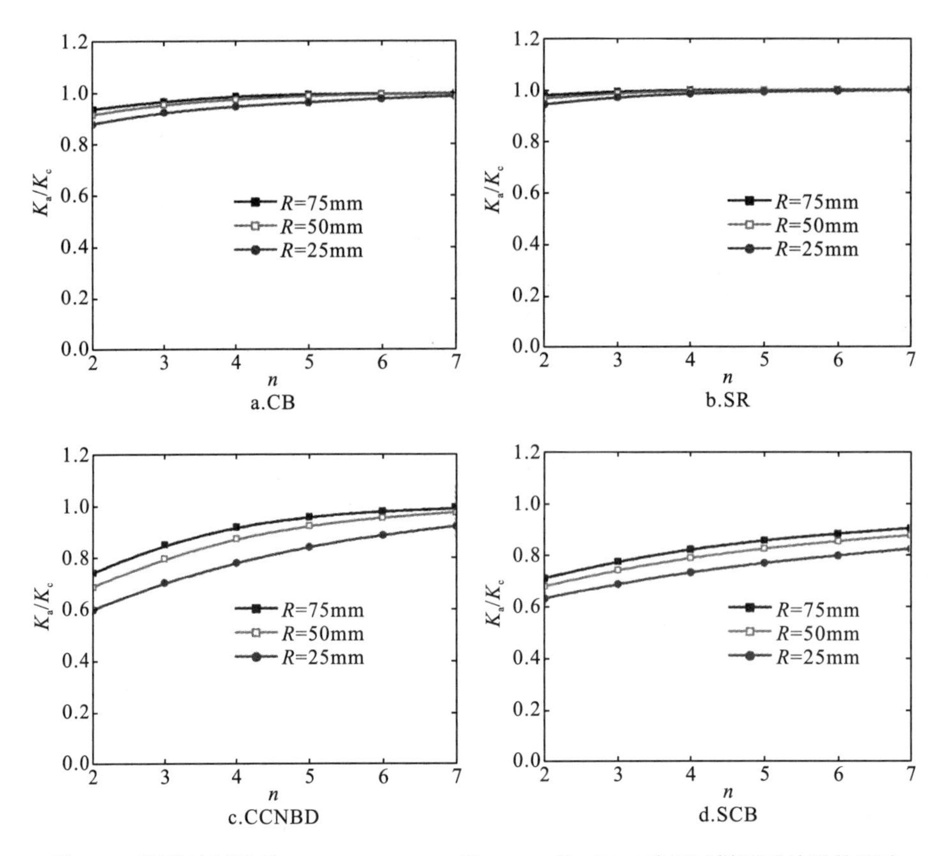

图 4.14 断裂过程区对 R=25mm、50mm 和 75mm 的 ISRM 建议试样测试结果的影响

4.4.2 不同支撑跨距

为了探索不同支撑跨距对 SCB 试验的影响，下面比较 S/D=0.8、0.5、0.4 和 0.3 的情况(仍假定裂纹为 a/R=0.5 且 R=25mm)。与之前的研究类似，通过有限元分析可以得到 SCB 试验中临界残余韧带上的张应力与到裂纹尖端距离的拟合关系为

$$\left(\sigma_{YY}/k\right)=\begin{cases}-5.3015-5.8585\times\ln\left(X/l_{\mathrm{rc}}-0.0182\right), & R^2=0.9999 \quad (S/D=0.8)\\ -5.1051-5.9790\times\ln\left(X/l_{\mathrm{rc}}-0.0020\right), & R^2=0.9991 \quad (S/D=0.5)\\ -3.9314-5.7596\times\ln\left(X/l_{\mathrm{rc}}-0.0130\right), & R^2=0.9991 \quad (S/D=0.4)\\ -2.5970-5.5649\times\ln\left(X/l_{\mathrm{rc}}-0.0081\right), & R^2=0.9990 \quad (S/D=0.3)\end{cases} \tag{4.16}$$

过程区长度 l_{FPZ} 占临界残余韧带长度 l_{rc} 的比例为

$$
l_{\mathrm{FPZ}}/l_{\mathrm{rc}}=\begin{cases}\exp(-0.1707m-0.9049)+0.0182 & (S/D=0.8)\\ \exp(-0.1673m-0.8538)+0.0020 & (S/D=0.5)\\ \exp(-0.1736m-0.6826)+0.0130 & (S/D=0.4)\\ \exp(-0.1797m-0.4667)+0.0081 & (S/D=0.3)\end{cases} \tag{4.17}
$$

将临界残余韧带长度代入式(4.17)，可以得到过程区长度为

$$
l_{\mathrm{FPZ}}=\begin{cases}\left[\exp(-0.1707m-0.9049)+0.0182\right]\times 0.5R & (S/D=0.8)\\ \left[\exp(-0.1673m-0.8538)+0.0020\right]\times 0.5R & (S/D=0.5)\\ \left[\exp(-0.1736m-0.6826)+0.0130\right]\times 0.5R & (S/D=0.4)\\ \left[\exp(-0.1797m-0.4667)+0.0081\right]\times 0.5R & (S/D=0.3)\end{cases} \tag{4.18}
$$

临界无量纲有效裂纹长度为

$$
\alpha_{\mathrm{ec}}=\begin{cases}\left[\exp(-0.1707m-0.9049)+0.0182\right]\times 0.5+0.5 & (S/D=0.8)\\ \left[\exp(-0.1673m-0.8538)+0.0020\right]\times 0.5+0.5 & (S/D=0.5)\\ \left[\exp(-0.1736m-0.6826)+0.0130\right]\times 0.5+0.5 & (S/D=0.4)\\ \left[\exp(-0.1797m-0.4667)+0.0081\right]\times 0.5+0.5 & (S/D=0.3)\end{cases} \tag{4.19}
$$

由此可知，过程区对多种跨距 SCB 试验测试结果的影响可以由 K_a/K_c 表征。与 4.3 节的步骤类似，最终可以得到多种跨距 SCB 试样的过程区长度与 n 值的关系(图 4.15a)以及 K_a/K_c 随 n 的变化(图 4.15b)。图 4.15a 表明对于一个给定的 n 值，S/D=0.3 时的过程区最长，S/D=0.4 的情况次之，S/D=0.5 和 0.8 时相对较小。

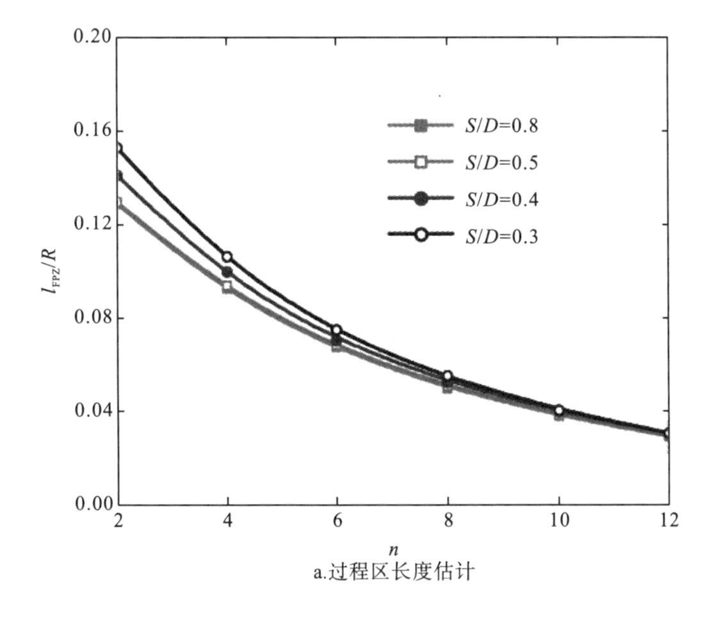

a.过程区长度估计

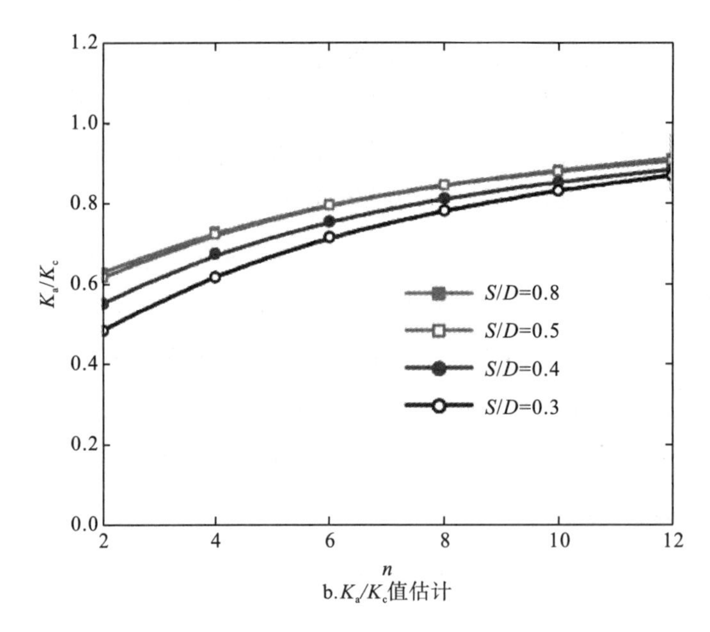

b. K_a/K_c值估计

图 4.15 S/D=0.3、0.4、0.5 和 0.8 时 SCB 试验(a/R=0.5)的理论评估结果

而且，当 n 值较小时(比如 n=3)，S/D=0.3、0.4 和 0.5 时的差异尤其显著。图 4.15b 表明，对于同一岩石材料，S/D=0.5 和 0.8 时的 K_a/K_c 较为接近，S/D=0.4 时的 K_a/K_c 明显偏低，而 S/D=0.3 时的 K_a/K_c 显著更低。于是，相对较大的支撑跨距(比如 0.5≤S/D≤0.8)有助于测得更准确的断裂韧度，而当支撑跨距较小时(如 S/D=0.3)，韧度测试受过程区的影响较为严重。因此，ISRM 建议 SCB 试验中推荐的支撑跨距(0.5≤S/D≤0.8)是较为合理的。

4.4.3 不同裂纹长度

为了研究裂纹长度对 SCB 试验的影响，下面比较 a/R=0.7、0.5 和 0.3 三种情况(假定支撑跨距为 S/D=0.8 且 D=50mm)。通过有限元分析可以得到临界残余韧带上的张应力与到裂纹尖端距离的拟合关系为

$$(\sigma_{YY}/k)=\begin{cases}-3.5831-4.1288\times\ln\left(X/l_{rc}-0.0105\right),\ R^2=0.9990\ (a/R=0.3)\\-5.3015-5.8585\times\ln\left(X/l_{rc}-0.0182\right),\ R^2=0.9999\ (a/R=0.5)\\-7.8975-8.9245\times\ln\left(X/l_{rc}-0.0134\right),\ R^2=0.9997\ (a/R=0.7)\end{cases}\quad(4.20)$$

代入 $\sigma_{YY}=mk$，可以得到过程区长度 l_{FPZ} 占临界残余韧带长度 l_{rc} 的比例为

$$l_{FPZ}/l_{rc}=\begin{cases}\exp\left(-0.8678m-0.2422\right)+0.0105\quad(a/R=0.3)\\\exp\left(-0.9049m-0.1707\right)+0.0182\quad(a/R=0.5)\\\exp\left(-0.8849m-0.1121\right)+0.0134\quad(a/R=0.7)\end{cases}\quad(4.21)$$

将临界残余韧带长度(即 l_{rc}=0.7R、0.5R 和 0.3R)代入式(4.21)，可以得到过程区长度为

$$l_{FPZ}=\begin{cases}\left[\exp\left(-0.8678m-0.2422\right)+0.0105\right]\times 0.7R & (a/R=0.3)\\ \left[\exp\left(-0.9049m-0.1707\right)+0.0182\right]\times 0.5R & (a/R=0.5)\\ \left[\exp\left(-0.8849m-0.1121\right)+0.0134\right]\times 0.3R & (a/R=0.7)\end{cases} \tag{4.22}$$

则临界无量纲有效裂纹长度为

$$\alpha_{ec}=\begin{cases}\left[\exp\left(-0.8678m-0.2422\right)+0.0105\right]\times 0.7+0.3 & (a/R=0.3)\\ \left[\exp\left(-0.9049m-0.1707\right)+0.0182\right]\times 0.5+0.5 & (a/R=0.5)\\ \left[\exp\left(-0.8849m-0.1121\right)+0.0134\right]\times 0.3+0.7 & (a/R=0.7)\end{cases} \tag{4.23}$$

与本书前面的做法类似，三种裂纹长度的 SCB 试样过程区占临界残余韧带的比例以及 K_a/K_c 也可以得到(图 4.16)。图 4.16a 清楚地表明 SCB 试样的裂纹长度越长，过程区占临界残余韧带的比例越大，这预示着初始裂纹越长时，SCB 试验受过程区的影响可能更严重。图 4.16b 表明，对于相同的岩石(n 值固定)，a/R=0.3 比 a/R=0.5 和 0.7 时受过程区的影响更小，测得的表观断裂韧度更加接近岩石固有断裂韧度。

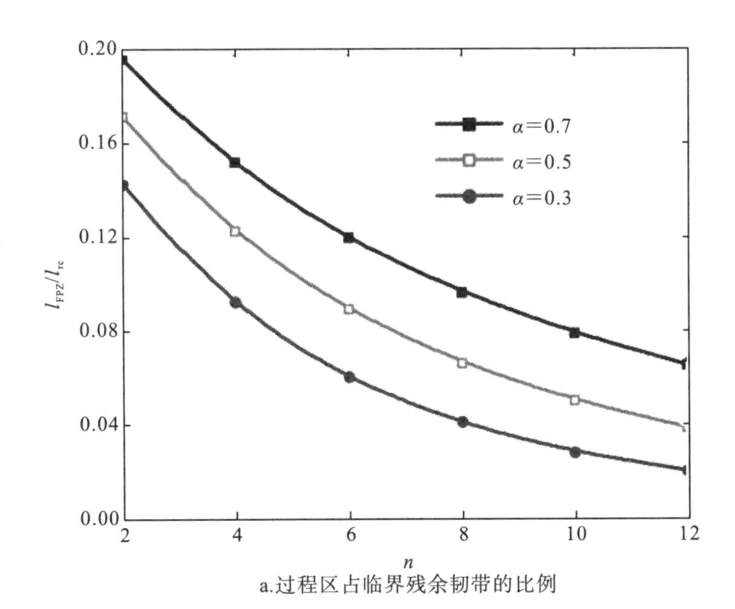

a.过程区占临界残余韧带的比例

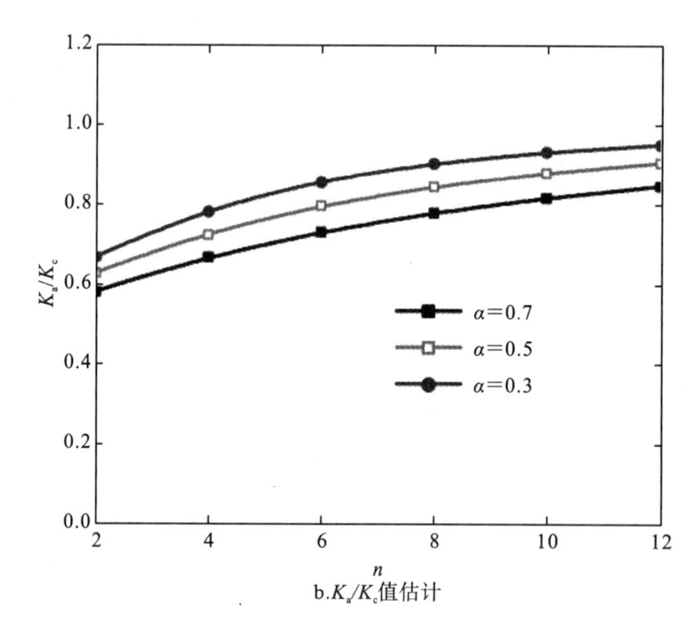

b.K_a/K_c值估计

图 4.16 a/R=0.3、0.5 和 0.7 时 SCB 试验(S/D=0.8)的理论评估结果

4.5 本 章 讨 论

第 2 章的数值试验表明，CCNBD 试验中存在严重的亚临界裂纹扩展，其断裂韧度结果可能因此显著偏低；SCB 试验也容易受亚临界裂纹扩展的影响。为了深入检查数值结果的有效性，从断裂过程区的角度深入评价 4 种 ISRM 建议方法，本章基于最大拉应力准则首次对 4 种 ISRM 建议方法中的过程区长度进行了理论评估与比较。

理论结果表明，断裂韧度试验中的过程区长度与岩石材料的性质有关，当抗拉强度与断裂韧度之比较小时，过程区长度相对较长，此结果很容易通过图 4.2 理解。根据 LEFM 理论，当抗拉强度相对于临界应力强度因子较小时，裂纹延长线很大区域内的拉应力都将高于抗拉强度，必然导致一个较长的断裂过程区；相反，若抗拉强度相对于临界应力强度因子较大，则裂纹延长线上可能产生微裂纹的区域越小，断裂过程区越短。一般来讲，对于某一固定的试验配置(试样构形、试样尺寸和加载方式确定)，越长的过程区对韧度测试造成的影响越大，测得的表观断裂韧度越低。而不同试样构形之间却难以通过直接比较过程区来预测何种试样的断裂韧度更合理。本章基于有效裂纹模型来评估过程区长度对断裂韧度测试结果的影响，结果发现，对于抗拉强度与断裂韧度之比越小的岩石，4 种 ISRM 建议方法受过程区的影响越大，测得的表观断裂韧度比岩石材料固有断裂韧度偏低越多。

理论研究表明，过程区长度及其对韧度测试的影响除了与岩石有关，还与试样构形有关。对于同一岩石材料和同一试样半径，CCNBD 和 CB 试样中的过程区较长，SR 和 SCB 试样(S/D=0.8，α=0.5)则相对较短。值得注意的是，此理论结果与数值试验中“CCNBD 和 CB 试样亚临界裂纹扩展长度较长，SR 和 SCB 亚临界裂纹扩展长度较短”的现象一致，这进一步说明第 2 章数值试验结果的可靠性。从过程区长度占临界残余韧带长度的比例来看，SR 试样中的断裂过程区最不显著，CB 次之，SCB 中断裂过程区稍微更显著，而 CCNBD 中的过程区占临界残余韧带的比例最为显著。本章断裂过程区长度的理论估计表明，CCNBD 试验中的过程区发展最为严重，这与第 2 章中 CCNBD 数值试验出现严重亚临界裂纹扩展的现象一致。数值试验与理论评估均表明，CCNBD 试验中的临界有效裂纹长度可能会显著大于基于经典 LEFM 理论的理想的临界裂纹长度。最为重要的是，对于材料和直径相同的 CB、SR、CCNBD 和 SCB 试样(S/D=0.8，α=0.5)，理论结果显示，SR 和 CB 试验受过程区的影响通常比 CCNBD 和 SCB 更小。测得的断裂韧度更加接近岩石的固有断裂韧度。有趣的是，尽管图 4.10 表明 CB 和 SR 试样的过程区比 SCB 更长，但 CB 和 SR 受过程区的影响比 SCB 更小。这说明仅仅比较不同试样过程区的长度也许并不能准确预测它们的断裂韧度结果受过程区影响的程度大小。理论结果也表明，虽然 CCNBD 试样中的过程区长度以及过程区占临界残余韧带的比例要大于 SCB，但当岩石抗拉强度与断裂韧度之比较大时，CCNBD 试验受过程区的影响并不一定比 SCB 严重。这也说明，即便从过程区长度占临界残余韧带的比例来看，也未必能准确预测不同试验方法受过程区影响的程度大小。

本章的理论研究还考虑了试样尺寸的影响。结果表明，过程区长度及其对韧度测试的影响与试样尺寸有关。对于给定的岩石材料和断裂试验方法，当试样的尺寸越大时，过程区长度相对于试样尺寸或临界残余韧带长度的比例会越来越小，过程区对断裂韧度测试结果的影响也会越来越小，当试样的尺寸较小时，增大试样尺寸有助于降低过程区占临界残余韧带的比例，并且有助于提高测得的表观断裂韧度。但是，随着试样尺寸的增大，相同试样尺寸增量对 l_{FPZ}/l_{rc} 的影响变得越来越小，对表观断裂韧度结果的提高也越来越弱。以上结果与 Bazant 和 Kazemi 的尺度率理论[229]一致，即：随着试样尺寸的增大，断裂过程区变得越可以忽略不计，试样的断裂越来越服从线弹性断裂力学理论，测得的断裂韧度越不受过程区影响。

本书在对 SCB 试样的过程区长度及其对 K_{Ic} 测试影响的理论评估中，还考虑了不同裂纹长度和支撑跨距。结果表明，一个较大的支撑跨距有助于减小 SCB 试验中的过程区长度以及过程区对表观断裂韧度结果的影响。当支撑跨距已经较大时(如 S/D=0.8 和 0.5)，支撑跨距的变化对过程区长度和 K_a/K_c 的影响不大；当支撑跨距较小时(如 S/D=0.4 和 0.3)，过程区长度和 K_a/K_c 对支撑跨距的变化较敏感。

因此，这可以解释为何三点弯曲断裂韧度试验中通常需要采用较大的支撑跨距；另一方面，也表明 SCB 试验中的过程区长度与裂纹长度有关。当裂纹长度越短时，过程区占临界残余韧带的比例越小。而且，由图 4.16 可知，对于 S/D=0.8 的情况，a/R=0.5 的 SCB 试验比 a/R=0.7 的过程区更长，但 a/R=0.5 的 SCB 试验比 a/R=0.7 时受过程区的影响更小。这进一步说明，对于不同的试样构形，仅凭过程区的长度并不能直接判断何种试样受过程区的影响更小。

4.6 本章小结

为了进一步检验本书前面的数值试验结果，并且考虑到过程区对岩石断裂行为有着重要影响，本章基于最大拉应力准则从理论上对 4 种 ISRM 建议方法的过程区长度进行了评估与比较，并基于有效裂纹模型比较了过程区对 4 种试样测试结果的影响程度。结果表明，过程区长度及其影响与下列因素有关：试样构形、加载/支撑条件、试样尺寸、岩石材料的抗拉强度与断裂韧度之比。理论结果还显示，CCNBD 和 CB 的过程区较长，SR 次之，SCB 过程区长度相对较小。从过程区占临界残余韧带的比例来看，CCNBD 试样通常最大，SCB 次之，CB 和 SR 相对较小。最终表明，CCNBD 和 SCB 受到过程区的影响更显著，测试结果比 CB 和 SR 显著偏低。

第 5 章 典型断裂试验方法室内试验研究

5.1 引 言

一些试验结果表明，即使通过 ISRM 建议方法得到的韧度结果也可能存在较大差异。Chang 等采用多种方法测试了 Keochang 花岗岩和 Yeosan 大理岩的断裂韧度，结果显示 SCB 的韧度结果均低于 CB[153]。Funatsu 等用 Kimachi 砂岩开展了断裂韧度试验，CB 试验测得的韧度为 0.80MPa·m$^{0.5}$，而 SCB 的结果仅为 0.59MPa·m$^{0.5}$[100]。Aliha 等基于 Harsin 大理岩的试验研究表明，SCB 比 SR 的韧度结果偏低约 25%[163]。Iqbal 和 Mohanty 用 CB 和 CCNBD 试验测试了 Barre 花岗岩、Laurentian 花岗岩和 Stanstead 花岗岩的断裂韧度，发现 CCNBD 依据 ISRM 建议 K_{Ic} 计算公式[式(1.8)]确定的断裂韧度比 CB 分别偏低 30%、27%和 36%[99]。吴礼舟等用某种大理岩开展 CB 和 CCNBD 断裂韧度试验，CB 测得的韧度为 1.28MPa·m$^{0.5}$，而 CCNBD 的结果仅为 0.75MPa·m$^{0.5}$[130]。Cui 等利用 Longtan 砂岩比较了多种直径 SR 和 CCNBD 试样的断裂韧度，结果表明，对任一给定的试样直径，CCNBD 的韧度结果总是低于 SR[108]。当试样直径较小时(比如，D=50mm)，CCNBD 的断裂韧度结果仅为 SR 的 21%。

虽然在上述试验研究中，CCNBD 和 SCB 试验比 SR 和 CB 的断裂韧度结果偏低，但在一些试验中，CCNBD 或 SCB 测得了与 CB 或 SR 试验相近的断裂韧度值。比如，在 Chang 等的研究中，Keochang 花岗岩和 Yeosan 大理岩 CCNBD 试样的断裂韧度轻微高于 CB 试样[153]。Kataoka 等也对 Kimachi 砂岩开展了断裂韧度测试[154]，与 Funatsu 等[100]的结果不同，Kataoka 等的研究显示 SCB 与 CB 测得的结果几乎一致。为了进一步检验这些 ISRM 建议试样的韧度结果是否存在差异，有必要开展更多的物理试验，并基于本书全新标定的应力强度因子来比较 ISRM 建议试样的断裂韧度结果。

另一方面，第 2 章的数值试验和第 3 章的理论研究均显示 4 种 ISRM 建议试样存在亚临界裂纹扩展或断裂过程区，且 CCNBD 试验中的断裂过程区尤其严重。有必要进一步对 ISRM 建议试样的细观断裂过程进行试验研究。本章通过声发射技术对一种砂岩 CCNBD 试样的 Ⅰ 型断裂试验进行观测研究，旨在通过试验的手段进一步揭示 CCNBD 试验的一些特征。此外，由于第 2 章对利用 CCNBD 试样进行 Ⅰ-Ⅱ 复合型(包含Ⅱ型)断裂测试的试验方法进行了数值试验评估，发现 CCNBD 试样的断裂过程完全不同于试验方法所基于的理想假设。为了通过试验的手段进一步检验数值试验结果的有效性，本章也对砂岩 CCNBD 试样在所谓“Ⅱ型”加载条件下的渐进断裂过程进行了声发射试验研究。

此外，第 3 章的理论研究表明，对于抗拉强度与断裂韧度之比较小的岩石，即便采用较大尺寸的 CCNBD 和 SCB 试样(比如，D=150mm)，测得的断裂韧度结果仍可能低于较小尺寸的 CB 和 SR 试样(比如，D=50mm)。因此，有必要开展断裂韧度试验来进一步检验理论预测结果的有效性。由于 SR 试验需要直接在试样开口端施加拉伸荷载，而对岩石施加直接拉伸荷载远比施加压缩荷载要困难得多，因此，SR 试验难以在一般岩石力学实验室完成，其应用也相对较少。本书以 CB、CCNBD 和 SCB 试样为代表考虑多种试样尺寸来开展岩石断裂韧度试验，通过试验对第 3 章的理论预测进行检验。最后，基于本书和文献中的试验结果对 ISRM 建议方法进行深入分析，再进一步揭示造成建议方法测试结果差异的机理，深入评估建议方法的特点，进一步解决关于 ISRM 建议 CCNBD 试验的一些争议问题。

5.2 CB、CCNBD 和 SCB 试验结果比较

5.2.1 花岗岩基础力学性质

开展 CB、CCNBD 和 SCB 试验的岩石材料是从成都某石材市场购买的一块长 800mm、宽 800mm、厚 22mm 的方形黑色花岗岩石材。该石材产自福建省漳州市长泰县，天然密度为 2.87g/cm^3。观察石材的断面，肉眼可以分辨岩石颗粒整体上较为均匀，并未发现明显的杂质、节理和软弱结构面等。

为了全面了解该岩石的基础力学性质并为本书后面的分析讨论提供必要的力学数据，对该花岗岩开展单轴压缩试验和巴西圆盘试验。按照 ISRM 的建议，制作的巴西圆盘试样规格为直径 50mm、厚度 25mm，单轴压缩试样规格为直径 50mm、高度 100mm。共制备 6 个巴西圆盘试样和 5 个单轴压缩试样。试验前，试样始终处于日常温度环境以及自然风干状态。

巴西圆盘试验在最大加载能力为 5t 的万能力学试验机上进行，单轴压缩试验则在 MTS-793 液压伺服岩石力学试验机上进行；试验均采用位移控制的加载方式，加载速率恒为 0.05mm/min。图 5.1 给出了破坏后的部分试样。

可以看出，巴西圆盘试样均发生典型的劈裂破坏，主断裂基本沿着对径加载所在的直径平面发生。虽然在回收的试样上能观察到一些次生断裂，但它们实际是在圆盘试样劈裂为两个半圆盘之后产生的。其原因在于，在试样一分为二之后，荷载急剧降低，但两个半圆盘仍可承受压缩荷载，导致试验仍有较大残余荷载，两个半圆盘在残余荷载作用下进一步发生压剪断裂。对于单轴压缩试验，由于在

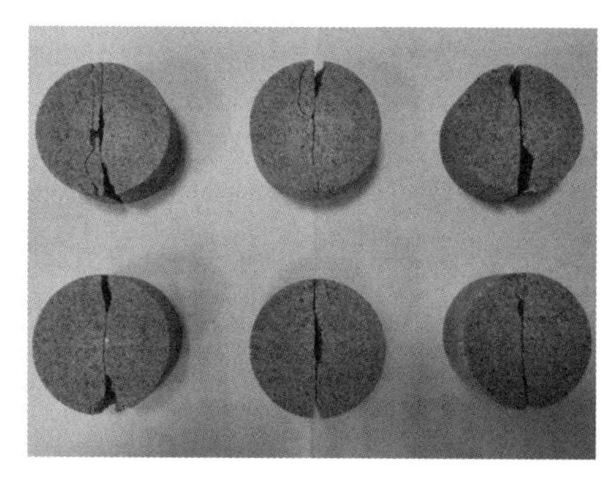

a.巴西圆盘试样

b.单轴压缩试样

图 5.1　长泰花岗岩巴西圆盘试样和单轴压缩试样的典型破坏情况

试样两端均匀涂抹了凡士林以消除摩擦，圆柱压缩试样也产生了劈裂破坏。最终，测得该花岗岩的基础力学性质为拉伸强度 σ_t=13.2MPa，单轴压缩强度 σ_c=159.2MPa，杨氏模量 E=20.9GPa，泊松比 v_0=0.21。

5.2.2　试样制备与试验描述

CB 试样的制备过程如下：①对钻取的岩芯(直径 50mm)进行挑选，确保用于制备 CB 试样的一段岩芯较平顺；根据 ISRM 的要求，控制试样的不直度在 0.5mm 以下。②使用游标卡尺从岩芯的多个截面以及不同方向测量直径，保证误差均不超过 0.1mm。③使用切割机将岩芯较平滑的一段切割成长度为 200mm 的圆柱岩块，采用游标卡尺从多个角度量测圆柱岩石两端的垂直距离，保证不同角度测得的垂直距离差异不超过 0.2mm；否则，使用切割机对断面进行进一步处理，直至满足要求。④在切割人字形切槽之前，在圆柱岩石长度方向的二分之一位置处做好标记，以便制作的切槽到圆柱岩石两端的距离相等。⑤将圆柱岩石固定，使用厚度 0.6mm、直径 60mm 的金刚石圆锯片在圆柱岩石中间位置切割一条垂直于岩芯轴线的直切槽，切割深度应为 0.25D(D 为试样直径，余同)。并且，在切割的过程中应以清洁的水作为冷却液。⑥将岩芯绕其轴线旋转 90°，再次切割一条深度为 0.25D 的切槽，第二条切槽应与之前的切槽共面。最终制备的 6 个 CB 试样与 ISRM 建议的标准试样一致，试样直径为 50mm，切槽宽度约 0.8mm。

CCNBD 试样的制备过程如下：①采用切割机将岩芯切割成厚度约为 0.4D 的圆盘，圆盘的两个圆形表面应为光滑平面；严格控制圆盘表面与圆盘轴线的夹角不超过 0.2°；从多个方向测量圆盘的厚度，最大值与最小值之差不应超过 0.01 倍平均厚度。②在制作人字形切槽之前，先在试样的两个圆形表面标记好开槽位置，以使从圆盘两个表面进刀制作的切槽位于同一平面。③采用直径为 0.8D 的金刚石圆锯片对试样进行开槽；开槽时，圆锯片应与事先做好的切槽标记共面并且首先与圆盘的中心位置接触，然后开始开启切割操作进行进刀，进刀的深度为 0.224D；进行切割时，应以清洁的水作为冷却液。④以相同的方式从试样的另一端进刀，切割一条对称的切槽；切割完成后，检查两端的切槽是否相交以及切槽的中间部分是否穿透。

通过以上步骤，分别制得半径约为 25mm、50mm 和 75mm 的 CCNBD 试样各 6 个，制得的三种尺寸的 CCNBD 试样几乎几何相似。小尺寸、中等尺寸和大尺寸试样的切槽宽度分别约为 0.8mm、1.2mm 和 1.5mm，均满足 ISRM 建议 CCNBD 试验中推荐的开槽宽度不应超过 1.5mm 的要求。实际制得各个试样的详细几何数据列于表 5.1。前面对 CCNBD 试样应力强度因子的标定工作表明，Wang 等对 CCNBD 试样标定的 Y_c 值是可靠的[162]。因此，表中的 Y_{min} 值(即 Y_c)根据α_B、α_0 和α_1 从文献[162]直接查取或通过插值后得到。

表 5.1 制备的 CCNBD 长泰花岗岩试样的几何尺寸

试样编号	R/mm	B/mm	a_0/mm	a_1/mm	α_B	α_0	α_1	Y_{min}
CCNBD-S1	24.9	19.76	7.4	18.0	0.794	0.297	0.723	1.089
CCNBD-S2	24.9	19.62	8.0	18.1	0.788	0.321	0.727	1.110
CCNBD-S3	24.9	19.80	6.8	17.9	0.795	0.273	0.719	1.071
CCNBD-S4	24.9	19.62	6.2	17.8	0.788	0.249	0.715	1.049
CCNBD-S5	24.9	19.80	9.0	18.3	0.795	0.361	0.735	1.150
CCNBD-S6	24.9	20.06	7.2	18.1	0.806	0.289	0.727	1.092
CCNBD-M1	50.1	40	16.7	36.3	0.798	0.333	0.725	1.111
CCNBD-M2	50.1	40	12.7	35.8	0.798	0.253	0.715	1.053
CCNBD-M3	50.1	40	12.7	35.8	0.798	0.253	0.715	1.053
CCNBD-M4	50.1	40	11.1	35.5	0.798	0.222	0.709	1.031
CCNBD-M5	50.1	40	13.0	35.8	0.798	0.259	0.715	1.057
CCNBD-M6	50.1	40	12.7	35.8	0.798	0.253	0.715	1.053

试样编号	R/mm	B/mm	a_0/mm	a_1/mm	α_B	α_0	α_1	Y_{min}
CCNBD-L1	75.25	60	29.6	55.8	0.797	0.393	0.742	1.178
CCNBD-L2	75.25	60	25.0	54.8	0.797	0.332	0.728	1.118
CCNBD-L3	75.25	60	22.5	54.3	0.797	0.299	0.722	1.088
CCNBD-L4	75.25	60	29.6	55.8	0.797	0.393	0.742	1.178
CCNBD-L5	75.25	60	25.0	54.8	0.797	0.332	0.728	1.118
CCNBD-L6	75.25	60	29.6	55.8	0.797	0.393	0.742	1.178

SCB 试样的制备过程如下：①将圆盘切割为半圆盘之前，先在试样表面通过画线的方式做好切割标记，以保证切割操作能正好将圆盘分为几乎相同的两部分。②用虎钳夹紧岩石圆盘，使得切割标记水平，然后在铣床上通过水平旋转的金刚石圆锯片沿着标记对圆盘进行切割(图 5.2)。③检查切割面是否平滑并且是否垂直于圆盘表面。若切割面不符合要求，则继续利用刀具进行磨平直至切割面垂直于圆盘表面。④在制作直穿透切槽之前，先在试样的两个半圆形平面标记好切槽位置，再利用虎钳将半圆盘岩石夹紧，使得切割标记水平。⑤调整水平的金刚石圆锯片与切割标记对齐，开启切割操作对试样进行开槽。切出的槽口应为直穿透式切槽，切槽深度约为 0.25D。切割过程中应以清洁的水作为冷却液。

图 5.2 将圆盘岩石切割为半圆盘的操作

通过以上步骤，分别制得半径约为 25mm、50mm 和 75mm 的 SCB 试样各 6 个，制得的三种尺寸的 SCB 试样具有几乎相似的几何形状。小尺寸、中等尺寸和大尺寸试样的切口端部宽度分别约为 0.8mm、1mm 和 1.5mm。满足 2014 年 ISRM 建议方法中推荐用于开槽的刀具厚度不应超过(1.5±0.2)mm 的要求。实际制得的各个试样的详细几何数据列于表 5.2。表中的无量纲应力强度因子 Y 根据前面的标定结果得到。以上步骤制得的所有 CB、CCNBD 和 SCB 试样如图 5.3 所示。

表 5.2 制备的 SCB 长泰花岗岩试样的几何尺寸

试样编号	R/mm	B/mm	S/D	a /mm	Y
SCB-S1	24.56	19.7	0.8	12	6.277
SCB-S2	24.3	19.5	0.8	11.3	6.059
SCB-S3	24.5	19.66	0.8	12	6.289
SCB-S4	24.1	19.66	0.8	12	6.376
SCB-S5	24.54	19.68	0.8	12	6.281
SCB-S6	23.6	19.9	0.8	12.2	6.607
SCB-M1	49.2	40	0.8	24.6	6.399
SCB-M2	49.5	40	0.8	24.5	6.343
SCB-M3	49.6	40	0.8	24.5	6.333
SCB-M4	49.5	40	0.8	24.8	6.411
SCB-M5	49.4	40	0.8	24.6	6.377
SCB-M6	49.6	40	0.8	24.6	6.354
SCB-L1	74.04	60	0.8	37	6.396
SCB-L2	73.2	60	0.8	36.95	6.455
SCB-L3	73.9	60	0.8	38	6.571
SCB-L4	71.75	60	0.8	36.5	6.502
SCB-L5	74.1	60	0.8	36.6	6.333
SCB-L6	72	60	0.8	37.4	6.640

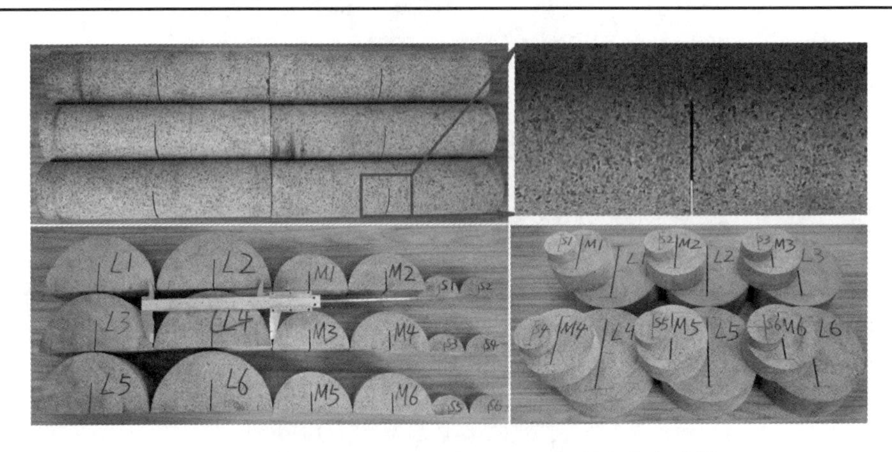

图 5.3 制备的 CB、CCNBD 和 SCB 长泰花岗岩试样

CB 试验在四川大学水利水电学院 MTS 815 Flex test GT 岩石力学试验系统(图 5.4)上完成。在试验中，首先将三点弯曲试验夹具置于 MTS 815 系统之上，将底部支撑跨距调整为试样直径的 3.33 倍(即 166.5mm)。然后将 CB 试样放置于三点弯曲夹具之间，使得人字形切槽到两个底部支撑点的距离相等，同时上部加载点也正好与人字形切槽共面。在压紧 CB 试样之前，试样可能会发生滚动，导

致实际加载的位置偏离理想位置，故用胶带将其简单固定在三点弯曲试验支座上（图 5.4b）。整个试验采用位移控制的加载方式，加载速率恒为 0.05mm/min。加载点位移由线性可变差动变压器与线性位移引伸计测量。

a. MTS 815 岩石力学试验系统

b. CB 三点弯曲试验

图 5.4　CB 试验采用的岩石力学试验系统与试样加载配置

CCNBD 和 SCB 试验在最大单轴加载能力为 5t 的万能力学试验机上进行。试验采用位移控制的加载方式，保证试样处于准静态加载条件。对于 SCB 试验，本书前面的数值试验与理论评估均表明，支撑跨距越大时，过程区长度及其对韧度测试结果的影响越小。一个较大的支撑跨距有助于减小摩擦和支撑跨距设置引起的测试结果误差。本节 SCB 试验中的三点弯曲支撑跨距取为试样直径的 0.8 倍。试验过程中，所有数据采集由计算机自动完成。

5.2.3　花岗岩断裂试验结果

图 5.5a 和图 5.6 给出了一些典型的失效试样。CB 试样的断裂面较为理想，在人字形切槽的约束作用下，裂纹均较好地沿着人字形韧带扩展。在回收的 CCNBD 试样上观察到一些次生断裂，这些次生裂纹实际是在主裂纹已经完全将试样一分

为二之后出现的。这是因为，当 CCNBD 试样断开后，两个半圆盘仍可继续承受荷载，在压缩荷载作用下，两个半圆盘进一步产生压剪型次生裂纹。CCNBD 试验的力-位移曲线上普遍可以观察到荷载在经历第一次峰值之后仍然上升的现象。可见，产生的次生断裂并不影响断裂韧度测试的有效性。对于 SCB 试样，从表面来看，裂纹在起始时均较为理想地朝向加载端扩展。

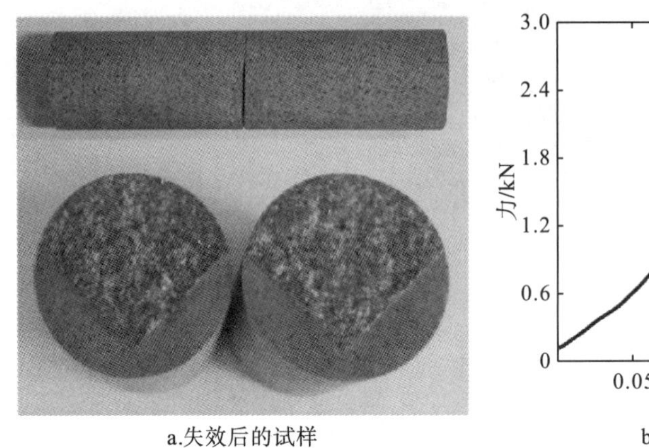

a.失效后的试样

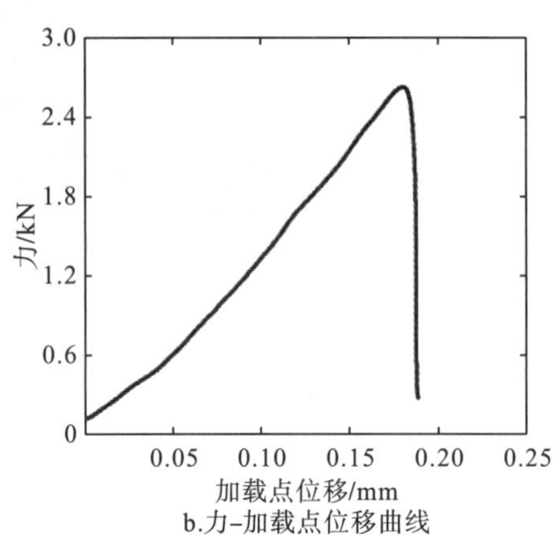

b.力-加载点位移曲线

图 5.5　典型的 CB 试验结果

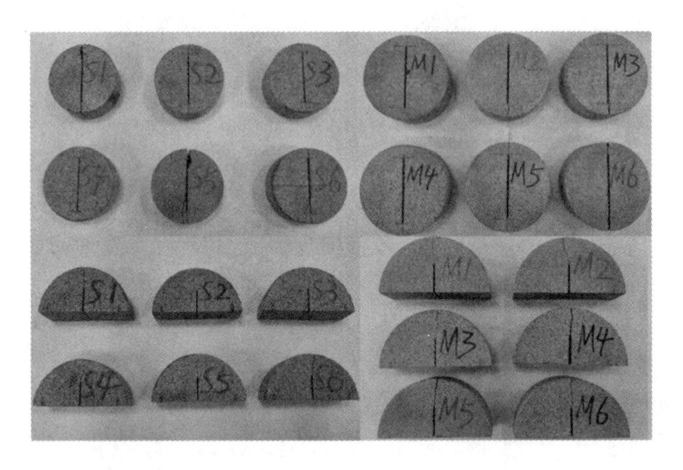

图 5.6　部分失效后的 CCNBD 和 SCB 试样

图 5.5b 和图 5.7 给出了 CB、CCNBD 和 SCB 试验典型的力-位移曲线结果。对于三种试样，力-位移曲线均先经历一个非线性阶段，然后经过较直的线性上升阶段，最后在达到峰值后急剧掉落。力-位移曲线表明，试样均发生典型的脆性断裂。从图 5.7 还可以看出，对于同一试样构形，试样尺寸越大，失效荷载越大，而且最大荷载对应的位移也越大。

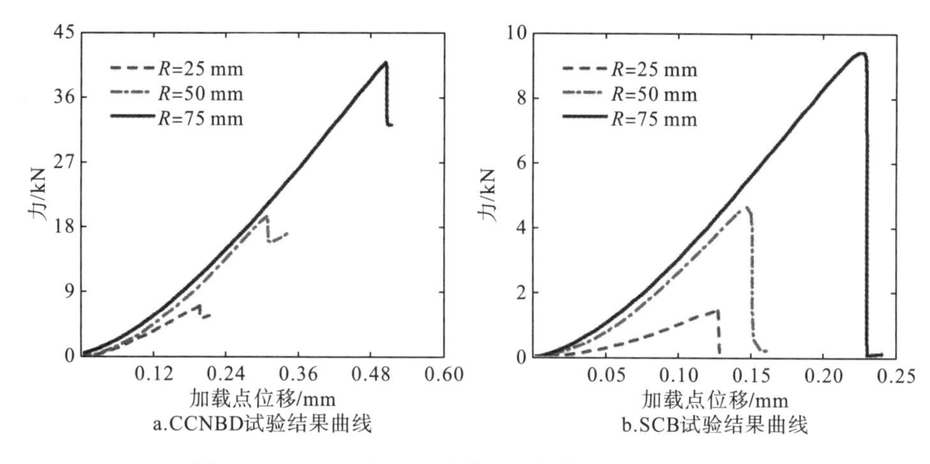

图 5.7　CCNBD 和 SCB 试验记录的典型的力-位移曲线

表 5.3 总结了各个试样组的平均失效荷载和表观断裂韧度。表 5.3 说明，对于相同半径的三种试样，CCNBD 的失效荷载最大，CB 次之，SCB 则最小。从表 5.3 可以推断，试样的几何尺寸(包括半径、厚度和裂纹长度)增大一倍，失效荷载则增加一倍以上。

表 5.3　CB、CCNBD 和 SCB 花岗岩的失效荷载和断裂韧度结果

试样组	失效荷载/kN	表观断裂韧度 K_a/ $(MPa{\cdot}m^{0.5})$
CB	2.717±0.084	2.228±0.069
CCNBD-S	6.290±0.589	1.556±0.126
CCNBD-M	20.26±0.990	1.695±0.089
CCNBD-L	39.42±3.412	1.932±0.137
SCB-S	1.444±0.115	1.844±0.116
SCB-M	4.807±0.101	2.143±0.047
SCB-L	8.765±0.358	2.208±0.062

为了直观比较所有试样的断裂韧度结果，将结果绘于图 5.8。CB 试样测得的平均断裂韧度为 2.228MPa·m$^{0.5}$，半径约为 25mm、50mm 和 75mm 的 CCNBD 试样的平均 K_a 值分别为 1.556MPa·m$^{0.5}$、1.695MPa·m$^{0.5}$ 和 1.932MPa·m$^{0.5}$，小尺寸、中等尺寸和大尺寸 SCB 试样的平均 K_a 值分别为 1.844MPa·m$^{0.5}$、2.143MPa·m$^{0.5}$ 和 2.208MPa·m$^{0.5}$。就单种试样构形而言，试样尺寸越大，测得的断裂韧度也越大。这与一般文献中采用不同尺寸试样得到的断裂韧度变化规律一致，也与本书前面理论研究预测的韧度结果随试样尺寸的变化规律一致。此外，对于 CCNBD 试样，当半径从 50mm 增加到 75mm 时，断裂韧度结果增加较明显，增加约 14%。而对于 SCB 试样，同样的试样尺寸增量仅仅使断裂韧度增加 3%。

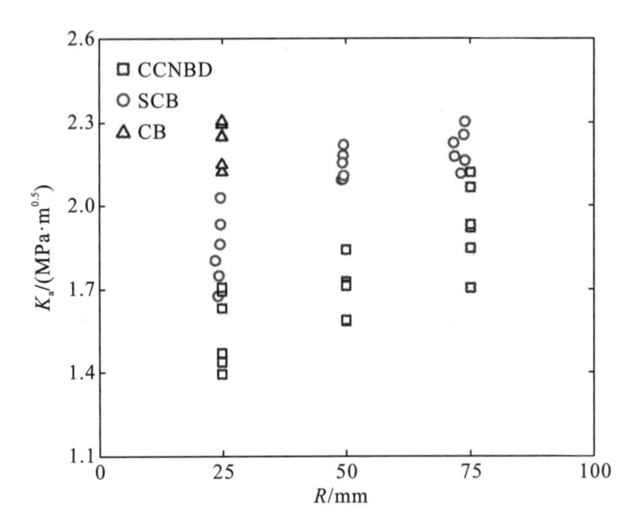

图 5.8 CB、CCNBD 和 SCB 花岗岩试样的断裂韧度结果

最为重要的是，三种试样测得的断裂韧度并不相同。当 R=25 mm 时，CB 试样的平均断裂韧度最大，SCB 次之，CCNBD 最小；而且所有 CB 试样的断裂韧度数据都大于 CCNBD 和 SCB 试样。当 R=50mm 时，SCB 测得的断裂韧度总是大于 CCNBD。另外，即使是 R=75mm 的 CCNBD 和 SCB 试样，平均断裂韧度仍然小于 R=25mm 的 CB 试样，CCNBD 试样组的所有断裂韧度数据几乎都低于 CB 试样组的数据。

5.3 CCNBD 声发射试验研究

5.3.1 砂岩基础力学性质

CCNBD 声发射试验所用的砂岩天然密度约为 2.37g/cm^3。从该砂岩块的断面来看，岩石颗粒整体上较为均匀，无明显的杂质、节理和软弱结构面等。通过 X 射线衍射仪和 X 射线荧光光谱仪对该砂岩进行岩相学分析，发现主要成分为石英(88%)、一种微孔硅酸盐包合物(4%)和碳化铁硅(3%)。

为了大致了解该砂岩的基础力学性能，对其开展了单轴压缩试验和巴西圆盘拉伸试验(图 5.9)。试验在 MTS 815 Flex test GT 岩石力学试验系统上完成。试验过程中，以速率为 0.05mm/min 的位移控制的方式对试样进行加载，直至试样破坏试验结束。最终测得该砂岩平均抗拉强度与抗压强度分别为 4.6MPa 和 73.8MPa。

a.巴西圆盘试验

b.失效后的单轴压缩试样

图 5.9　达州砂岩基础力学试验

5.3.2　试样制备与试验描述

CCNBD 砂岩试样的制作方式与 5.2.2 节中制备 CCNBD 花岗岩试样的步骤类似，也是通过分别从圆盘的两个表面垂直进刀进行切割完成。采用的圆形刀片直径为 60mm，进刀深度为 16.6mm。最终制得 12 个 CCNBD 砂岩试样，Ⅰ型与“Ⅱ型”试验各 6 个。CCNBD 砂岩试样的几何数据列于表 5.4。表中，β 为切槽平面与加载方向的夹角，对于纯Ⅰ型试验，β 为 0；对于所谓的“Ⅱ型”断裂试验，根据 Aliha 和 Ayatollahi 等提出的计算 CCNBD 试样“Ⅱ型”加载角度的方法[212]，可以确定本书试样构形对应的实现“纯Ⅱ型”加载的切槽倾角约为 28°。对于Ⅰ型试验，临界无量纲Ⅰ型应力强度因子 $Y_{\min}$ 根据试样的 α_B、α_0 和 α_1 值从文献[162]直接查取或通过插值后得到。对于“Ⅱ型”试验，按照前面介绍的一些学者采用的 CCNBD 试样“Ⅱ型断裂韧度”计算方法，临界时刻的无量纲Ⅱ型应力强度因子 Y_{II} 由文献[266]查取。

表 5.4　制备的 CCNBD 达州砂岩试样的几何尺寸

试样编号	R/mm	$\alpha_0(=a_0/R)$	$\alpha_1(=a_1/R)$	$\alpha_B(=B/R)$	β/(°)	$Y_{\min}$ 或 Y_{II}
CCNBD-1(Ⅰ)	36.9	0.246	0.731	0.792	0	1.082
CCNBD-2(Ⅰ)	36.9	0.247	0.727	0.830	0	1.075
CCNBD-3(Ⅰ)	36.9	0.241	0.727	0.809	0	1.072
CCNBD-4(Ⅰ)	36.9	0.244	0.726	0.824	0	1.073
CCNBD-5(Ⅰ)	36.9	0.247	0.719	0.790	0	1.082
CCNBD-6(Ⅰ)	36.9	0.245	0.731	0.840	0	1.082
CCNBD-7(Ⅱ)	36.9	0.241	0.718	0.802	28	2.336

试样编号	R/mm	$\alpha_0(=a_0/R)$	$\alpha_1(=a_1/R)$	$\alpha_B(=B/R)$	β/(°)	Y_{min} 或 Y_{II}
CCNBD-8(Ⅱ)	36.9	0.238	0.721	0.818	28	2.338
CCNBD-9(Ⅱ)	36.9	0.245	0.727	0.824	28	2.344
CCNBD-10(Ⅱ)	36.9	0.244	0.727	0.825	28	2.344
CCNBD-11(Ⅱ)	36.9	0.244	0.731	0.841	28	2.349
CCNBD-12(Ⅱ)	36.9	0.247	0.727	0.823	28	2.344

试验在 MTS 815 Flex test GT 岩石力学试验系统上完成(图 5.10),压缩荷载以恒定的位移控制的方式施加，加载速率为 0.005mm/min。在该试验中，采用声发射系统对 CCNBD 试样的断裂过程进行三维、实时的监测和呈现。试验中，在 CCNBD 试样前后两个圆形表面分别各自粘贴 4 个 MIcro30 型声发射传感器。传感器的工作频率为 150kHz，前置放大器增益为 40dB。

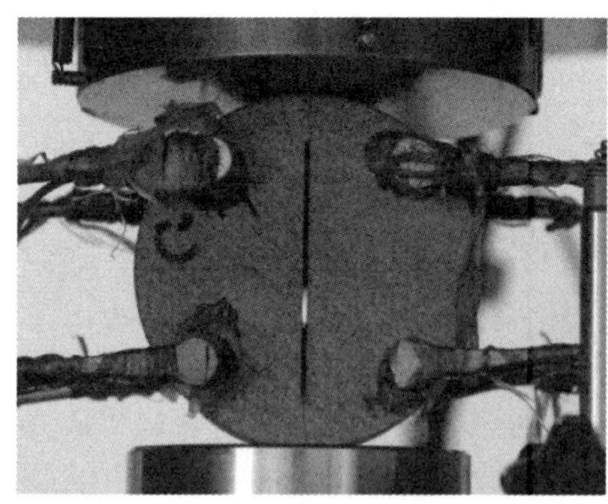
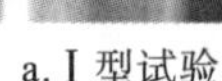

a. Ⅰ 型试验

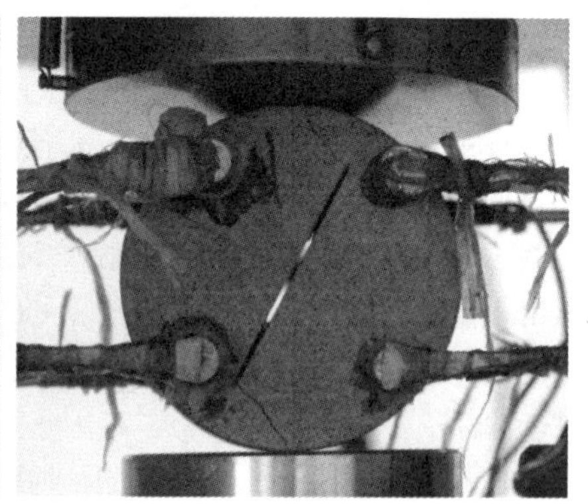

b. “Ⅱ 型” 试验

图 5.10 达州砂岩 CCNBD 试验

5.3.3 试验结果

图 5.11 给出了Ⅰ型和“Ⅱ型”试验记录的典型的力-位移曲线结果。与Ⅰ型试验曲线类似，CCNBD 在“Ⅱ型”加载条件下的力-位移曲线仍然经历初始非线性压密阶段、几乎线性的上升阶段、峰值阶段和峰后迅速跌落阶段。CCNBD 砂岩试样呈现显著的脆性断裂特征。荷载曲线没有经过坐标原点是因为调整加载系统将试样压紧后才开始记录位移数据，有一定的预压荷载。可以看出，CCNBD 试样在“Ⅱ型”加载条件下的失效荷载要高于Ⅰ型试验，这与数值试验研究中图 2.22b 的结果一致。

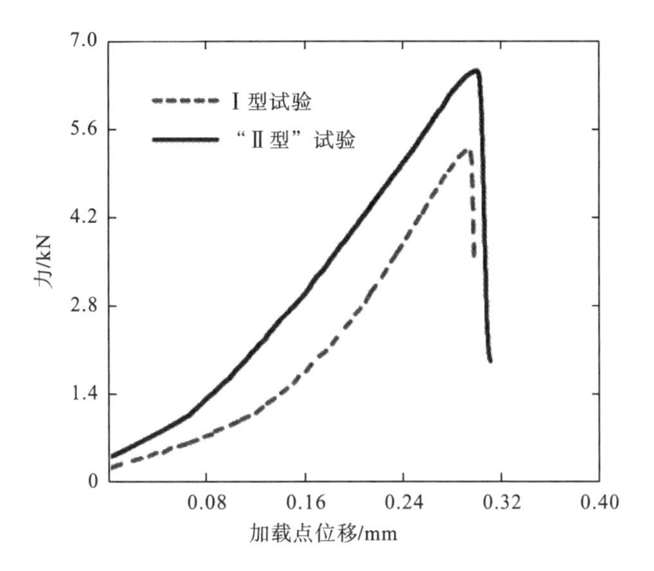

图 5.11　砂岩 CCNBD 试验记录的典型的力-位移曲线

图 5.12 展示了Ⅰ型试验中典型的累计声发射演化结果。当加载力为峰值的 20%时，只有少量声发射事件分布在韧带和加载端周围，这些声发射可能是局部软弱区发生微破裂引起的。随着荷载进一步增大，新出现的声发射逐渐在韧带上集中。

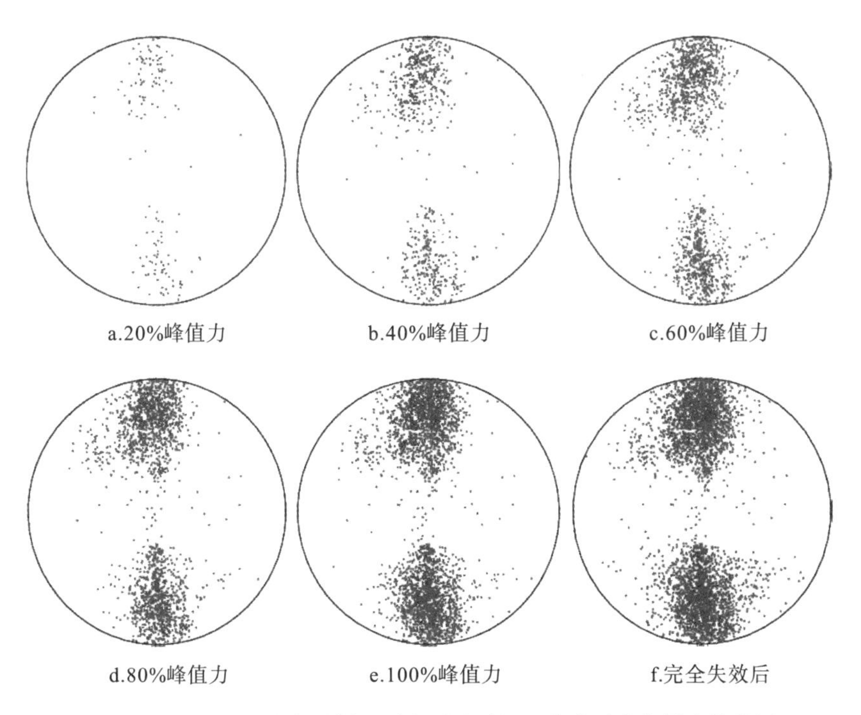

图 5.12　CCNBD 砂岩试样Ⅰ型断裂试验记录的典型声发射演化结果

根据 CCNBD 试验原理，当荷载达到某一水平时，由于人字形韧带尖端的应力集中，宏观裂纹必定会从韧带尖端产生并沿着韧带向加载端扩展，直至到某一位置时荷载达到峰值。然而，根据声发射试验结果，在宏观裂纹的传播中，总是有大量微破裂持续在残余韧带上产生。而且，CCNBD 试样中的失效荷载较高(根据 LEFM 理论，分别约为相同直径 CB 和 SR 试样的 3.9 倍和 9.8 倍)，两加载端的应力集中程度严重，导致许多声发射事件也在加载端部聚集。结果导致从声发射分布角度难以直观确定 CCNBD 试样断裂过程中的裂纹扩展长度。定性地来看，在加载过程中，几乎整个韧带上都出现了大量微破裂，这表明 CCNBD 试样可能具有严重的断裂过程区。

图 5.13 给出了“Ⅱ型”试验典型的累计声发射演化结果。当加载力为峰值的 20%时，有少量声发射散乱分布在试样中，这些声发射事件可能由岩石非均质性导致的局部微破裂引起。随着荷载增加(例如 40%峰值力阶段)，声发射事件逐渐在人字形韧带尖端附近聚集。从 40%到 60%峰值力，可以看到声发射事件的密集区域在沿着人字形韧带蔓延的同时，似乎也在朝加载端蔓延。对比图 5.13 和图 2.26 可以发现，室内试验记录的声发射蔓延趋势与数值试验模拟得到的结果较为相似，均表明整个声发射密集区域呈现上下两个较宽的带状。室内试验中声发射分布比数值模拟结果更为离散，这可能是由于数值试验中单元细观力学参数设置得较为均匀导致的。

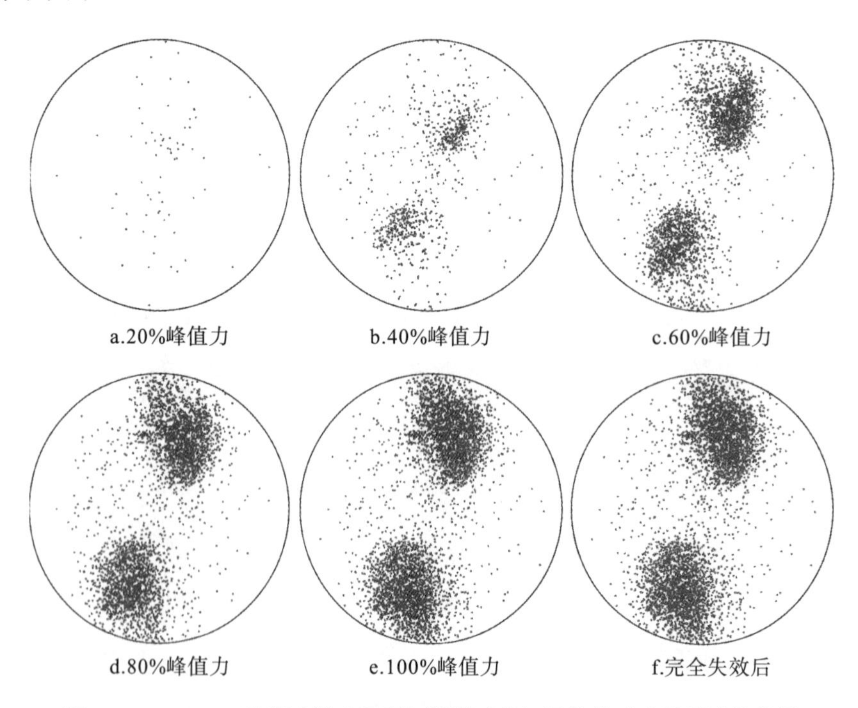

图 5.13　CCNBD 砂岩试样“Ⅱ型”断裂试验记录的典型声发射演化结果

图 5.14 显示了一个典型的失效后的 CCNBD 试样。从试样表面来看，裂纹几乎起始于切槽端部，这与图 2.28 中切片 6 显示的裂纹扩展较为相似，这可能是由于人字形韧带平面内存在一段直的裂纹扩展，正如 Chang 等假设的那样[153]。然而，当试样内部的断裂面被呈现出来时，可以看出断裂面为外凸形或内凹形，且沿着人字形韧带方向并没有平直的部分。这表明裂纹从人字形韧带尖端产生后几乎不沿着人字形韧带扩展，更不会沿着人字形韧带扩展到其根部，试样实际上发生的是典型的三维翼形断裂。由此可见，真实试样的断裂模式与数值试验观察到的断裂模式非常吻合，验证了第 2 章数值试验结果的可靠性。

图 5.14　CCNBD 砂岩试样“Ⅱ型”断裂试验后典型的断裂模式

5.4　本 章 讨 论

5.4.1　CCNBD 与 SCB 是否偏保守的问题

自 ISRM 建议的岩石拉伸断裂试验方法颁布以来，已经有大量文献应用这些方法开展了许多岩石断裂韧度试验研究。整体上看，许多研究均利用其中某一种方法研究某一因素(如温度、含水率、裂纹与层理的夹角、加载率等)对断裂韧度结果的影响，系统地比较这些 ISRM 建议方法的研究仍不够丰富。一些试验结果表明，CCNBD 和 SCB 试验测得的断裂韧度有时会比 CB 和 SR 显著偏低。个别文献中 CCNBD 试验测得的断裂韧度略高于 CB 试验，或者 SCB 试验测得的断裂韧度值与 CB 试验几乎一致。多种多样的原因被提出用于解释这些建议方法测试结果的差异，可能的原因包括试样尺寸差异、岩石非均质性、各向异性和临界无量纲应力强度因子的准确性等[99]。为了进一步检验 ISRM 建议方法测试结果的差异是否与试验方法本身有关，并检查前面章节数值试验与理论研究的一些结论，本章采用 CB、CCNBD 和 SCB 试样开展了试验研究。

本章的断裂韧度计算均采用本书验证后的无量纲应力强度因子，因此断裂韧度结果不会因为 Y_c 的准确性问题而造成误差。在此前提下，花岗岩试验结果显示：①当 D=50mm 时，CB 比 CCNBD 和 SCB（S/D=0.8，α=0.5）测得的平均断裂韧度更高；②即便是 D=50mm 的 CB 试样，其平均断裂韧度仍要高于 D=150mm 的 SCB 和 CCNBD 试样；③即便是 D=50mm 的 CB 试样的最小断裂韧度数据也要高于 D=50mm 的 SCB 试样以及 D=150mm 的 CCNBD 试样的最大断裂韧度值。这说明 CB 试验同 CCNBD、SCB 试验在断裂韧度结果上存在显著差异，而且这些差异显然并非由岩石非均质性引起。本书采用花岗岩的室内试验有力地表明，与 CB 试验相比，SCB 和 CCNBD 试验测得的断裂韧度显著偏低，并且直径 50mm 的 CCNBD 试样的平均断裂韧度比同直径 CB 试样偏低 30.2%，这符合文献[99]中“CCNBD 试样断裂韧度经常比 CB 和 SR 偏低 30%～50%”的规律。

5.4.2 理论评估与试验结果的异同

本书前面从过程区长度及其对韧度测试影响的角度对标准 CCNBD、CB 和 SCB（S/D=0.8，α=0.5）试样进行了评估。然而，本节花岗岩试验中的 CCNBD 试样并非标准试样。按照第 3 章的方法，从过程区的角度对花岗岩 CB、CCNBD 和 SCB 试验进行理论比较的结果如图 5.15 所示。比较图 5.15 与图 4.14 可知，尽管试验采用的 CCNBD 试样与标准试样有一定差异，但两者的理论评估结果却非常接近。图 5.15 仍表明，断裂过程区对 CB 试验测试结果影响最小，对 CCNBD 测试结果的影响次之，对 SCB 测试结果的影响可能最大。

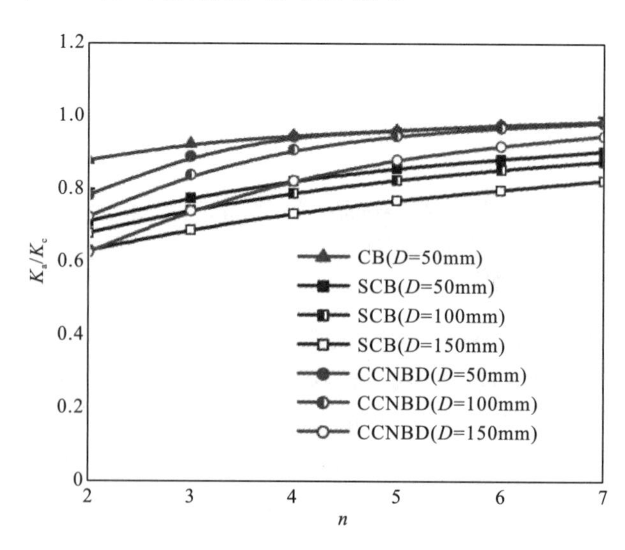

图 5.15 CB、CCNBD 和 SCB 花岗岩试样测试结果受过程区影响的理论比较

由于目前测得花岗岩的表观断裂韧度最大值为 2.228MPa·m$^{0.5}$，抗拉强度为 13.2MPa，则初步估计花岗岩的 n 值小于或等于 5.92。对比图 5.8 和图 5.15 可以发现，从过程区影响的角度所做的理论评估与试验结果具有如下一致性：①D=50mm 的 CB 试样的断裂韧度大于相同直径的 SCB 和 CCNBD 试样；②SCB 和 CCNBD 的断裂韧度随着试样尺寸增大而增大；③即便是 D=50mm 的 CB 试样，其断裂韧度结果也大于或等于 D=150mm 的 SCB 和 CCNBD 试样。

然而，基于过程区影响的理论预测与试验结果仍有一定差异，即理论结果显示 CCNBD 试样可能比同直径 SCB 试样的表观断裂韧度更高，但是试验结果却并非如此。这是由于从过程区角度开展的理论评估并未考虑 T 应力的影响，下面进行详细阐释。

Aliha 等采用基于非局部理论的最大周向应变准则研究了 T 应力对岩石 I 型断裂的影响[163]。对于纯 I 型断裂的二维问题，根据 Williams 展开式，裂纹尖端延长线上的应力可以表示为(参见图 2.36 所示的极坐标系)

$$\sigma_{rr} = \frac{1}{\sqrt{2\pi r}} K_{\mathrm{I}} + T + O\left(r^{1/2}\right) \tag{5.1}$$

$$\sigma_{\theta\theta} = \frac{1}{\sqrt{2\pi r}} K_{\mathrm{I}} + O\left(r^{1/2}\right) \tag{5.2}$$

式中，T 通常称为 T 应力，它是一个与到裂尖距离无关且平行于裂纹走向的应力项；$O(r^{1/2})$ 为高次项，随着 r 的增大，$O(r^{1/2})$ 迅速减小，它对裂尖应力、应变和能量场的贡献通常较小，在断裂力学研究中，$O(r^{1/2})$ 通常被忽略。

值得注意的是，本书理论研究中的过程区长度实际是基于裂纹延长线上的周向拉应力 $\sigma_{\theta\theta}$ 估计得到的(与经典的脆性断裂准则——最大周向应力准则类似，只考虑了周向应力)，并未考虑裂纹尖端径向应力 σ_{rr} 的影响。实际上，从应变的角度来看，径向应力对周向应变有一定的贡献，进而径向应力(尤其是其中的 T 应力)可能会影响材料的断裂。下面以最大周向应变准则为例，说明 T 应力对 I 型断裂可能造成的影响。

根据胡克定律，I 型裂纹延长线上的周向应变可以写为

$$\varepsilon_{\theta\theta} = p\sigma_{\theta\theta} + q\sigma_{rr} \tag{5.3}$$

其中，

对于平面应力：$$p = \frac{1}{E}, \quad q = -\frac{v_0}{E}$$

对于平面应变：$$p = \frac{1 - v_0^2}{E}, \quad q = -\frac{v_0 + v_0^2}{E}$$

式中，v_0 为岩石的泊松比；E 为岩石的杨氏模量。

将式(5.1)和式(5.2)代入式(5.3)，可以将 I 型裂纹延长线上的周向应变进一步写为

$$\varepsilon_{\theta\theta} = (p+q)\frac{1}{\sqrt{2\pi r}}K_{\mathrm{I}} + qT \tag{5.4}$$

最大周向应变准则认为，当裂尖某一特征距离 r_c 处的周向应变达到某一临界值 $\varepsilon_{\theta\theta c}$ 时，宏观裂纹开始扩展。因此，对于断裂发生时刻，下列等式成立：

$$\begin{aligned}\varepsilon_{\theta\theta c} &= (p+q)\frac{1}{\sqrt{2\pi r_c}}K_{\mathrm{Ic}} + qT_c \\ &= \left[p + q\left(1 + \frac{T_c\sqrt{2\pi r_c}}{K_{\mathrm{Ic}}}\right)\right]\frac{1}{\sqrt{2\pi r_c}}K_{\mathrm{Ic}}\end{aligned} \tag{5.5}$$

定义下列参数做进一步分析：

$$C = \frac{T_c}{K_{\mathrm{Ic}}} = \frac{T}{K_{\mathrm{I}}} \tag{5.6}$$

式中，C 值越大，代表 T 应力相对于 K_{I} 越不容忽视。

最大周向应变准则认为，对于给定的岩石材料，$\varepsilon_{\theta\theta c}$、$r_c$、$p$ 和 q 的值恒定。根据式(5.5)，试样 A 和 B 的断裂韧度结果比值为

$$\frac{(K_{\mathrm{Ic}})_{\mathrm{A}}}{(K_{\mathrm{Ic}})_{\mathrm{B}}} = \frac{p + q\left(1 + C_{\mathrm{B}}\sqrt{2\pi r_c}\right)}{p + q\left(1 + C_{\mathrm{A}}\sqrt{2\pi r_c}\right)} \tag{5.7}$$

基于最大周向应变准则的式(5.7)表明，两个试样的断裂韧度之比与材料性质有关(即 r_c、p 和 q)，也与试样构形的 C 值(即 T 与 K_{I} 之比)有关。假设试样 B 中的 T 应力为 0，其测得的断裂韧度 K_{Ic}^* (即 T=0 时)则不受 T 应力影响，符合经典断裂力学中的断裂韧度定义。那么任一试样 A 的断裂韧度与 K_{Ic}^* 的关系可以表示为

$$\frac{(K_{\mathrm{Ic}})_{\mathrm{A}}}{K_{\mathrm{Ic}}^*} = \frac{p+q}{p + q\left[1 + C_{\mathrm{A}}\sqrt{2\pi r_c}\right]} \tag{5.8}$$

在等式右边，$p+q$ 恒为正值，q 为负值。显然，若试样 A 的 C 值为正，则试样 A 的断裂韧度大于 K_{Ic}^*；若 C 值为负，则结果相反。从最大周向应变准则的角度来看，T 应力的正负、T 应力与 K_{I} 的比值大小均会影响试样的断裂韧度结果。

对于 4 种 ISRM 建议方法，在本书前面对应力强度因子进行数值标定的过程中，在输出 K_{I} 的同时，也可以直接输出得到 T 应力。值得注意的是，T/K_{I} 的单位为 $\mathrm{m}^{-0.5}$，它并非是只与试样几何形状相关的常数。下面以处于临界裂纹长度的标准 CB 试样为例进行详细阐释。CB 试样的 T 应力与 K_{I} 可以分别表示为

$$T = \frac{P}{D^2}T^* \tag{5.9}$$

$$K_{\mathrm{I}} = \frac{P}{D^{1.5}} Y_{\min} \tag{5.10}$$

式中，T^*与 $Y_{\min}$ 均为由试样几何形状决定的常数。

T/K_{I} 实际上与 $D^{-0.5}$ 成正比，这表明随着试样直径的增大，T/K_{I} 的数值减小，T 应力相对于 K_{I} 变得越来越可以忽略不计。在试样足够大时，根据最大周向应变准则，测得的 K_{Ic} 几乎不受 T 应力影响，符合经典断裂力学中断裂韧度的定义。

对于处在临界裂纹长度的标准 CB、SR、CCNBD 以及 SCB 试样（S/D=0.8，α=0.5），当 D=50mm 时，通过有限元分析确定的 T/K_{I} 约为$-1.097\mathrm{m}^{-0.5}$、$3.280\mathrm{m}^{-0.5}$、$-17.845\mathrm{m}^{-0.5}$ 和 $0.507\mathrm{m}^{-0.5}$。为了用式(5.7)或式(5.8)预测不同试样的断裂韧度比值，需要知道岩石的 p、q 和 r_{c}。在最大周向应变准则等岩石脆性断裂准则的实际应用中，岩石材料的临界距离 r_{c} 通常由 Schmidt 公式进行计算[267-270]：

$$r_{\mathrm{c}} = \frac{1}{2\pi}\left(\frac{K_{\mathrm{Ic}}}{\sigma_{\mathrm{t}}}\right)^2 \tag{5.11}$$

采用前面测得的抗拉强度和 CB 试验的断裂韧度结果，可以估计长泰县花岗岩的特征距离约为 4.5mm。然后，通过式(5.8)可以预测 4 种 ISRM 建议试样（D=50mm）的表观断裂韧度 K_{a} 与 K_{Ic}^* 的比值，结果列于表 5.5。

表 5.5　基于式(5.8)预测的 CB、SR、CCNBD 和 SCB 长泰花岗岩试样的 K_{a} 结果与 K_{Ic}^* 之比

测试试样	D/mm	T/K_{I}/$\mathrm{m}^{-0.5}$	$K_{\mathrm{a}}/K_{\mathrm{Ic}}^*$
CB	50	−1.097	93.7%
SR	50	3.280	125.0%
CCNBD	50	−17.845	47.9%
	100	−12.618	56.6%
	150	−10.303	61.5%
SCB（S/D=0.8，α=0.5）	50	0.507	103.2%
	100	0.359	102.2%
	150	0.293	101.8%

表 5.5 显示，CCNBD 试样较大的负 T 应力会使其韧度结果严重低于 K_{Ic}^*；SR 试样中较大的正 T 应力会使韧度测试值显著高于 K_{Ic}^*；CB 和 SCB 试样中的 T 应力相对较小，所以韧度较为接近 K_{Ic}^*，并且 SCB 试样的韧度会轻微大于 CB 试样。基于最大周向应变准则的理论预测与实际的试验结果存在如下异同：①预测表明，CCNBD 试样的断裂韧度会显著低于 CB 和 SCB 试样，试验结果中正好也是 CCNBD 试样的韧度比 CB 和 SCB 试样低；②预测表明，CB 试样的断裂韧度应轻微低于 SCB 试样，而试验结果却是前者明显高于后者；③根据最大周向应变准则，

随着试样尺寸的增大，T/K_I 的绝对值会变得越来越小，测得的韧度就会越来越接近 K_{Ic}^*，那么对于 SCB 这样拥有正 T 应力的试样，其表观断裂韧度应该随着试样尺寸的增大而减小。然而，试验中 SCB 试样的断裂韧度却是随着试样尺寸增大而增大的。

实际上，最大周向应变准则的推导几乎仍属于 LEFM 范畴，因为临界距离处的应力、应变计算仍采用是基于 LEFM 理论的公式。基于最大周向应变准则的理论预测与试验结果不符的一个重要原因，在于没有充分考虑断裂过程区的影响，因此，未能正确预测室内试验观察到的尺寸效应。与前面从过程区影响的角度进行的理论评估类似，基于考虑了 T 应力的理论预测同试验结果既有匹配之处，又有差异。

若将过程区的影响以及 T 应力的影响进行综合考虑，正好能够互补地对试验结果做出合理解释。如表 5.6 所示，在尺寸效应方面，从断裂过程区角度所做的理论评估总是表明，断裂韧度随试样尺寸增大而增大，这与本书的试验结果以及许多文献中的试验结果一致(例如文献[157]中多种尺寸 SCB 试样的断裂韧度结果)。尽管 T 应力效应导致 SCB 试样的断裂韧度具有随试样尺寸增大而减小的趋势，但由于 SCB 试样中的 T 应力较小、T 应力效应较弱，断裂过程区的影响占主导，导致试验结果中断裂韧度总是随试样尺寸增大而增大。从 CB 与 CCNBD 的断裂韧度结果来看，从断裂过程区角度的理论评估与从 T 应力角度的理论预测都成功地揭示了“CB 总是比 CCNBD 的 K_a 值更大”，因此，该试验现象是过程区与 T 应力共同作用的结果。对于 CB 与 SCB 断裂韧度结果的比较，从过程区角度的理论评估显示“CB 的 K_a 大于 SCB，并且 D=50mm 的 CB 试样的 K_a 仍明显大

表 5.6 基于过程区或 T 应力效应所做的理论预测与试验结果对比

结果来源	尺寸效应	CB 与 CCNBD 的比较	CB 与 SCB 的比较	CCNBD 与 SCB 的比较
基于过程区影响所做的理论评估①	预测随着试样尺寸增大，K_a 增大	CB 的 K_a 大于 CNBD；D=50mm 的 CB 试样的 K_a 轻微大于 D=150mm 的 CCNBD	CB 的 K_a 大于 SCB；D=50mm 的 CB 试样的 K_a 仍明显大于 D=150mm 的 SCB	相同直径条件下，CCNBD 的 K_a 大于 SCB
基于 T 应力影响所做的理论预测②	预测随着试样尺寸的增大，CCNBD 的 K_a 增大，但 SCB 的 K_a 则很小程度地降低	CB 的 K_a 大于 CCNBD	CB 的 K_a 略小于 SCB	相同直径条件下，CCNBD 的 K_a 严重小于 SCB
实际试验结果	随着试样尺寸增大，CCNBD 和 SCB 的 K_a 增大	CB 的 K_a 大于 CCNBD；D=50mm 的 CB 的 K_a 大于 D=150mm 的 CCNBD，程度比理论评估①中严重	CB 的 K_a 大于 SCB，D=50mm 的 CB 的 K_a 大于 D=150mm 的 SCB，程度比理论评估①中轻	相同直径条件下，CCNBD 的 K_a 小于 SCB，但并不如理论预测②中的程度严重

的 SCB 试样”。然而，试验结果中 CB 试样的 K_a 仅轻微大于 D=150mm 的 SCB 于 D=150mm 试样，这是由于 T 应力效应有让 SCB 试样断裂韧度大于 CB 试样的趋势，最终使得 CB 试样（D=50mm）与 SCB 试样（D=150mm）的断裂韧度差距被减小。对于 CCNBD 与 SCB 韧度结果的比较，从断裂过程区角度的理论评估显示“同直径条件下的 CCNBD 试样可能测得更大的断裂韧度值”，然而试验结果并非如此。这是因为 CCNBD 试样存在严重的负 T 应力，使得 T 应力效应非常显著，最终导致 CCNBD 试样的韧度测试值更低。以上结果表明，岩石断裂韧度结果受断裂过程区和 T 应力的综合影响。

5.4.3 CCNBD 计算公式的进一步探讨

一些文献中 CCNBD 测试结果比 CB、SR 偏低 30%～50%甚至更多，许多学者对其原因进行了广泛的探讨。文献[130]指出，CCNBD 试样较差的加工精度可能是造成断裂韧度结果显著偏低的原因。例如，当制作的圆盘试样在厚度方向上存在锥度，在加载平台压缩试样时，锥度会造成圆盘受力不均，使得圆盘较高的一侧加载点处出现局部应力集中，这种情况可能造成失效荷载偏小，低估断裂韧度。文献[130]同时也指出，CCNBD 偏低的原因仍需要深入研究。Wang 等发现，ISRM 建议方法给定的 Y_c 值比真实值偏低（对于标准试样，大约偏低 12%），认为正确的断裂韧度计算方法应采用他们重新标定的 Y_c 值以及 ISRM 建议的 D 版本公式[162]。Iqbal 和 Mohanty 则认为，CCNBD 试验正确的断裂韧度计算方法应采用 R 版本公式以及 ISRM 建议的 Y_c 值[99]。R 版本公式也得到了 1995 年 ISRM 建议方法召集人 Fowell 的支持，而且 Fowell 等既未否定 ISRM 建议方法给出的 Y_c 值，也未否定 Wang 等对 CCNBD 试验的重新标定结果[161]。后来，D 版本公式和 R 版本公式均得到文献的采用。CCNBD 试验的断裂韧度计算公式以及 Y_c 值已经引起了争议和混淆。

从前面对 CCNBD 应力强度因子的标定结果可知，Wang 等坚持的 CCNBD 试样断裂韧度计算策略是符合 LEFM 理论的[162]。然而，存在一个关键问题：ISRM 建议 Y_c 值比真实值偏低约 12%，并不足以解释 CCNBD 测试结果比 CB、SR 偏低 30%～50%甚至更多的现象。Iqbal 和 Mohanty 发现，若将 CCNBD 试样断裂韧度计算公式中的直径 D 更新为半径 R，则可以将计算结果提高 $\sqrt{2}$ 倍，可以大幅弥补 CCNBD 试验与 CB、SR 试验测试结果之间的差异[99]。事实上，R 版本公式缺乏理论支撑。因此，CCNBD 试验结果偏保守的核心原因并未被完全揭示。

从前面基于长泰花岗岩试验结果的讨论来看，严重的断裂过程区和负 T 应力正是导致 CCNBD 试验测试结果显著偏低的重要原因。这可以对许多试验结果进行有力的解释。下面引用 Cui 等的砂岩断裂试验数据（表 5.7）进行讨论[108]。表 5.7 说明，无论是采用符合 LEFM 的计算策略①还是 Iqbal 与 Mohanty 坚持的计算策略②，CCNBD 的断裂韧度结果均比 SR 显著偏低，尤其是当 D=50mm 和 55mm 时。这说明 Wang 等、Iqbal 与 Mohanty 坚持的 CCNBD 断裂韧度计算策略都不足以令 CCNBD 的韧度测试结果与 SR 匹配。而且，即便使用 R 版本公式加上文献[162]重新标定的 Y_c 值，CCNBD 结果仍然偏低。实际上，正是由于过程区和 T 应力的影响，CCNBD 与 SR 的断裂韧度结果差距才会如此显著(尤其是当 CCNBD 试样尺寸较小时)。SR 试样的断裂韧度结果有随着试样尺寸增加而增大的趋势，这正是由于过程区导致的尺寸效应；否则，仅仅从考虑了 T 应力的最大周向应变准则来看，SR 试样的断裂韧度在理论上应该随着尺寸增大而减小。

表 5.7 Cui 等的 SR 和 CCNBD 砂岩断裂韧度试验结果[108]

试样直径/mm	SR 砂岩断裂韧度/(MPa·m$^{0.5}$)	CCNBD 砂岩断裂韧度/(MPa·m$^{0.5}$)		
		D 版本公式+新标定 Y_c 值(计算策略①)	R 版本公式+ISRM 建议 Y_c 值(计算策略②)	R 版本公式+新标定 Y_c 值
50	2.59	0.39(−84.9%)	0.48(−81.5%)	0.55(−78.8%)
55	2.41	0.63(−73.9%)	0.78(−67.6%)	0.89(−63.1%)
68	2.57	1.66(−35.4%)	2.07(−19.5%)	2.35(−8.6%)
74	3.07	2.01(−34.5%)	2.50(−18.6%)	2.84(−7.5%)

注：表中圆括号的数字代表 CCNBD 砂岩断裂韧度结果与 SR 砂岩断裂韧度结果相比的百分比差异

是什么原因导致 CCNBD 试验具有较大的断裂过程区和显著的负 T 应力？事实上，对于实验室尺度的 I 型断裂试验，Bazant 和 Kazemi 曾指出，纯拉伸加载会使得脆性材料的断裂行为严重偏离 LEFM，这是纯拉伸加载会导致断裂过程区与韧带尺寸较为接近，而弯曲加载则要优于纯拉伸加载[229]。对于 CCNBD 试验，虽然采用的是间接拉伸荷载，但实际上存在与纯拉伸加载相似的问题。如图 5.16 所示，当无裂纹的巴西圆盘试样遭受巴西类型的拉伸荷载时，加载直径上很长范围以内的法向应力均为拉应力，只在加载端出现压应力；且加载直径中间的拉应力梯度较小，即在加载直径很长范围以内，拉应力水平均较高。因此，巴西圆盘试样失效是典型的由强度理论控制的实例，这也是为何巴西圆盘试样适合用于测试岩石拉伸强度的原因之一。即便在巴西圆盘上引入中心裂纹(例如，CCNBD 和 CSTBD 试样)，试样的破坏难以直接从典型的、强度控制的失效转变为完全由韧度控制的断裂。正如 Bazant 和 Kazemi 指出的“直接拉伸试样在引入裂纹后断裂行为仍严重偏离线弹性断裂力学”[229]。这也是为何在 CCNBD 试样的临界残余韧带上，一个大范围内的法向应力为拉应力，并且应力强度还不低(图 4.5)。这可以解释为何 CCNBD 断裂试验的声发射演化特点(图 5.12)与文献[271]中 BD 试验的声发射演化特点较为相似；两者在整个加载过程总是有大量微破裂持续在残余韧带上产生，难以通过声发射事件直观呈现主裂纹的渐进扩展过程；而弯曲类的断裂试验则并非如此。

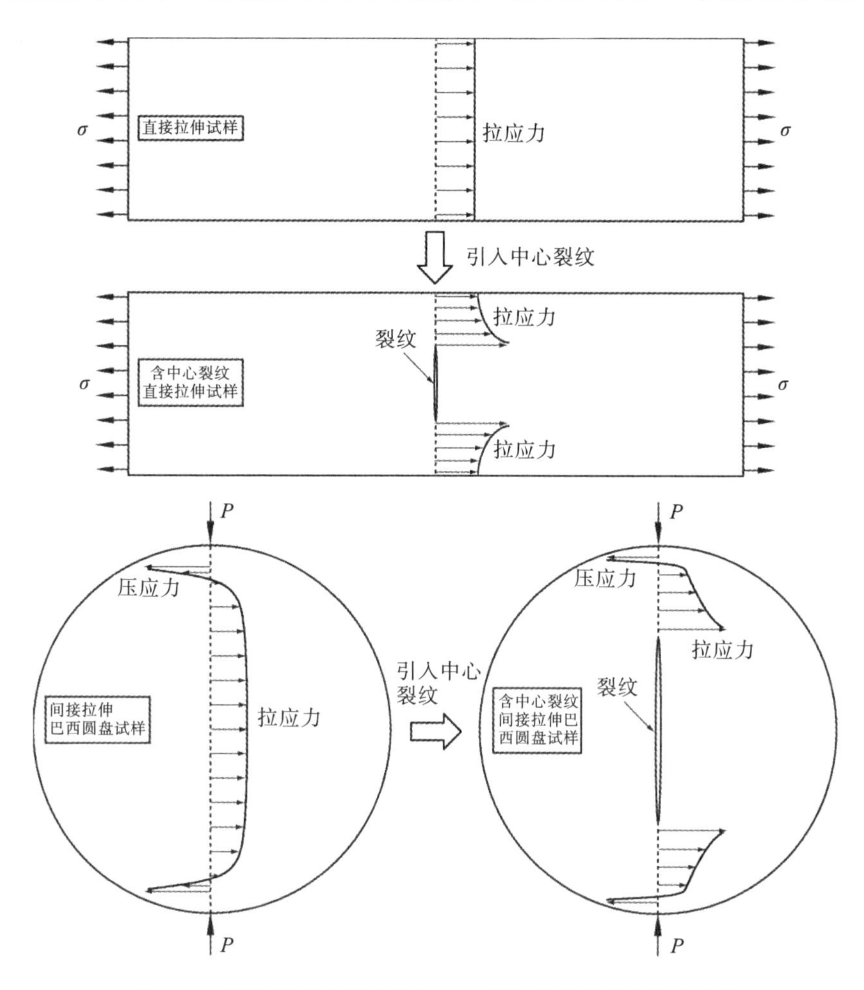

图 5.16　拉伸试验试样在引入中心裂纹前后的应力分布对比

图 5.17 展示了文献[101]中记录的花岗岩 CB 试样在峰值荷载时的累计声发射分布。可以看出，由于裂纹端部的拉应力集中，声发射事件主要集中在裂纹尖端，而对于韧带受压的部分，声发射事件很少(除了加载端由应力集中导致的声发射聚集外)。这与本书 I 型加载下 CCNBD 室内试验中观察到的“声发射事件在整个剩余韧带上都很密集”的现象不同。说明三点弯曲加载的确比巴西类型的拉伸加载有助于减小断裂过程区，采用前者的断裂试验比采用后者的断裂试验更加适合用 LEFM 理论进行分析。

Ayatollahi 和 Aliha 计算了 SCB 与 CSTBD 试样在 I-II 复合型加载条件下的裂纹尖端参数，发现 I-II 复合型 CSTBD 试验(含纯 I 型与纯 II 型)中存在较大的负 T 应力，而含倾斜裂纹的 SCB 试验在纯 II 型加载时具有正的 T 应力[222]。根据最大周向应力准则，负的 T 应力对 II 型加载下的裂纹扩展具有抑制作用，而正的 T 应

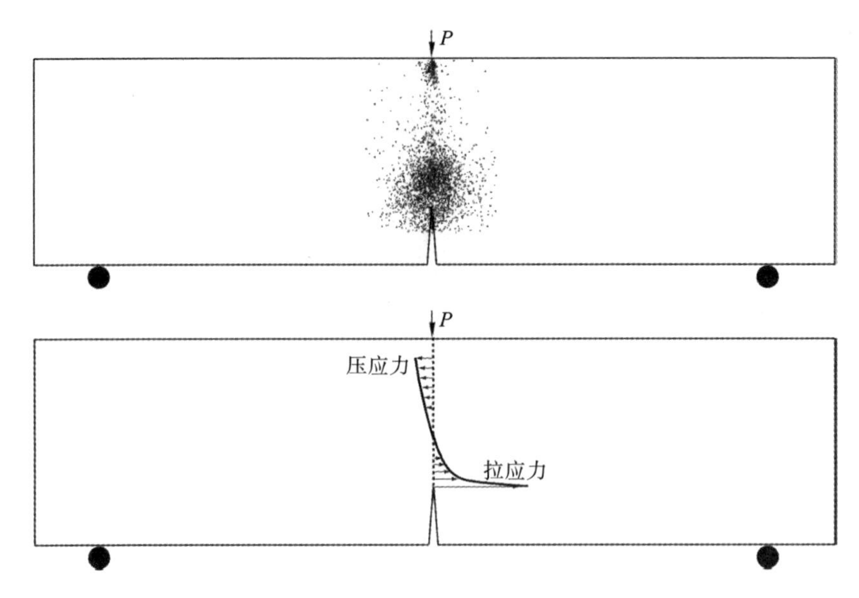

图 5.17 文献[101]中记录的 CB 试样在峰值荷载时的累计声发射分布

力则具有促进作用。Aliha 等由此从 T 应力的角度解释了Ⅱ型 CSTBD 试验的 K_{IIc} 显著大于Ⅱ型 SCB 试验结果的原因[67]。对于Ⅰ型断裂问题(断裂初始角 θ=0)，最大周向应力准则并不能考虑 T 应力的影响(因为Ⅰ-Ⅱ复合型裂纹的周向应力表达式中 $T\sin\theta=0$[67])。但从周向应变来看，CSTBD 试样中较大的负 T 应力对裂纹延长线上的周向拉应变具有增大作用，有助于裂纹的扩展，会造成 CSTBD 测得的断裂韧度偏低。这可以一定程度地解释为何 CSTBD 试样的Ⅰ型断裂韧度一般显著小于 SCB 试样(表 5.8)。同样，前面也表明 CCNBD 试样具有显著的负 T 应力。因此，可以推断巴西类型加载方式会使裂隙圆盘试样中出现显著的 T 应力。

表 5.8 文献中 SCB 试样与 CSTBD 试样的断裂韧度结果比较

岩石类型	$(K_{Ic})_{SCB}$/(MPa·m$^{0.5}$)	$(K_{Ic})_{CSTBD}$/(MPa·m$^{0.5}$)
Guiting 石灰岩 (R=25mm)[157]	0.298	0.179
Guiting 石灰岩 (R=50mm)[157]	0.346	0.207
Guiting 石灰岩 (R=75mm)[157]	0.443	0.311
Guiting 石灰岩 (R=150mm)[157]	0.534	0.429
Saudi Arabia 石灰岩 (D=98mm)[157]	0.68	0.42

从以上讨论可知，CCNBD 出现显著的断裂过程区和负 T 应力正是由于巴西类型加载方式所导致，这正是 CCNBD 测试结果显著偏保守的重要原因，CSTBD 也存在同样的问题。CCNBD 采用 R 版本公式之所以经常能够得到与 CB、SR 更为接近的断裂韧度结果，是由于该公式①能够弥补由于 ISRM 建议方法中 Y_c 的准确性不足而造成的测试结果误差；②能够弥补断裂过程区和 T 应力对韧度测试造成的影响。那么基于 R 版本公式得到的 CCNBD 试样断裂韧度结果的准确性如何？表 5.9 总结了 CCNBD 与 CB、SR 试验的断裂韧度结果对比。对于本书 D=50mm 的 CCNBD 长泰花岗岩试样，若采用 R 版本公式将得到断裂韧度结果为 2.201MPa·m$^{0.5}$，这与 D=50mm 的 CB 试样测得的断裂韧度 2.228MPa·m$^{0.5}$ 非常接近。值得注意的是，表 5.9 说明当 CCNBD 试验采用 R 版本公式时，得到的断裂韧度通常小于或等于 SR 试验的结果。但是，当 CCNBD 试验中采用 R 版本公式时，断裂韧度计算值却通常大于或等于 CB 试验的结果，尤其是当 CCNBD 试样的尺寸大于 CB 试样时。这也说明 SR 试验的表观断裂韧度一般要高于 CB 试验。此外，表 5.9 也说明 CCNBD 试样采用基于 LEFM 理论的 D 版本公式会显著低估岩石的断裂韧度。这些结果均与过程区和 T 应力对韧度结果的影响一致。

表 5.9 CCNBD 与 CB、SR 试验的断裂韧度结果对比

岩石类型	D/mm			K_{Ic}/(MPa·m$^{0.5}$)			
	SR	CB	CCNBD	SR	CB	CCNBD（D 版本公式）	CCNBD（R 版本公式）
Brisbane 凝灰岩-1[117]	52	—	52	2.13	—	1.12	1.58
Brisbane 凝灰岩-2[117]	52	—	52	2.19	—	1.59	2.25
Longtan 砂岩[108]	74	—	74	3.07	—	1.68	2.38
Longtan 砂岩[108]	68	—	68	2.57	—	1.66	2.07
Barre 花岗岩[99]	—	76	76	—	1.66	1.33	1.88
Laurentian 花岗岩[99]	—	76	76	—	1.58	1.32	1.86
Stanstead 花岗岩[99]	—	76	76	—	1.27	0.95	1.35
Harsin 大理岩[163]	55	55	76	1.89	1.39	0.95	1.34
长泰花岗岩-1	—	50	50	—	2.23	1.56	2.20
长泰花岗岩-2	—	50	100	—	2.23	1.70	2.40
长泰花岗岩-3	—	50	150	—	2.23	1.93	2.73

注：此处 CB 试验结果是基于本书重新标定的 Y_c 值计算的

5.4.4 “Ⅱ型”CCNBD 断裂试验

本章对采用 CCNBD 试样进行Ⅱ型断裂韧度测试的试验方法开展室内试验评估，并采用声发射技术记录 CCNBD 试样的断裂过程。试验结果显示，试样失效后的整个累计声发射密集区域呈现上下两个较宽的带状。并且，在试样断裂过程中，声发射聚集区在沿着人字形韧带蔓延的同时，似乎也在朝加载端蔓延，而并未表明“断裂是沿着人字形韧带平面扩展到达人字形韧带根部后，再以直穿透的方式转而朝向加载端扩展”。从失效后的试样来看，断裂面为外凸形或内凹形，根本没有沿着人字形韧带的平直部分。这证明裂纹从人字形韧带尖端产生后根本不沿人字形韧带扩展，试样发生的是典型的三维翼形断裂。显然，物理试验与数值试验的结果较为一致，因此，本书的数值模拟和室内试验均证明国际上采用CCNBD试样进行Ⅰ-Ⅱ复合型(含纯Ⅱ型)断裂韧度测试的试验方法是不合理的。该试验所基于的理想假设和测试原理与CCNBD试样真实的三维翼形断裂模式不符。

5.4.5 SCB测试结果偏保守的原因

前面的讨论表明，大的断裂过程区以及显著的负T应力是CCNBD花岗岩试样断裂韧度显著偏低的重要原因。而对于SCB试样(S/D=0.8，α=0.5)，其T应力为正，并不会导致断裂韧度结果低于CB试样。因此，导致SCB试样断裂韧度结果偏低的主要原因正是断裂过程区的影响。值得注意的是，图4.10和图4.11说明，当试样直径相同时，无论是从断裂过程区长度l_{FPZ}还是其相对于临界残余韧带的比例l_{FPZ}/l_{rc}来看，SCB试样的断裂过程区均小于CCNBD试样。但在理论评估中，当岩石的n值较大时(比如，$n>4$)，为何SCB试样受到过程区的影响要比CCNBD试样更严重？下面对此问题进行详细解释。图5.18比较了CB、SR、CCNBD标准试样和SCB试样(α=0.5，S/D=0.8)的K_a/K_c值随l_{FPZ}/l_{rc}的变化规律。图5.18表明，随着l_{FPZ}/l_{rc}的增大，4种ISRM建议试样按K_a/K_c值降低的速率从低到高排列依次是SR＜CCNBD＜CB＜SCB。也就是说，当过程区长度占临界残余韧带长度的比例相同时，SR、CCNBD和CB测试结果受过程区的影响小于SCB试样，即此三种人字形切槽试样对过程区长度的容忍性更好，而SCB试样对过程区长度的容忍性较差。这还可以通过比较过程区长度对CCNBD和SCB试样(S/D=0.8，α=0.5)的影响进行进一步说明。当试样处于临界时刻时，由前面的标定工作可知，CCNBD标准试样和SCB试样的裂纹长度a均为0.5R，两者的残余韧带长度也是相等的(也均为0.5R)。由图5.18可知，相同过程区长度下，SCB试样的K_a/K_c值要小于CCNBD试样，这也说明SCB试样的测试结果对过程区长度更为敏感。图5.18也显示CCNBD的K_a/K_c值对l_{FPZ}/l_{rc}值的敏感程度要低于CB试样。那既然如此，为何CCNBD的韧度结果还要低于CB和SCB？正如前面的讨论，CCNBD测试结果显著偏低的原因是CCNBD还受显著的负T应力影响，以及CCNBD试样中的断裂过程区太长。如图4.11所示，对同一岩石，CCNBD试样的l_{FPZ}/l_{rc}显著大于CB试样和SCB试样。因此，虽然CCNBD和SCB断裂韧度测试结果显著偏低的原因都有受过程区的影响，但二者却有差异。CCNBD 是因为其过程区较长，而 SCB 是因为其测试结果对过程区长度更为敏感，即较短的过程区也可能给测试结果带来较显著的影响。

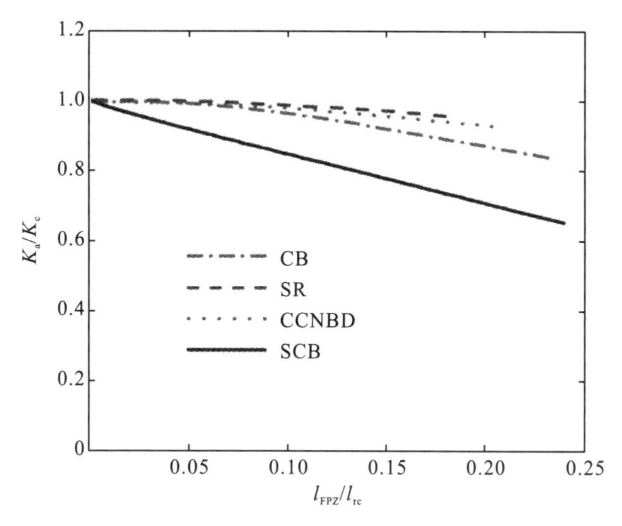

图 5.18　4 种 ISRM 建议试样的 K_a/K_c 随 l_{FPZ}/l_{rc} 的变化

5.5　本 章 小 结

为了深入检验数值试验与理论评估结果的有效性，本章开展了 CB、CCNBD 和 SCB 试验研究；并采用声发射技术对 CCNBD 试样的 I 型与“II 型”断裂试验进行监测，旨在通过试验手段进一步揭示 CCNBD 试样的一些断裂特征。

花岗岩试验结果显示，CB 试样的韧度结果显著高于相同直径的 CCNBD 和 SCB 试样，这与前面的数值和理论评估结果一致。即使是直径 50mm CB 试样的韧度结果仍要高于直径 150mm 的 CCNBD 和 SCB 试样。因此，CCNBD 和 SCB 试验的确容易显著低估岩石断裂韧度，这与理论评估结果吻合。综合考虑过程区和 T 应力的效应可以对本书 CB、SCB 和 CCNBD 断裂试验结果做出合理解释。因此，对于 T 应力可以忽略不计的试验方法，从过程区对韧度结果影响的角度进行评估与比较是合理的。但当试样中的 T 应力较大时，应考虑 T 应力的影响。

基于以上结果，ISRM 建议 CCNBD 试验的断裂韧度计算公式的国际争议问题得到了彻底澄清，即 CCNBD 试验测试结果显著偏低的现象是由 Y_c 值误差、较大的断裂过程区以及显著的负 T 应力导致。CCNBD 试样较大的过程区和负 T 应力与其巴西类型加载方式有关，而 SCB 试验(S/D=0.8，α=0.5)测试结果偏低的主要原因是由于过程区的影响。SCB 试验对过程区的容忍性较差，较小的过程区也可能给 SCB 测试结果带来较显著的影响。

与三点弯曲试验不同，CCNBD 拉伸型断裂试验中始终有许多声发射事件在整个残余韧带上聚集，难以通过声发射直观呈现裂纹的渐进扩展，这也表明 CCNBD 试样存在严重的断裂过程区。“Ⅱ型”CCNBD 试验中观察到的声发射演化以及试样断裂模式与前面的数值试验结果非常相似，均表明 CCNBD 试样呈现三维翼形裂纹扩展模式，进一步说明国际上采用 CCNBD 试样进行复合型断裂韧度测试所基于的裂纹扩展假设与试样的真实断裂模式不符。

第6章 人字形切槽半圆盘弯曲（CCNSCB）试验

6.1 引 言

岩石拉伸断裂韧度室内测试是应用岩石断裂力学解决岩石力学和岩石工程问题的基础，开展岩石拉伸断裂试验方法研究是获取岩石断裂韧度的重要前提。自岩石断裂力学形成以来，发展简便可靠的岩石断裂试验方法的研究工作从未停止，多种多样的试样构形被提出。由于工程中的岩石一般通过取芯获得，为了便于加工，断裂韧度试样通常是以岩芯为基础发展而来的。根据外形，断裂韧度试样一般可以分为三大类：圆柱形、圆盘形和半圆盘形。

圆柱形试样主要包括CB、SR和直切槽圆梁三点弯曲试样等。这些圆柱形试样通常具有较大的长径比，以致需要相对较长的岩芯。另外，SR试样需要在试样开口端施加垂直于切槽平面的直接拉伸荷载来实现纯Ⅰ型加载，此加载方式施加直接拉伸荷载不仅导致试样安装和测试步骤复杂，还可能遇到其他许多困难。比如，需要用特殊的夹具来消除对试样可能造成的弯矩和扭矩，而且对于一些硬岩，加载时可能出现夹具与岩石试样之间的粘接失效，导致试验失败[88]。加之，这一类试样难以用于动态断裂测试，因此未见采用这些试样的动力学试验研究。

圆盘形试样则多种多样，包括CCNBD、CSTBD、直切槽平台巴西圆盘和含中心孔直切槽巴西圆盘试样等。其中，被ISRM建议的CCNBD试样得到的应用最多。相比于CSTBD试样中的中心穿透直切槽，CCNBD的人字形切槽更易制作，而且人字形韧带在加载过程中可以诱发用于断裂韧度测试所需的关键裂纹，实现“自预裂”，可以有效地避免制备尖锐裂纹造成的困难。此外，CCNBD试验还具有测试步骤简单、对制样误差容忍性较好、需要的岩芯较少等优点[161]。然而，正如前面的研究表明，CCNBD试样具有较大的断裂过程区并受到显著的负T应力影响，CCNBD试样的断裂与传统LEFM理论差异相对较大，造成测试结果容易存在较大误差。为了满足LEFM的适用条件，CCNBD试样应该具有相对较大的试样尺寸要求。

半圆盘形试样主要包含直切槽半圆盘三点弯曲（SCB）试样和人字形切槽半圆盘三点弯曲（CCNSCB）试样。半圆盘试样具有耗材少、体积小的优点。而且，与圆盘类试样相比，半圆盘试样更短，在动态断裂韧度测试中得到更多应用。这是因为，在霍普金森压杆动力学试验中，较短的试样有助于试样两端的动态力达到平衡，进而可以采用经典的准静态数据处理方法来确定动力学性质。SCB 和 CCNSCB 试样在动力学测试中的优势已经被 Dai 等的研究[147,272]证实。因此，SCB 试样不仅被 ISRM 推荐用于岩石静态断裂韧度测试，而且建议用于岩石动态断裂韧度测试。本书研究表明，SCB 试验结果对过程区长度比较敏感，容易因为过程区的存在显著低估岩石的固有断裂韧度。为了达到 LEFM 的适用条件，需要 SCB 试样满足一个较大的试样尺寸要求。另一方面，SCB 试验中常将初始切槽直接视作确定断裂韧度的关键裂纹，严格来讲，在实验室尺度的试样上将切槽视为裂纹有可能会引起一定的误差。而且，直切槽在切割的过程中，刀具的切割作用可能会给切槽端部造成一定的损伤，加上 SCB 试验本身对有效裂纹长度比较敏感，这可能会给试验结果带来一定误差。

利用人字形切槽半圆盘试样进行断裂韧度测试的试验方法最初由 Kuruppu[70] 提出。后来，Dai 等将 CCNSCB 试样拓展用于 SHPB 动力学试验[272]。CCNSCB 试样可以视为半个 CCNBD 试样，可以避免 CCNBD 试验中采用的裂纹对称扩展假设(即假设裂纹在两个人字形韧带中对称地朝两个加载端扩展)，而且 CCNSCB 试样更适合用于动态断裂韧度测试；另一方面，CCNSCB 试样可以视为人字形切槽版本的 SCB 试样，可以有效避免直切槽 SCB 试样中制作尖锐裂纹的困难。此外，CCNSCB 试样与 CB 试样也具有一定的相似之处，比如两者皆采用人字形切槽，并且都采用三点弯曲加载方式。因此，CCNSCB 试验不仅拥有 ISRM 建议方法的一些优点，同时避免了一些缺陷，在岩石断裂韧度测试中极具潜力。然而，对于宽范围几何参数和支撑跨距的 CCNSCB 试样，断裂韧度测试所需的关键系数——临界无量纲应力强度因子仍然未知。CCNSCB 试验值得深入评估与完善。

6.2 CCNSCB 试验简介与应力强度因子标定

6.2.1 CCNSCB 试样构形与测试原理

CCNSCB 试验的试样构形和加载方式如图 6.1 所示。可以看出，CCNSCB 试样为 CCNBD 试样的一半，由此可以认为 CCNBD 的有效试样范围[式(1.7)和图 1.5b]也适用于 CCNSCB。基于 LEFM 理论，CCNSCB 试验的断裂韧度计算公式可以写为

$$K_{\mathrm{Ic}}=\frac{P_{\max}}{B\sqrt{R}}Y_{\min} \tag{6.1}$$

式中，$P_{\max}$ 为试验中记录的峰值荷载；$Y_{\min}$ 为 Y 的最小值(即 Y_{c})。

对于具有相似几何尺寸的 CCNSCB 和 CCNBD 试样，$P_{\max}$ 和 $Y_{\min}$ 一般并不相同。

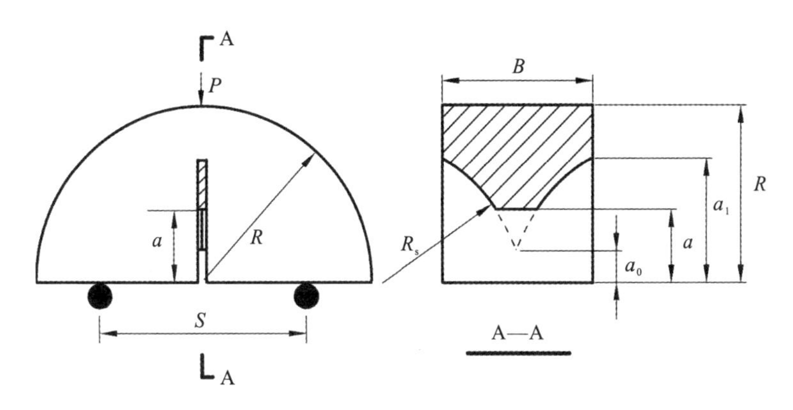

图 6.1　CCNSCB 试验示意图

CCNSCB 断裂韧度试验的原理与图 1.8 所示的人字形切槽试样的测试原理类似。当 CCNSCB 试样受到三点弯曲荷载时，由于拉应力集中，裂纹会从人字形韧带尖端处发展，然后沿着人字形韧带向上部加载端扩展。随着裂纹扩展长度增加，加载力 P 先增大后减小，与裂纹长度对应的无量纲应力强度因子则先减小后增大。根据传统的 LEFM 理论，在裂纹失稳扩展时，荷载达到峰值 P_{max}，裂纹达到临界长度 a_c，无量纲应力强度因子正好为最小值 Y_{min}。由于 a_c 和 Y_{min} 可以在物理试验之前通过数值分析的手段得到，只要在试验中记录峰值力 P_{max}，再通过式(6.1)便可得到断裂韧度值。

6.2.2　应力强度因子宽范围标定

尽管 CCNSCB 试验在岩石断裂韧度测试中具有较多优势，但与 SCB 试验相比，前者受到的研究与应用仍相对较少。其关键原因是，只有极少 CCNSCB 试样的临界无量纲应力强度因子是已知的。比如，文献[272]只计算了一种 CCNSCB 试样的 Y_{min} 值，然而有效试样范围内的 CCNSCB 试样的 Y_{min} 值尚无人报道。因此，本节对宽范围 CCNSCB 试样的 Y_{min} 值进行标定。

CCNSCB 的 Y_{min} 值仍基于有限元子模型法确定。一个典型的有限元模型如图 6.2 所示，该模型模拟的 CCNSCB 试样拥有与标准 CCNBD 试样相似的几何形状(α_0=0.2637，α_1=0.65，α_B=0.8，α_S=0.6933)，并且支撑跨距与试样直径之比为 0.8。利用 CCNSCB 试样的对称性，仅有 1/4 试样被建立为有限元模型，全局模型共包含 34,705 个十节点二次单元以及 51,524 个节点。子模型共包含 5,760 个二十节点的二次单元和 26,177 个节点。为了使全局模型在子模型边界处的位移计算结果足够准确，对全局模型裂纹周围区域的网格进行加密。子模型裂尖附近也采用密集的“同心圆”式的分网，以提高数值结果的精度。为了模拟裂纹尖端的应力奇异性，裂纹尖端处采用 1/4 节点单元(又称为裂尖奇异单元)。数值计算中，假

设弹性模量 E=20GPa，泊松比 ν_0=0.25。约束模型在底部支撑处竖直方向上的位移，并且给试样对称面的非裂纹部分施加对称边界条件，再在上部加载端向下施加 0.25P 的荷载，可以输出裂纹尖端的 I 型应力强度因子 K_I，然后通过式(6.2)对应力强度因子进行无量纲化/标准化。

$$Y = \frac{K_I B\sqrt{R}}{P} \tag{6.2}$$

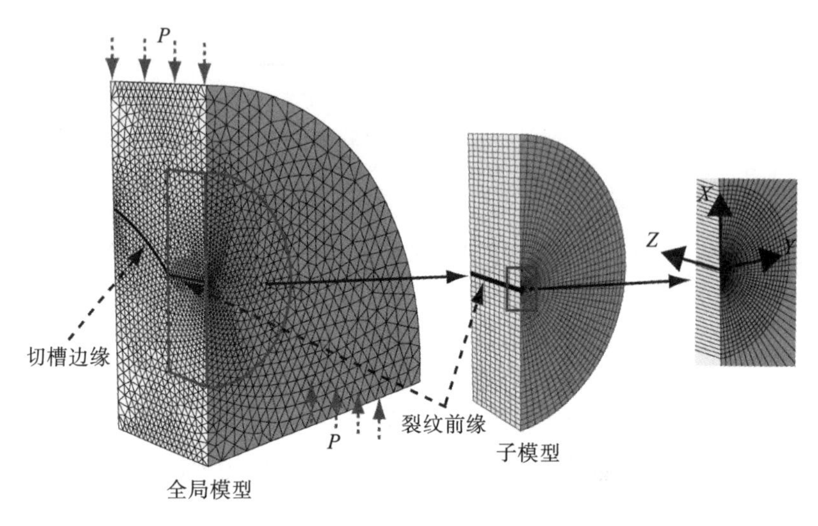

图 6.2　CCNSCB 试样应力强度因子标定采用的数值模型

设置不同裂纹长度进行多次数值计算，可以得到 CCNSCB 试样在宽范围裂纹长度下的 Y 值，如图 6.3 所示。由此确定该 CCNSCB 试样的α_c为 0.479，Y_c为 5.618。对于该 CCNSCB 试样，Y 与α的关系可以拟合为

$$Y = \begin{cases} 44.521 - 242.778\alpha + 509.041\alpha^2 - 358.694\alpha^3, & \alpha_0 < \alpha \leqslant \alpha_c \\ -33.082 + 243.566\alpha - 508.510\alpha^2 + 352.761\alpha^3, & \alpha_c < \alpha < 1 \end{cases} \tag{6.3}$$

类似地，也可以得到其他 CCNSCB 试样的 $Y_{\min}$ 值。为了尽可能地覆盖有效试样，与文献[273]中对宽范围 CCNBD 试样的标定工作类似，考虑参数α_B=0.44、0.64、0.84 和 1.04；α_0=0.100、0.150、0.175、0.200、…、0.450；α_1=0.400、0.425、0.450、…、0.800；S/D=0.8、0.7、0.6 和 0.5。通过对α_B、α_0、α_1 和 S/D 进行多种不同的组合，进行大量标定，可以得到宽范围 CCNSCB 试样的 $Y_{\min}$ 值，所有标定结果列于表 6.1～表 6.16。对于几何参数与表 6.1～表 6.16 中数据不一致的 CCNSCB 试样，可以通过插值的方法确定 $Y_{\min}$ 值。

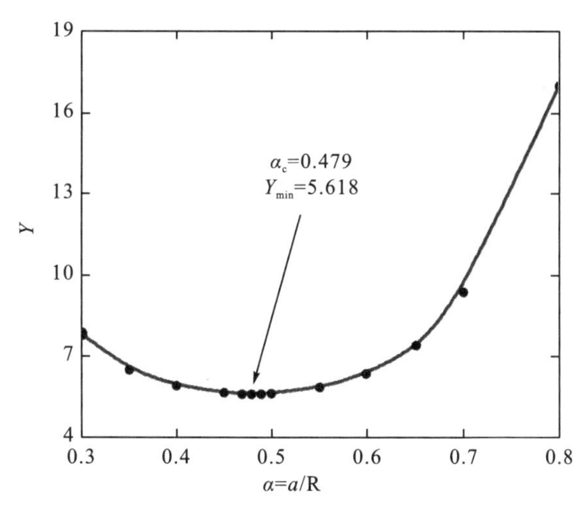

图 6.3　与标准 CCNBD 试样几何参数相似的 CCNSCB 试样的无量纲应力强度因子

表 6.1　S/D=0.8 与 α_B=0.44 的 CCNSCB 试样的 Y_{min} 值

α_1	α_0									
	0.100	0.150	0.175	0.200	0.225	0.250	0.275	0.300	0.325	0.350
0.400	2.932	2.969	2.995	3.026						
0.425	3.071	3.123	3.157	3.190	3.222					
0.450	3.238	3.292	3.323	3.360	3.397	3.440				
0.475	3.406	3.458	3.499	3.540	3.584	3.630	3.676			
0.500	3.576	3.639	3.683	3.728	3.777	3.828	3.881	3.941		
0.525	3.750	3.829	3.877	3.922	3.977	4.038	4.101	4.168	4.233	
0.550	3.938	4.025	4.076	4.131	4.195	4.258	4.329	4.402	4.483	4.561

表 6.2　S/D=0.8 与 α_B=0.64 的 CCNSCB 试样的 Y_{min} 值

α_1	α_0													
	0.100	0.150	0.175	0.200	0.225	0.250	0.275	0.300	0.325	0.350	0.375	0.400	0.425	0.450
0.400	3.012	3.052	3.076	3.103										
0.425	3.168	3.212	3.239	3.270	3.304									
0.450	3.328	3.381	3.411	3.446	3.483	3.522								
0.475	3.502	3.557	3.592	3.630	3.672	3.715	3.762							
0.500	3.685	3.745	3.782	3.826	3.872	3.922	3.973	4.029						
0.525	3.871	3.939	3.982	4.031	4.080	4.139	4.200	4.265	4.329					
0.550	4.069	4.142	4.191	4.245	4.298	4.366	4.436	4.510	4.586	4.664				
0.575	4.272	4.356	4.406	4.465	4.534	4.605	4.687	4.769	4.856	4.947	5.043			
0.600	4.480	4.575	4.632	4.694	4.772	4.855	4.941	5.038	5.138	5.244	5.351	5.467		
0.625	4.694	4.801	4.867	4.940	5.023	5.115	5.213	5.320	5.435	5.556	5.686	5.822	5.960	
0.650	4.917	5.030	5.105	5.187	5.281	5.385	5.496	5.617	5.747	5.882	6.031	6.191	6.352	6.520
0.675	5.141	5.264	5.347	5.444	5.544	5.664	5.786	5.919	6.069	6.225	6.392	6.576	6.764	6.959

表 6.3 S/D=0.8 与 α_B=0.84 的 CCNSCB 试样的 Y_{min} 值

α_1	α_0													
	0.100	0.150	0.175	0.200	0.225	0.250	0.275	0.300	0.325	0.350	0.375	0.400	0.425	0.450
0.500	3.836	3.893	3.931	3.970	4.018	4.067								
0.525	4.033	4.098	4.141	4.187	4.238	4.293	4.353	4.416						
0.550	4.241	4.313	4.360	4.413	4.470	4.533	4.601	4.674	4.749	4.830				
0.575	4.455	4.537	4.590	4.650	4.712	4.788	4.864	4.946	5.035	5.125	5.222			
0.600	4.678	4.772	4.829	4.894	4.970	5.049	5.139	5.233	5.333	5.439	5.553	5.670		
0.625	4.903	5.012	5.076	5.152	5.233	5.327	5.427	5.533	5.648	5.774	5.904	6.036	6.179	
0.650	5.146	5.260	5.331	5.416	5.510	5.611	5.727	5.847	5.979	6.120	6.271	6.430	6.594	6.766
0.675	5.390	5.519	5.597	5.686	5.793	5.909	6.034	6.176	6.326	6.487	6.661	6.842	7.034	7.234
0.700	5.638	5.776	5.863	5.969	6.084	6.211	6.358	6.510	6.683	6.863	7.063	7.272	7.499	7.733
0.725	5.896	6.042	6.140	6.252	6.380	6.524	6.684	6.858	7.050	7.254	7.478	7.723	7.978	8.257
0.750	6.153	6.317	6.419	6.539	6.680	6.837	7.016	7.211	7.427	7.653	7.909	8.184	8.483	8.802
0.775	6.401	6.582	6.695	6.830	6.990	7.163	7.355	7.565	7.806	8.064	8.355	8.656	8.996	9.364
0.800	6.652	6.860	6.988	7.126	7.297	7.485	7.699	7.935	8.193	8.470	8.798	9.146	9.519	9.942

表 6.4 S/D=0.8 与 α_B=1.04 的 CCNSCB 试样的 Y_{min} 值

α_1	α_0													
	0.100	0.150	0.175	0.200	0.225	0.250	0.275	0.300	0.325	0.350	0.375	0.400	0.425	0.450
0.575	4.704	4.787	4.837	4.897	4.962									
0.600	4.944	5.037	5.098	5.165	5.238	5.321	5.409							
0.625	5.193	5.298	5.364	5.440	5.524	5.618	5.723	5.833	5.952					
0.650	5.450	5.566	5.641	5.728	5.824	5.929	6.047	6.174	6.312	6.457	6.613			
0.675	5.711	5.840	5.923	6.022	6.130	6.251	6.385	6.528	6.684	6.852	7.031	7.223	7.424	
0.700	5.978	6.123	6.215	6.325	6.443	6.579	6.731	6.896	7.075	7.267	7.471	7.693	7.930	8.178
0.725	6.254	6.384	6.514	6.632	6.766	6.913	7.080	7.268	7.476	7.693	7.931	8.186	8.454	8.752
0.750	6.532	6.705	6.814	6.942	7.092	7.255	7.446	7.650	7.880	8.126	8.402	8.691	9.005	9.349
0.775	6.802	6.987	7.116	7.259	7.422	7.607	7.815	8.041	8.291	8.576	8.881	9.207	9.571	9.965
0.800	7.078	7.283	7.415	7.572	7.756	7.952	8.181	8.432	8.716	9.025	9.364	9.734	10.15	10.60

表 6.5 S/D=0.7 与 α_B=0.44 的 CCNSCB 试样的 Y_{min} 值

α_1	α_0									
	0.100	0.150	0.175	0.200	0.225	0.250	0.275	0.300	0.325	0.350
0.400	2.478	2.510	2.533	2.560						
0.425	2.597	2.641	2.669	2.698	2.727					
0.450	2.738	2.783	2.810	2.843	2.876	2.915				
0.475	2.881	2.926	2.961	2.996	3.035	3.077	3.119			
0.500	3.028	3.082	3.119	3.158	3.201	3.247	3.295	3.349		
0.525	3.180	3.246	3.286	3.326	3.374	3.428	3.484	3.544	3.604	
0.550	3.344	3.416	3.460	3.507	3.562	3.618	3.681	3.746	3.818	3.889

表 6.6　S/D=0.7 与 α_B=0.64 的 CCNSCB 试样的 Y_{min} 值

α_1	α_0													
	0.100	0.150	0.175	0.200	0.225	0.250	0.275	0.300	0.325	0.350	0.375	0.400	0.425	0.450
0.400	2.547	2.583	2.605	2.630										
0.425	2.677	2.717	2.741	2.770	2.802									
0.450	2.813	2.858	2.886	2.917	2.952	2.989								
0.475	2.959	3.007	3.038	3.073	3.112	3.152	3.197							
0.500	3.113	3.170	3.199	3.238	3.281	3.327	3.376	3.429						
0.525	3.272	3.331	3.369	3.413	3.458	3.511	3.567	3.628	3.689					
0.550	3.441	3.505	3.547	3.595	3.644	3.704	3.767	3.835	3.906	3.980				
0.575	3.616	3.688	3.732	3.784	3.844	3.908	3.980	4.055	4.135	4.218	4.307			
0.600	3.796	3.877	3.927	3.981	4.049	4.122	4.199	4.285	4.375	4.470	4.569	4.680		
0.625	3.983	4.074	4.130	4.194	4.266	4.346	4.432	4.527	4.629	4.736	4.852	4.980	5.105	
0.650	4.180	4.275	4.339	4.409	4.491	4.580	4.677	4.783	4.897	5.016	5.146	5.293	5.437	5.588
0.675	4.380	4.484	4.554	4.636	4.722	4.825	4.931	5.047	5.176	5.312	5.457	5.623	5.788	5.961

表 6.7　S/D=0.7 与 α_B=0.84 的 CCNSCB 试样的 Y_{min} 值

α_1	α_0													
	0.100	0.150	0.175	0.200	0.225	0.250	0.275	0.300	0.325	0.350	0.375	0.400	0.425	0.450
0.500	3.254	3.303	3.335	3.371	3.413	3.458								
0.525	3.417	3.472	3.510	3.551	3.596	3.647	3.698	3.758						
0.550	3.590	3.650	3.692	3.739	3.790	3.847	3.905	3.974	4.046	4.123				
0.575	3.768	3.836	3.884	3.936	3.992	4.059	4.126	4.202	4.285	4.370	4.466			
0.600	3.955	4.032	4.085	4.141	4.208	4.278	4.357	4.443	4.535	4.633	4.743	4.856		
0.625	4.145	4.234	4.293	4.358	4.430	4.513	4.601	4.696	4.800	4.913	5.036	5.163	5.299	
0.650	4.350	4.443	4.509	4.583	4.664	4.753	4.856	4.963	5.080	5.206	5.346	5.493	5.647	5.809
0.675	4.559	4.663	4.737	4.814	4.907	5.008	5.120	5.244	5.375	5.517	5.676	5.842	6.018	6.203
0.700	4.773	4.885	4.967	5.058	5.158	5.269	5.401	5.533	5.683	5.840	6.020	6.208	6.412	6.626
0.725	4.998	5.116	5.209	5.306	5.417	5.542	5.687	5.837	6.003	6.179	6.379	6.596	6.824	7.072
0.750	5.224	5.356	5.456	5.561	5.683	5.819	5.983	6.149	6.334	6.530	6.755	6.997	7.260	7.541
0.775	5.449	5.594	5.705	5.822	5.960	6.111	6.288	6.468	6.674	6.894	7.148	7.413	7.709	8.030
0.800	5.679	5.844	5.969	6.091	6.240	6.404	6.602	6.803	7.024	7.262	7.546	7.848	8.173	8.539

表 6.8　S/D=0.7 与 α_B=1.04 的 CCNSCB 试样的 Y_{min} 值

α_1	α_0													
	0.100	0.150	0.175	0.200	0.225	0.250	0.275	0.300	0.325	0.350	0.375	0.400	0.425	0.450
0.575	3.990	4.065	4.111	4.166	4.226									
0.600	4.190	4.273	4.327	4.387	4.454	4.534	4.616							
0.625	4.399	4.491	4.549	4.617	4.692	4.780	4.876	4.976	5.078					
0.650	4.615	4.716	4.782	4.858	4.943	5.040	5.146	5.260	5.380	5.512	5.667			
0.675	4.838	4.949	5.021	5.106	5.201	5.311	5.429	5.556	5.695	5.845	6.020	6.193	6.352	
0.700	5.067	5.191	5.270	5.365	5.468	5.590	5.723	5.867	6.029	6.198	6.394	6.591	6.802	7.025
0.725	5.307	5.422	5.528	5.630	5.745	5.877	6.022	6.185	6.374	6.564	6.787	7.011	7.249	7.511
0.750	5.551	5.698	5.791	5.901	6.029	6.174	6.338	6.515	6.728	6.941	7.195	7.447	7.720	8.020
0.775	5.793	5.951	6.059	6.181	6.320	6.483	6.661	6.855	7.092	7.336	7.616	7.898	8.211	8.551
0.800	6.043	6.217	6.329	6.462	6.618	6.792	6.987	7.201	7.472	7.737	8.046	8.364	8.715	9.103

表 6.9　S/D=0.6 与 α_B=0.44 的 CCNSCB 试样的 Y_{min} 值

α_1	α_0									
	0.100	0.150	0.175	0.200	0.225	0.250	0.275	0.300	0.325	0.350
0.400	2.024	2.052	2.070	2.093						
0.425	2.123	2.158	2.182	2.205	2.232					
0.450	2.237	2.275	2.298	2.325	2.354	2.389				
0.475	2.357	2.395	2.422	2.453	2.487	2.524	2.563			
0.500	2.481	2.525	2.556	2.589	2.624	2.667	2.710	2.757		
0.525	2.611	2.663	2.696	2.730	2.771	2.818	2.867	2.919	2.974	
0.550	2.751	2.808	2.843	2.883	2.929	2.978	3.032	3.089	3.153	3.218

表 6.10　S/D=0.6 与 α_B=0.64 的 CCNSCB 试样的 Y_{min} 值

α_1	α_0													
	0.100	0.150	0.175	0.200	0.225	0.250	0.275	0.300	0.325	0.350	0.375	0.400	0.425	0.450
0.400	2.082	2.113	2.133	2.157										
0.425	2.187	2.221	2.243	2.269	2.299									
0.450	2.297	2.336	2.360	2.389	2.422	2.456								
0.475	2.416	2.458	2.485	2.515	2.552	2.590	2.631							
0.500	2.542	2.594	2.616	2.650	2.690	2.732	2.778	2.828						
0.525	2.674	2.723	2.755	2.794	2.835	2.883	2.935	2.991	3.049					
0.550	2.814	2.867	2.903	2.944	2.989	3.043	3.099	3.161	3.226	3.295				
0.575	2.959	3.019	3.058	3.102	3.154	3.210	3.274	3.341	3.414	3.489	3.572			
0.600	3.112	3.179	3.221	3.269	3.326	3.388	3.456	3.533	3.611	3.697	3.786	3.892		
0.625	3.273	3.346	3.394	3.447	3.508	3.577	3.652	3.734	3.822	3.916	4.019	4.137	4.249	
0.650	3.442	3.521	3.573	3.632	3.700	3.776	3.858	3.949	4.047	4.150	4.262	4.395	4.521	4.656
0.675	3.619	3.705	3.761	3.829	3.901	3.986	4.075	4.174	4.284	4.398	4.523	4.671	4.813	4.962

表 6.11　S/D=0.6 与 α_B=0.84 的 CCNSCB 试样的 Y_{min} 值

α_1	α_0													
	0.100	0.150	0.175	0.200	0.225	0.250	0.275	0.300	0.325	0.350	0.375	0.400	0.425	0.450
0.500	2.672	2.712	2.740	2.771	2.808	2.850								
0.525	2.802	2.846	2.878	2.914	2.954	3.000	3.042	3.100						
0.550	2.938	2.987	3.024	3.064	3.109	3.161	3.210	3.273	3.342	3.417				
0.575	3.082	3.135	3.178	3.223	3.272	3.331	3.387	3.458	3.534	3.614	3.710			
0.600	3.232	3.292	3.340	3.389	3.446	3.508	3.575	3.652	3.736	3.826	3.932	4.041		
0.625	3.388	3.455	3.510	3.565	3.627	3.698	3.774	3.860	3.952	4.053	4.169	4.289	4.419	
0.650	3.555	3.626	3.688	3.750	3.819	3.896	3.986	4.079	4.182	4.291	4.422	4.557	4.700	4.853
0.675	3.729	3.806	3.876	3.943	4.021	4.107	4.207	4.311	4.425	4.548	4.692	4.842	5.002	5.173
0.700	3.909	3.993	4.072	4.148	4.233	4.328	4.443	4.556	4.683	4.818	4.978	5.145	5.326	5.518
0.725	4.099	4.190	4.279	4.361	4.455	4.560	4.690	4.816	4.955	5.105	5.279	5.469	5.669	5.888
0.750	4.296	4.396	4.494	4.583	4.687	4.802	4.949	5.088	5.242	5.406	5.601	5.811	6.037	6.280
0.775	4.497	4.607	4.715	4.815	4.930	5.058	5.221	5.372	5.541	5.725	5.942	6.170	6.423	6.697
0.800	4.705	4.829	4.951	5.057	5.182	5.322	5.505	5.672	5.855	6.054	6.294	6.551	6.828	7.135

表 6.12　S/D=0.6 与 α_B=1.04 的 CCNSCB 试样的 Y_{min} 值

α_1	α_0													
	0.100	0.150	0.175	0.200	0.225	0.250	0.275	0.300	0.325	0.350	0.375	0.400	0.425	0.450
0.575	3.277	3.342	3.384	3.434	3.490									
0.600	3.437	3.508	3.556	3.610	3.671	3.746	3.822							
0.625	3.604	3.683	3.734	3.794	3.861	3.943	4.028	4.119	4.204					
0.650	3.781	3.866	3.922	3.987	4.061	4.151	4.244	4.345	4.448	4.567	4.720			
0.675	3.964	4.057	4.118	4.191	4.272	4.371	4.473	4.585	4.706	4.839	5.008	5.162	5.281	
0.700	4.157	4.260	4.326	4.404	4.492	4.601	4.714	4.837	4.982	5.129	5.316	5.488	5.674	5.872
0.725	4.359	4.461	4.543	4.628	4.725	4.842	4.965	5.101	5.273	5.434	5.644	5.837	6.043	6.269
0.750	4.570	4.690	4.769	4.860	4.967	5.094	5.230	5.379	5.575	5.755	5.988	6.203	6.436	6.691
0.775	4.785	4.914	5.003	5.102	5.218	5.359	5.507	5.670	5.894	6.095	6.350	6.588	6.850	7.136
0.800	5.009	5.150	5.243	5.352	5.479	5.631	5.792	5.971	6.228	6.448	6.727	6.993	7.285	7.607

表 6.13　S/D=0.5 与 α_B=0.44 的 CCNSCB 试样的 Y_{min} 值

α_1	α_0									
	0.100	0.150	0.175	0.200	0.225	0.250	0.275	0.300	0.325	0.350
0.400	1.570	1.593	1.608	1.627						
0.425	1.649	1.676	1.694	1.713	1.737					
0.450	1.737	1.766	1.785	1.808	1.833	1.864				
0.475	1.832	1.863	1.884	1.909	1.938	1.971	2.006			

续表

α_1	α_0									
	0.100	0.150	0.175	0.200	0.225	0.250	0.275	0.300	0.325	0.350
0.500	1.933	1.968	1.992	2.019	2.048	2.086	2.124	2.165		
0.525	2.041	2.080	2.105	2.134	2.168	2.208	2.250	2.295	2.345	
0.550	2.157	2.199	2.227	2.259	2.296	2.338	2.384	2.433	2.488	2.546

表 6.14　S/D=0.5 与 α_B=0.64 的 CCNSCB 试样的 Y_{min} 值

α_1	α_0													
	0.100	0.150	0.175	0.200	0.225	0.250	0.275	0.300	0.325	0.350	0.375	0.400	0.425	0.450
0.400	1.617	1.644	1.662	1.684										
0.425	1.696	1.726	1.745	1.769	1.797									
0.450	1.782	1.813	1.835	1.860	1.891	1.923								
0.475	1.873	1.908	1.931	1.958	1.992	2.027	2.066							
0.500	1.970	2.019	2.033	2.062	2.099	2.137	2.181	2.228						
0.525	2.075	2.115	2.142	2.176	2.213	2.255	2.302	2.354	2.409					
0.550	2.186	2.230	2.259	2.294	2.335	2.381	2.430	2.486	2.546	2.611				
0.575	2.303	2.351	2.384	2.421	2.464	2.513	2.567	2.627	2.693	2.760	2.836			
0.600	2.428	2.481	2.516	2.556	2.603	2.655	2.714	2.780	2.848	2.923	3.004	3.105		
0.625	2.562	2.619	2.657	2.701	2.751	2.808	2.871	2.941	3.016	3.096	3.185	3.295	3.394	
0.650	2.705	2.766	2.807	2.854	2.910	2.971	3.039	3.115	3.197	3.284	3.377	3.497	3.606	3.724
0.675	2.858	2.925	2.968	3.021	3.079	3.147	3.220	3.302	3.391	3.485	3.588	3.718	3.837	3.964

表 6.15　S/D=0.5 与 α_B=0.84 的 CCNSCB 试样的 Y_{min} 值

α_1	α_0													
	0.100	0.150	0.175	0.200	0.225	0.250	0.275	0.300	0.325	0.350	0.375	0.400	0.425	0.450
0.500	2.090	2.122	2.144	2.172	2.203	2.241								
0.525	2.186	2.220	2.247	2.278	2.312	2.354	2.387	2.442						
0.550	2.287	2.324	2.356	2.390	2.429	2.475	2.514	2.573	2.639	2.710				
0.575	2.395	2.434	2.472	2.509	2.552	2.602	2.649	2.714	2.784	2.859	2.954			
0.600	2.509	2.552	2.596	2.636	2.684	2.737	2.793	2.862	2.938	3.020	3.122	3.227		
0.625	2.630	2.677	2.727	2.771	2.824	2.884	2.948	3.023	3.104	3.192	3.301	3.416	3.539	
0.650	2.759	2.809	2.866	2.917	2.973	3.038	3.115	3.195	3.283	3.377	3.497	3.620	3.753	3.896
0.675	2.898	2.950	3.016	3.071	3.135	3.206	3.293	3.379	3.474	3.578	3.707	3.842	3.986	4.142
0.700	3.044	3.102	3.176	3.237	3.307	3.386	3.486	3.579	3.683	3.795	3.935	4.081	4.239	4.411
0.725	3.201	3.264	3.348	3.415	3.492	3.578	3.693	3.795	3.908	4.030	4.180	4.342	4.515	4.703
0.750	3.367	3.435	3.531	3.605	3.690	3.784	3.916	4.026	4.149	4.283	4.447	4.624	4.814	5.019
0.775	3.545	3.619	3.725	3.807	3.900	4.006	4.154	4.275	4.409	4.555	4.735	4.927	5.136	5.363
0.800	3.732	3.813	3.932	4.022	4.125	4.241	4.408	4.540	4.686	4.846	5.042	5.253	5.482	5.732

表 6.16　S/D=0.5 与 α_B=1.04 的 CCNSCB 试样的 Y_{min} 值

α_1	α_0													
	0.100	0.150	0.175	0.200	0.225	0.250	0.275	0.300	0.325	0.350	0.375	0.400	0.425	0.450
0.575	2.563	2.620	2.658	2.703	2.754									
0.600	2.683	2.744	2.785	2.832	2.887	2.959	3.029							
0.625	2.810	2.876	2.919	2.971	3.029	3.105	3.181	3.262	3.330					
0.650	2.946	3.016	3.063	3.117	3.180	3.262	3.343	3.431	3.516	3.622	3.774			
0.675	3.091	3.166	3.216	3.275	3.343	3.431	3.517	3.613	3.717	3.832	3.997	4.132	4.209	
0.700	3.246	3.328	3.381	3.444	3.517	3.612	3.706	3.808	3.936	4.060	4.239	4.386	4.546	4.719
0.725	3.412	3.499	3.557	3.626	3.704	3.806	3.907	4.018	4.171	4.305	4.500	4.662	4.838	5.028
0.750	3.589	3.683	3.746	3.819	3.904	4.013	4.122	4.244	4.423	4.570	4.781	4.959	5.151	5.362
0.775	3.776	3.878	3.946	4.024	4.116	4.235	4.353	4.484	4.695	4.855	5.085	5.279	5.490	5.722
0.800	3.974	4.084	4.157	4.242	4.341	4.471	4.598	4.740	4.984	5.160	5.409	5.623	5.855	6.110

6.2.3　分片合成法验证应力强度因子

Y_c是 K_{Ic}测试中的关键系数，其可靠性直接关系到测试结果的准确性。3.4 节的研究表明，即使是 ISRM 建议方法中给定的 Y_c值也可能存在误差。为了进一步检查有限元分析得到的 CCNSCB 试样 Y_{min}值，本小节采用另一种半解析法(即分片合成法)来确定 CCNSCB 试验的应力强度因子。分片合成法由 Bluhm 首先提出，其基本思想是将一个复杂的三维几何分解为简单二维几何的集合体进行分析[274]。Xu 和 Fowell[275]将 CCNBD 试样沿厚度方向分解为许多厚度很薄的 CSTBD 试样进行分析，欲通过分片合成柔度法得到 CCNBD 试样 Y_{min}值，但其柔度计算公式没有考虑试样在没有裂缝时的柔度[272]。Wang 等[158]在指出 Xu 和 Fowell[275]失误的基础上，发展了一种直接以应力强度因子为分片对象的新分片合成方法，新的分片合成法无须考虑试样在没有裂缝时的柔度，因此更加简单实用；而且其有效性也得到 Wang 等[158]和贾学明和王启智[273]的证实。本书正是采用新分片合成法对宽范围 CCNSCB 试样的应力强度因子进行标定。

图 6.4 显示了裂纹长度为 a 时的 CCNSCB 试样。根据“分片”的思想，该试样在厚度方向上可以被分解为许多薄片，每个薄片可以视为厚度为ΔB(ΔB非常小)的 SCB 试样。值得注意的是，对于宽度为 b 的中间部分，并不需要分解为薄片，这是因为它本身就是一个厚度为 b 的 SCB 试样。假定所有 SCB 试样的应力强度因子均等于 CCNSCB 试样的应力强度因子 K_I，并假设单侧曲边切槽被分为 N 个薄片，由 SCB 试样临界应力强度因子的计算公式[式(1.10)]可知，第 i 个薄片分担的荷载可以表示为

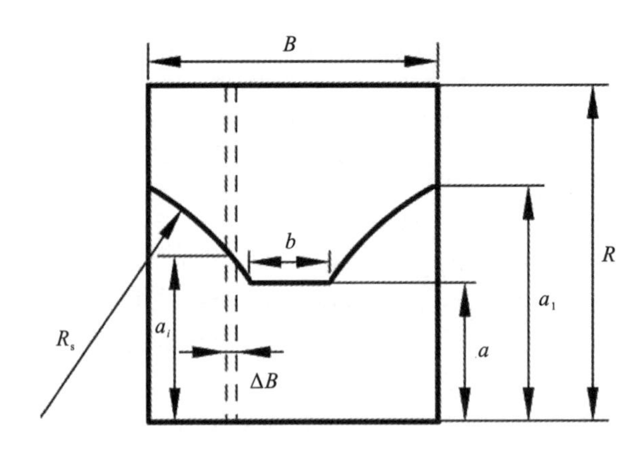

图 6.4 对 CCNSCB 试样进行“分片”处理的示意

$$P_i=\frac{K_{\mathrm{I}}\times 2R\Delta B}{\sqrt{\pi a_i}Y(\alpha_i)} \tag{6.4}$$

式中，$\alpha_i(=a_i/R)$ 为从里向外第 i 个薄片的无量纲裂纹长度；$Y(\alpha_i)$ 为 SCB 试样在裂纹长度为α_i时的无量纲应力强度因子。

然后，单侧曲边切槽部分总体承担的荷载为

$$P_{曲}=\sum_{i=1}^{N}\frac{K_{\mathrm{I}}\times 2R\Delta B}{\sqrt{\pi a_i}Y(\alpha_i)} \tag{6.5}$$

值得注意的是，当 CCNSCB 试样的应力强度因子为 K_{I} 时，中间部分宽度为 b 的 SCB 试样应力强度因子也为 K_{I}。然而，曲边切槽部分实际对应的“应力强度因子”显然是小于 K_{I} 的。一方面，曲边切槽并非真正裂纹，故其应力集中程度要小于真实裂纹；另一方面，即使曲边切槽较薄可以视作裂纹，根据试验原理和试验现象可知，裂纹总是从人字形韧带尖端朝加载端传播。因此，曲边切槽对应的“应力强度因子”必然小于中心直裂纹处的应力强度因子 K_{I}。于是，单侧曲边切槽部分总体承担的荷载实际为

$$P_{曲}^{*}=\frac{P_{曲}}{\psi} \tag{6.6}$$

式中，ψ 为一个大于 1 的系数。

上述“分片”的工作已经完成，下面进行“合成”。显然，试样承受的总荷载 P 由中心直裂纹部分和两侧曲边切槽部分分担，这可以表示为

$$P=\frac{K_{\mathrm{I}}\times 2Rb}{\sqrt{\pi a}Y(\alpha)}+\frac{2}{\psi}\times\sum_{i=1}^{N}\frac{K_{\mathrm{I}}\times 2R\Delta B}{\sqrt{\pi a_i}Y(\alpha_i)} \tag{6.7}$$

式中，$Y(\alpha)$ 为裂纹长度为α的 SCB 试样的无量纲应力强度因子。

中心直裂纹宽度 b 可以表示为

$$b = 2R\left(\sqrt{\alpha_S^2 - \alpha_0^2} - \sqrt{\alpha_S^2 - \alpha^2}\right) \tag{6.8}$$

切片厚度可以表示为

$$\Delta B = \frac{B - b}{2N} \tag{6.9}$$

从里向外第 i 个切片 SCB 试样的无量纲裂纹长度可以表示为

$$\alpha_i = \sqrt{\alpha_S^2 - \left(\sqrt{\alpha_S^2 - \alpha_0^2} - \frac{b}{2R} - \frac{i\Delta B}{R}\right)^2} \tag{6.10}$$

根据式(6.2)可知，CCNSCB 试样无量纲应力强度因子表达式为

$$Y = \left[\frac{2b}{B\sqrt{\pi\alpha}Y(\alpha)} + \frac{2}{\psi} \times \sum_{i=1}^{N} \frac{2\Delta B}{B\sqrt{\pi\alpha_i}Y(\alpha_i)}\right]^{-1} \tag{6.11}$$

N 的取值应使得到的 Y 值收敛，即随着 N 值继续增大，Y 值应几乎不变。理论上，N 值越大，计算精度越高。只要 ψ 已知，对于任一给定的无量纲裂纹长度 α、b 可以由式(6.8)确定；ΔB 可以由式(6.9)确定；α_i 可以由式(6.10)确定；CCNSCB 试样的 Y 值便可以确定；进而可以得到 Y 的最小值 $Y_{\min}$。剩下的关键问题便是确定经验系数 ψ 的取值。由于 ψ 表示的是中心直裂纹部分与单侧曲边切槽部分应力强度因子的差异，其取值与切槽几何相关。当试样厚度不变时，a_1-a 越大，曲边切槽部分和中心直裂纹部分的几何差异也越大，则 ψ 值也应该越大。当 a_1-a 固定时，α_B 越大，曲边切槽部分和中心直裂纹部分的几何差异越小，则 ψ 值也应该越趋近于 1。另外，当 a 无限接近 a_1 时，整个 CCNSCB 试样几乎转变为厚度为 B 的 SCB 试样，ψ 值应近似等于 1。于是，猜想经验系数 ψ 具有如下形式

$$\psi = 1 + \psi_1 \times \left(\frac{\alpha_1 - \alpha}{\alpha_B}\right)^{\psi_2} \tag{6.12}$$

通过多次尝试不同的 ψ_1 和 ψ_2 值，并将计算确定的 $Y_{\min}$ 值与之前的有限元分析结果对比，最终确定经验系数 ψ 为

$$\psi = 1 + 0.8 \times \sqrt{\frac{\alpha_1 - \alpha}{\alpha_B}} \tag{6.13}$$

至此，理论上讲，对于任何给定的 CCNSCB 试样，不同裂纹长度下的 Y 值均可通过式(6.11)以及 SCB 试样的 Y 值表达式[式(3.34)]得到，进而可以确定 CCNSCB 试样的 $Y_{\min}$ 值。

为了检验前面宽范围 CCNSCB 试样的 $Y_{\min}$ 数值标定结果，接下来以部分典型 CCNSCB 试样为研究对象，对比有限元法与分片合成法确定的 $Y_{\min}$ 值。在有效范

围内挑选的 CCNSCB 试样如图 6.5 所示，α_0 则分别考虑一个较小值和一个较大值。显然，选取的试样构形近似覆盖了整个有效几何区域。表 6.17～表 6.20 对比了有限元法和分片合成法确定的这些选取试样的 Y_{min} 值。

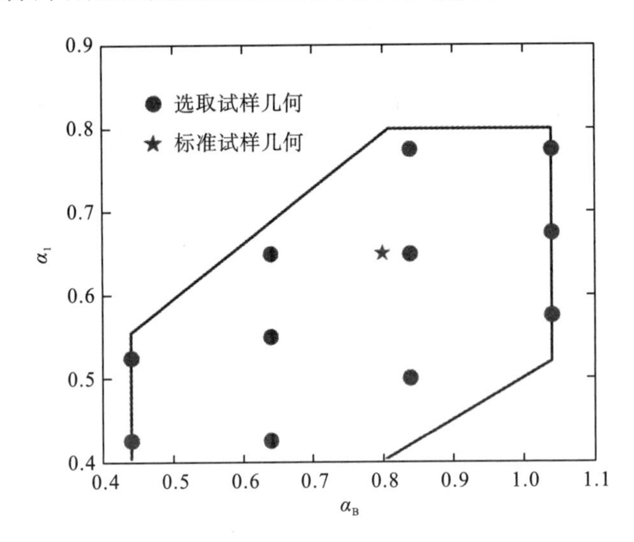

图 6.5　检查数值标定结果挑选的 CCNSCB 试样

可以看出，有限元法与分片合成法得到 CCNSCB 试样的 Y_{min} 值具有较好的一致性，就选择的试样来看，最大误差不超过 4%。这表明本书标定的 CCNSCB 试样的 Y_{min} 值是可靠的。

表 6.17　有限元法与分片合成法确定的典型 CCNSCB 试样(S/D=0.8)的 Y_{min} 值

α_B	α_1	α_0	Y_{min}(分片)	Y_{min}(FEM)	误差	α_B	α_1	α_0	Y_{min}(分片)	Y_{min}(FEM)	误差
0.44	0.425	0.1	3.056	3.071	−0.5%	0.84	0.5	0.25	3.987	4.067	−2.0%
0.44	0.425	0.225	3.160	3.222	−1.9%	0.84	0.65	0.1	5.071	5.146	−1.5%
0.44	0.525	0.1	3.797	3.75	1.3%	0.84	0.65	0.45	6.62	6.766	−2.2%
0.44	0.525	0.325	4.216	4.233	−0.4%	0.84	0.775	0.1	6.600	6.401	3.1%
0.64	0.425	0.1	3.109	3.168	−1.9%	0.84	0.775	0.45	9.244	9.364	−1.3%
0.64	0.425	0.225	3.218	3.304	−2.6%	1.04	0.575	0.1	4.522	4.704	−3.9%
0.64	0.55	0.1	4.039	4.069	−0.7%	1.04	0.575	0.225	4.797	4.962	−3.3%
0.64	0.55	0.35	4.621	4.664	−0.9%	1.04	0.675	0.1	5.519	5.711	−3.4%
0.64	0.65	0.1	4.973	4.917	1.1%	1.04	0.675	0.425	7.15	7.424	−3.7%
0.64	0.65	0.45	6.444	6.52	−1.2%	1.04	0.775	0.1	6.808	6.802	0.1%
0.84	0.5	0.1	3.745	3.836	−2.4%	1.04	0.775	0.45	9.612	9.965	−3.5%
						0.8	0.65	0.2637	5.545	5.618	−1.3%

表 6.18 有限元法与分片合成法确定的典型 CCNSCB 试样(S/D=0.7)的 Y_{min} 值

α_B	α_1	α_0	Y_{min}（分片）	Y_{min}(FEM)	误差	α_B	α_1	α_0	Y_{min}（分片）	Y_{min}(FEM)	误差
0.44	0.425	0.1	2.58	2.597	−0.7%	0.84	0.5	0.25	3.381	3.458	−2.2%
0.44	0.425	0.225	2.67	2.727	−2.1%	0.84	0.65	0.1	4.303	4.35	−1.1%
0.44	0.525	0.1	3.211	3.18	1.0%	0.84	0.65	0.45	5.667	5.809	−2.4%
0.44	0.525	0.325	3.580	3.604	−0.7%	0.84	0.775	0.1	5.612	5.449	3.0%
0.64	0.425	0.1	2.625	2.677	−1.9%	0.84	0.775	0.45	7.933	8.03	−1.2%
0.64	0.425	0.225	2.721	2.802	−2.9%	1.04	0.575	0.1	3.834	3.99	−3.9%
0.64	0.55	0.1	3.419	3.441	−0.6%	1.04	0.575	0.225	4.076	4.226	−3.5%
0.64	0.55	0.35	3.931	3.98	−1.2%	1.04	0.675	0.1	4.689	4.838	−3.1%
0.64	0.65	0.1	4.218	4.18	0.9%	1.04	0.675	0.425	6.123	6.352	−3.6%
0.64	0.65	0.45	5.514	5.588	−1.3%	1.04	0.775	0.1	5.791	5.793	0.0%
0.84	0.5	0.1	3.169	3.254	−2.6%	1.04	0.775	0.45	8.253	8.551	−3.5%
						0.8	0.65	0.2637	4.719	4.779	−1.3%

表 6.19 有限元法与分片合成法确定的典型 CCNSCB 试样(S/D=0.6)的 Y_{min} 值

α_B	α_1	α_0	Y_{min}（分片）	Y_{min}(FEM)	误差	α_B	α_1	α_0	Y_{min}（分片）	Y_{min}(FEM)	误差
0.44	0.425	0.1	2.107	2.123	−0.8%	0.64	0.65	0.45	4.587	4.656	−1.5%
0.44	0.425	0.225	2.184	2.232	−2.2%	0.84	0.5	0.1	2.596	2.672	−2.8%
0.44	0.525	0.1	2.629	2.611	0.7%	0.84	0.5	0.25	2.777	2.850	−2.6%
0.44	0.525	0.325	2.947	2.974	−0.9%	0.84	0.65	0.1	3.539	3.555	−0.5%
0.64	0.425	0.1	2.145	2.187	−1.9%	0.84	0.65	0.45	4.717	4.853	−2.8%
0.64	0.425	0.225	2.226	2.299	−3.2%	0.84	0.775	0.1	4.627	4.497	2.9%
0.64	0.55	0.1	2.802	2.814	−0.4%	0.84	0.775	0.45	6.624	6.697	−1.1%
0.64	0.55	0.35	3.244	3.295	−1.5%	1.04	0.575	0.1	3.151	3.277	−3.8%
0.64	0.65	0.1	3.466	3.442	0.7%	1.04	0.575	0.225	3.357	3.490	−3.8%
0.44	0.425	0.1	2.107	2.123	−0.8%	1.04	0.675	0.1	3.862	3.964	−2.6%
0.44	0.425	0.225	2.184	2.232	−2.2%	1.04	0.675	0.425	5.099	5.281	−3.4%
						1.04	0.775	0.1	4.778	4.785	−0.1%

表 6.20 有限元法与分片合成法确定的典型 CCNSCB 试样(S/D=0.5)的 Y_{min} 值

α_B	α_1	α_0	Y_{min}（分片）	Y_{min}(FEM)	误差	α_B	α_1	α_0	Y_{min}（分片）	Y_{min}(FEM)	误差
0.44	0.425	0.1	1.634	1.649	−0.9%	0.84	0.5	0.25	2.174	2.241	−3.0%
0.44	0.425	0.225	1.697	1.737	−2.3%	0.84	0.65	0.1	2.774	2.759	0.5%

续表

α_B	α_1	α_0	Y_{min} (分片)	Y_{min} (FEM)	误差	α_B	α_1	α_0	Y_{min} (分片)	Y_{min} (FEM)	误差
0.44	0.525	0.1	2.047	2.041	0.3%	0.84	0.65	0.45	3.766	3.896	−3.3%
0.44	0.525	0.325	2.314	2.345	−1.3%	0.84	0.775	0.1	3.639	3.545	2.7%
0.64	0.425	0.1	1.664	1.696	−1.9%	0.84	0.775	0.45	5.314	5.363	−0.9%
0.64	0.425	0.225	1.731	1.797	−3.7%	1.04	0.575	0.1	2.466	2.563	−3.8%
0.64	0.55	0.1	2.185	2.186	0.0%	1.04	0.575	0.225	2.638	2.754	−4.2%
0.64	0.55	0.35	2.558	2.611	−2.0%	1.04	0.675	0.1	3.034	3.091	−1.8%
0.64	0.65	0.1	2.714	2.705	0.3%	1.04	0.675	0.425	4.074	4.209	−3.2%
0.64	0.65	0.45	3.659	3.724	−1.7%	1.04	0.775	0.1	3.763	3.776	−0.3%
0.84	0.5	0.1	2.022	2.09	−3.3%	1.04	0.775	0.45	5.538	5.722	−3.2%
						0.8	0.65	0.2637	3.071	3.100	−0.9%

6.3 CCNSCB 试验方法的数值试验研究

近年来，CCNSCB 试验受到一些研究关注。Chang 等采用多种试验方法测试了花岗岩和大理岩的断裂韧度值，发现 CCNSCB 试验测试结果的离散性很小，而 SCB 试样的结果则较离散[153]；Ayatollahi 和 Alborzi 采用 CCNSCB 试验测试了一种结晶岩的断裂韧度，发现 CCNSCB 试样是研究脆性材料裂纹扩展的一个很好选择[276]；Dai 等将 CCNSCB 试样拓展用于岩石动力性质测试，实现单次试验的同时测定了初始断裂韧度、断裂能、传播断裂韧度和断裂速度[272]。既有的研究均是从物理试验的角度说明 CCNSCB 试验测试岩石 K_{Ic} 的可行性，然而，CCNSCB 试验的数值试验研究尚无人报道。前面的研究表明，数值试验可以有效地揭示断裂试验是否存在严重的亚临界裂纹扩展(或者预示断裂过程区是否较大)，本节对 CCNSCB 试验进行数值试验评估。

采用的 CCNSCB 数值模型如图 6.6a 所示，该模型的几何参数与标准 CCNBD 试样一致，即α_0=0.2637，α_1=0.65，α_B=0.8，α_S=0.6933，D=75mm。CCNSCB 数值模型共包含 617,250 个六面体单元。单元颜色的差异代表它们具有不同的力学性质。CCNSCB 数值模型与前面 4 种 ISRM 建议试样的模型具有一致的细观力学参数。本数值试验考虑 S/D=0.3、0.5 和 0.8 三种支撑跨距。数值试验中，约束试样底部支撑位置在竖直方向上的位移，然后在试样顶部向下施加每步 0.002mm 的位移荷载。图 6.6b 展示了 S/D=0.3、0.5 和 0.8 时记录的力-位移曲线。可以看出，支撑跨距越大，加载力随加载位移增加得越缓慢，曲线的峰值荷载越小。

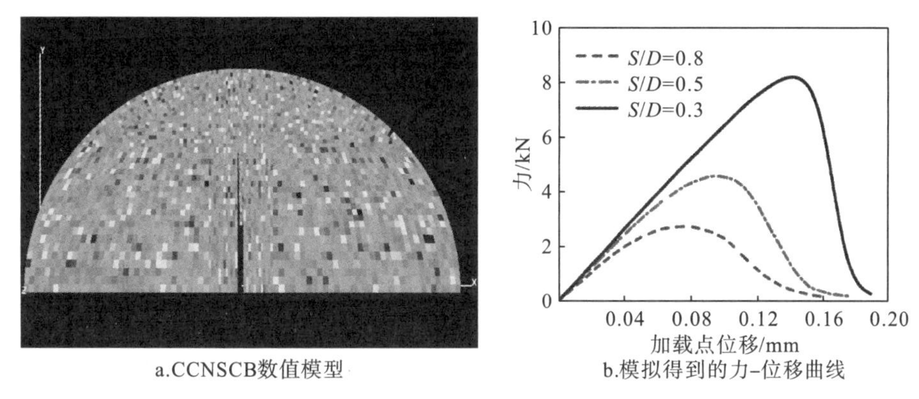

a.CCNSCB数值模型　b.模拟得到的力-位移曲线

图 6.6　CCNSCB 数值试验采用的数值模型与得到的力-位移曲线

图 6.7 和图 6.8 给出了 CCNSCB 试样在 S/D=0.8 时的人字形韧带剖面内的最小主应力分布以及相应视角的累计声发射。初始加载时，人字形韧带尖端出现明显的应力集中。在峰值荷载的 40%左右时，人字形韧带尖端开裂，随着加载力继续增加；裂纹沿着人字形韧带朝上部加载端扩展，此为裂纹的稳态扩展阶段，与测试原理一致。当裂纹前缘传播到人字形韧带中间的某一位置时，加载力达到峰值。随后，加载力跌落，裂纹以非稳态扩展的方式快速传播到上部加载端。在裂纹扩展过程中，声发射小球始终为蓝色，表明细观单元发生的是拉伸失效，符合 K_{Ic} 测试原理。

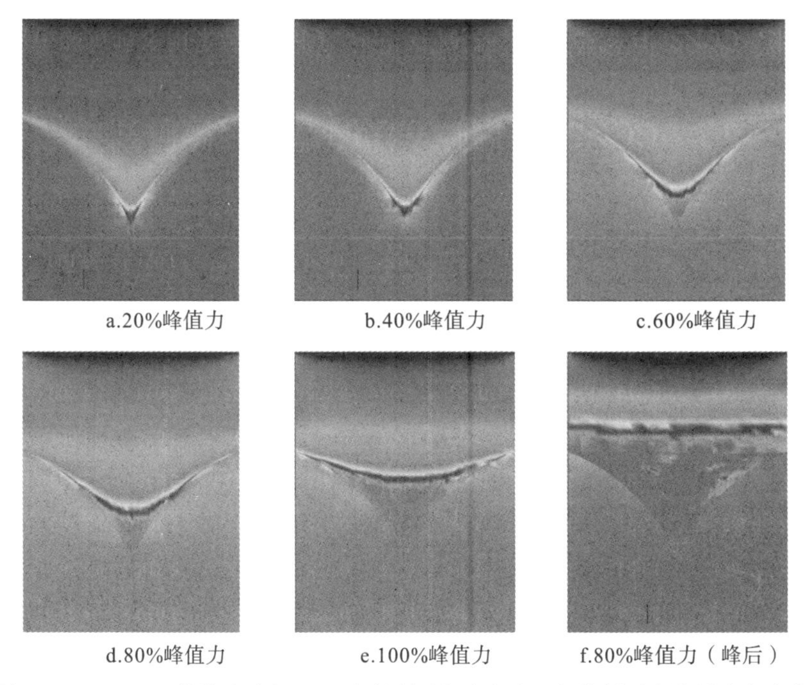

a.20%峰值力　b.40%峰值力　c.60%峰值力

d.80%峰值力　e.100%峰值力　f.80%峰值力（峰后）

图 6.7　CCNSCB 数值试验(S/D=0.8)断裂过程中人字形韧带剖面内的最小主应力云图

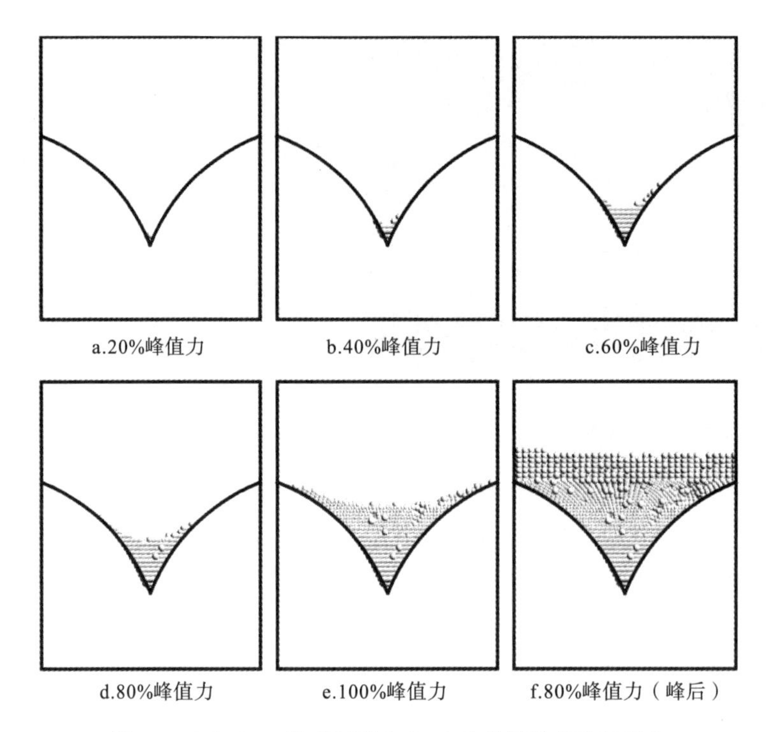

图 6.8　CCNSCB 数值试验（S/D=0.8）的累计声发射演化

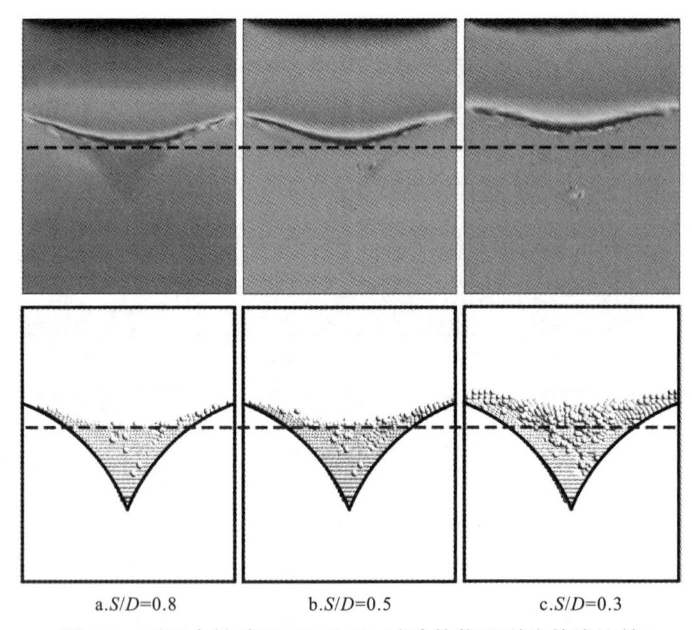

图 6.9　不同支撑跨距 CCNSCB 试验的临界裂纹前缘比较

峰值荷载阶段是确定断裂韧度的关键阶段，此时 CCNSCB 试样的裂纹信息值得重点关注。图 6.9 比较了三种跨距下 CCNSCB 试样的临界裂纹前缘位置。当

S/D=0.8 和 0.5 时，临界裂纹前缘的位置差异较小，总的来说，临界裂纹前缘均处于人字形韧带以内。而当 S/D=0.3 时，临界裂纹前缘扩展得相对较远，从声发射来看，断裂几乎已经扩展到达人字形韧带根部。

图 6.10 比较了数值模拟得到的临界裂纹前缘位置与基于经典 LEFM 理论确定的临界裂纹前缘位置。对于 S/D=0.5 和 0.3 的 CCNSCB 试样，α_c 和 Y_c 值的确定方法同前面对 CCNSCB 试样(S/D=0.8)进行标定的方法一致。S/D=0.5 和 0.3 时，CCNSCB 试样的 Y 与 α 的关系可以分别拟合为式(6.14)和式(6.15)。

$$Y\big|_{S/D=0.5}=\begin{cases}17.722-84.701\alpha+161.933\alpha^2-101.944\alpha^3\ , & \alpha_0<\alpha\leqslant 0.465\\ -22.931+159.067\alpha-325.220\alpha^2+222.730\alpha^3, & 0.465<\alpha<1\end{cases}\tag{6.14}$$

$$Y\big|_{S/D=0.3}=\begin{cases}13.130-80.887\alpha+187.130\alpha^2-145.306\alpha^3\ , & \alpha_0<\alpha\leqslant 0.430\\ -16.195+105.160\alpha-210.271\alpha^2+141.327\alpha^3, & 0.430<\alpha<1\end{cases}\tag{6.15}$$

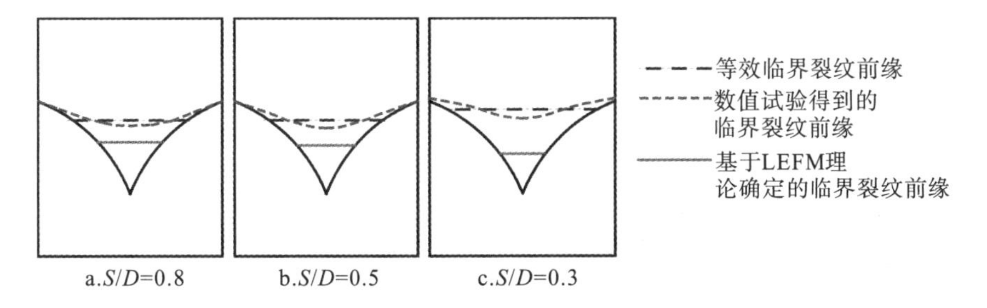

图 6.10　数值试验得到的临界裂纹前缘位置与基于传统 LEFM 理论确定的临界裂纹前缘位置

从图 6.10 可以看出，对于三种跨距，模拟得到的临界裂纹前缘位置与基于 LEFM 理论确定的临界裂纹前缘位置均有一定差距。临界裂纹模拟结果与 LEFM 理论中临界裂纹的差异即为岩石断裂过程中存在的亚临界扩展。显然，S/D=0.3 时的亚临界裂纹扩展最为严重，S/D=0.5 与 S/D=0.8 的差异较小。基于表面能相等的原则，将数值试验得到的曲线形裂纹前缘等效为直线形。表 6.21 列出了临界有效裂纹长度 a_{ec}、基于 LEFM 确定的临界裂纹长度 a_c、亚临界裂纹扩展长度 a_s、a_{ec} 对应的无量纲应力强度因子 $Y(\alpha_{ec})$、a_c 对应的 $Y(\alpha_c)$ 以及亚临界裂纹扩展对韧度测试造成的影响{由[$Y(\alpha_c)-Y(\alpha_{ec})$]/$Y(\alpha_{ec})$ 估计}。

表 6.21　亚临界裂纹扩展对三种跨距 CCNSCB 试验的影响

支撑跨距 S/D	a_c/R	a_{ec}/R	a_s/R	$Y(\alpha_{ec})$	$Y(\alpha_c)$	$[Y(\alpha_c)-Y(\alpha_{ec})]/Y(\alpha_{ec})$
0.8	0.479	0.571	0.092	5.873	5.618	−4%
0.5	0.465	0.571	0.106	3.327	3.100	−7%
0.3	0.430	0.616	0.186	1.823	1.396	−23%

对于 S/D=0.8 的 CCNSCB 试样，亚临界裂纹扩展对韧度测试的影响仅为-4%；S/D=0.5 的情况则为-7%；而当 S/D=0.3 时，亚临界裂纹扩展造成的影响高达-23%。这表明一个较大的支撑跨距有助于减小亚临界裂纹扩展对韧度测试的影响。并且当支撑跨距较大时，支撑跨距的变化(比如 S/D 从 0.8 减小到 0.5)对韧度测试的影响不大，而当支撑跨距较小时，韧度测试对支撑跨距的变化(比如 S/D 从 0.5 减小到 0.3)较敏感。

图 6.11 展示了 CCNSCB 试验在峰值力时过人字形韧带尖端切片上的最小主应力云图以及相应视角的累计声发射演化。当 S/D=0.8 时，应力云图上观察到的裂纹近似为一条较为理想的连续直线，裂纹周围未见额外的微破裂和分叉裂纹。表明断裂由一条主裂纹主导，较符合经典 LEFM 模型。而当 S/D=0.3 时，裂纹周围越多的微破裂超出人字形韧带，意味着断裂越容易偏离理想断裂面，断裂过程区也越宽[试样失效后的累计声发射分布(图 6.12)更清晰地表明了这一点]。因此，支撑跨距较小时，试样的断裂行为与 LEFM 理论严重不符，基于 LEFM 理论确定的断裂韧度合理性较差。这也是为何三点弯曲断裂试验一般要采用一个相对较大的支撑跨距的原因。因此，基于数值试验结果，建议 CCNSCB 试样的支撑跨距 S/D 取 0.8。

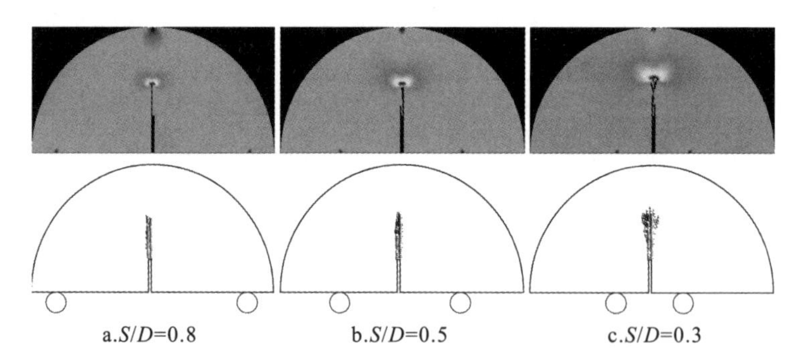

图 6.11 CCNSCB 试验在峰值力时过人字形韧带尖端切片上的最小主应力云图以及相应视角的累计声发射演化

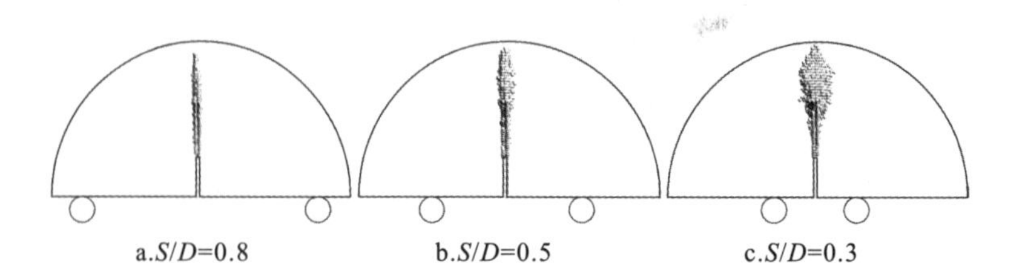

图 6.12 三种跨距 CCNSCB 试样失效后的累计声发射分布

6.4　CCNSCB 与 ISRM 建议方法的理论比较

前面的理论研究表明，CCNBD 试验存在较大的断裂过程区，而且 SCB 试验受过程区的影响也较严重，两者的测试结果容易显著偏低。理论研究表明，采用人字形切槽的 CB、SR 和 CCNBD 比采用直穿透切槽的 SCB 对过程区和亚临界裂纹长度的容忍性更好，并且三点弯曲加载方式比巴西类型加载更有助于减小断裂过程区和 T 应力大小。CCNSCB 试样可以视为 CCNBD 和 CCNSCB 试样的结合，它不仅采用人字形切槽，也采用三点弯曲加载方式，因此有望使测试结果受过程区和 T 应力的影响更小。本节从过程区和 T 应力对韧度测试影响的角度对 CCNSCB 试验进行理论评估，并将 CCNSCB 与 ISRM 建议方法进行比较。

6.4.1　过程区影响的对比

本节假定 CCNSCB 试样拥有与标准 CCNBD 试样相似的几何参数，并且暂时假定试样直径 D=50mm，考虑 S/D=0.8、0.5 和 0.3 的三种情况。仍然基于最大拉应力准则估计 CCNSCB 试样的过程区长度。前面的标定结果表明，CCNSCB 试样在 S/D=0.8、0.5 和 0.3 时的 Y_c 分别为 5.618、3.100 和 1.396。根据 CCNSCB 试样的断裂韧度计算公式[式(6.1)]，失效荷载可以分别确定为 562.9k N，1020.1k N，和 2265.1k N，k 为试样测得的表观断裂韧度。将这些失效荷载和合适的边界条件施加于与图 6.2 类似的数值模型中(α_c 分别为 0.479、0.465 和 0.430)，可以得到 CCNSCB 试样临界残余韧带上的正应力分布(图 6.2 中 x 轴上垂直于试样对称面的正应力)，结果绘于图 6.13。

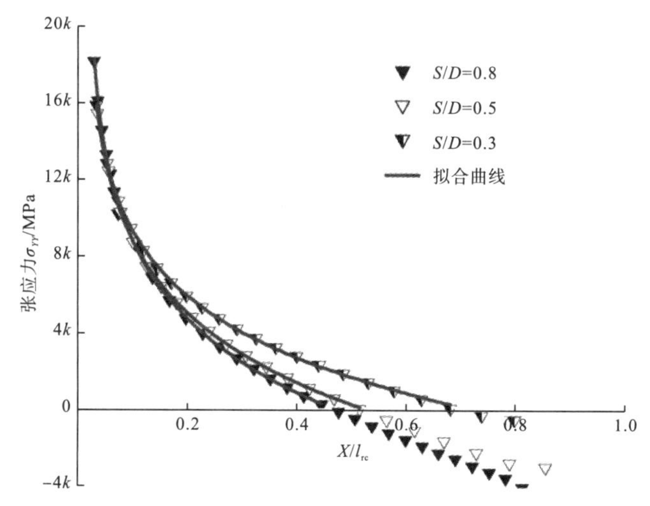

图 6.13　三种跨距 CCNSCB 试样临界残余韧带上的正应力分布

可以看出，CCNSCB 试样的临界残余韧带上均存在一个中性截面，中性截面处张应力为 0。对靠近裂纹的一侧，试样对称面上的正应力为张拉应力；对远离裂纹的一侧，对称面上的正应力则为压应力。这与一般的梁类型试样中的应力分布规律相同。此外，支撑跨距越大，中性截面位置越靠近裂纹尖端。通过对应力大于 0 的部分进行拟合(拟合曲线见图 6.13)，可以得到临界残余韧带上张应力与到裂尖距离的关系为

$$\begin{cases}(\sigma_{YY}/k)=-4.6193-5.6728\times\ln\left(X/l_{\mathrm{rc}}-0.0123\right),\ \sigma_{YY}>0,\ R^2=0.9994 & (S/D=0.8)\\(\sigma_{YY}/k)=-3.4284-5.1008\times\ln\left(X/l_{\mathrm{rc}}-0.0125\right),\ \sigma_{YY}>0,\ R^2=0.9998 & (S/D=0.5)\\(\sigma_{YY}/k)=-1.6695-4.6378\times\ln\left(X/l_{\mathrm{rc}}-0.0110\right),\ \sigma_{YY}>0,\ R^2=0.9996 & (S/D=0.3)\end{cases} \tag{6.16}$$

随着到裂纹尖端距离的增加，张应力值迅速减小。对于某一距离，张应力刚好达到抗拉强度。令 $\sigma_t=mk$(MPa)代入拟合关系式(6.16)，可以得到 CCNSCB 试样的断裂过程区长度 l_{FPZ} 与临界残余韧带长度 l_{rc} 之比为

$$l_{\mathrm{FPZ}}/l_{\mathrm{rc}}=\begin{cases}\exp(-0.1763m-0.8142)+0.0123 & (S/D=0.8)\\\exp(-0.1960m-0.6721)+0.0125 & (S/D=0.5)\\\exp(-0.2156m-0.3600)+0.0110 & (S/D=0.3)\end{cases} \tag{6.17}$$

图 6.14a 直观比较了三种支撑跨距下 CCNSCB 试样在临界阶段时的过程区长度占残余韧带长度的比例。随着 m 增大，三种支撑跨距 CCNSCB 试样的断裂过程区比例均减小，并且减小的速度越来越慢。当 m 很大时，CCNSCB 试样的过程区长度相对于临界残余韧带均变得可以忽略不计。这意味着当材料的抗拉强度远远大于断裂韧度时，裂纹尖端区域不易产生微破裂和亚临界裂纹扩展，断裂更加由主裂纹控制，LEFM 也更加适用。此外，对于给定的 m 值，CCNSCB 试样在 S/D=0.3 时的断裂过程区相对于残余韧带更长，S/D=0.5 的情形次之，S/D=0.8 的情况最短。

将三种支撑跨距下的临界残余韧带长度代入式(6.17)，可以得到过程区长度为

$$l_{\mathrm{FPZ}}=\begin{cases}\left[\exp(-0.1763m-0.8142)+0.0123\right]\times0.521R & (S/D=0.8)\\\left[\exp(-0.1960m-0.6721)+0.0125\right]\times0.535R & (S/D=0.5)\\\left[\exp(-0.2156m-0.3600)+0.0110\right]\times0.570R & (S/D=0.3)\end{cases} \tag{6.18}$$

为了直观比较三种跨距 CCNSCB 试样的过程区长度，将式(6.18)的结果绘于图 6.14b。可以看出，对于相同的半径 R 以及给定的 m 值，CCNSCB 试样在 S/D=0.3 时的过程区总是最长，在 S/D=0.8 时最短。这意味着，若分别采用此三种支撑跨距的 CCNSCB 试验测试 3 种抗拉强度相同的岩石材料(支撑跨距与岩石一一对应)，并且测得了一致的断裂韧度值，S/D=0.3 的 CCNSCB 试验中的断裂过程区最长，其测得的断裂韧度值可能是最不准的。

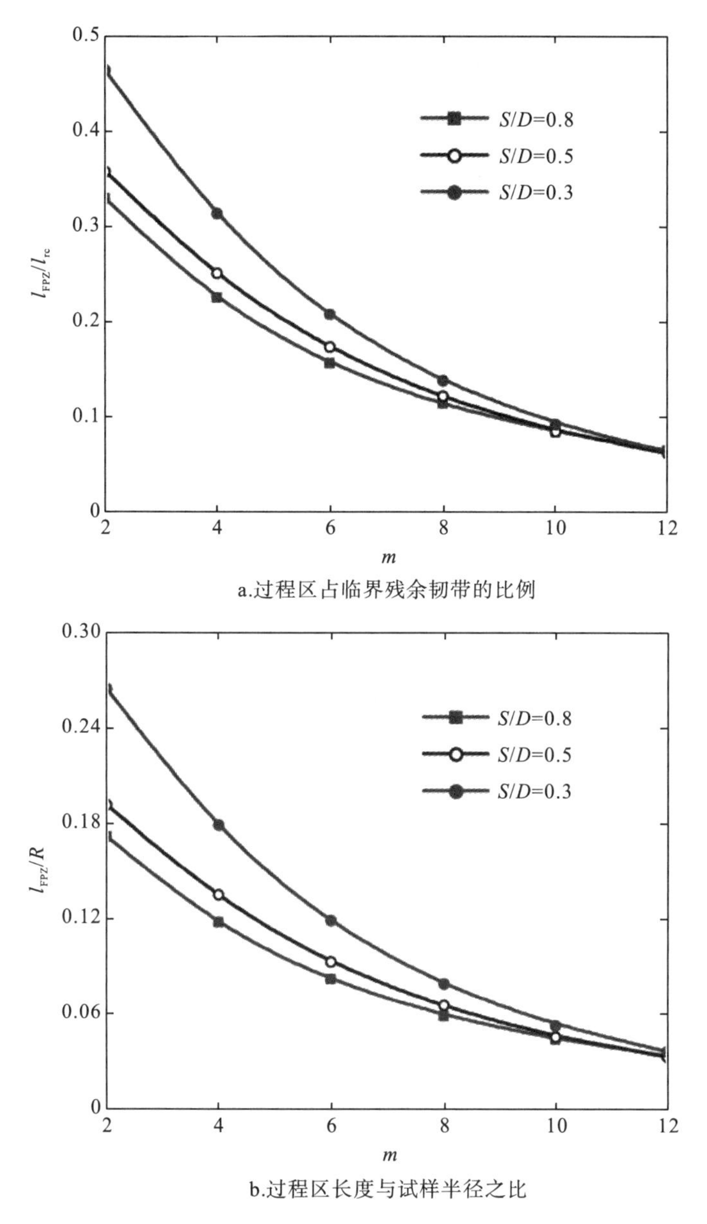

a.过程区占临界残余韧带的比例

b.过程区长度与试样半径之比

图 6.14 三种跨距 CCNSCB 试验中的过程区长度

三种支撑跨距 CCNSCB 试样的临界无量纲有效裂纹长度可以写为

$$\alpha_{ec}=\frac{a_c+l_{FPZ}}{R}=\begin{cases}\left[\exp(-0.1763m-0.8142)+0.0123\right]\times 0.521+0.479 & (S/D=0.8)\\ \left[\exp(-0.1960m-0.6721)+0.0125\right]\times 0.535+0.465 & (S/D=0.5)\\ \left[\exp(-0.2156m-0.3600)+0.0110\right]\times 0.570+0.430 & (S/D=0.3)\end{cases} \tag{6.19}$$

将式(6.19)代入前面标定得到的 Y 与 α 的拟合关系中，可以得到临界有效裂纹长度对应的 $Y(\alpha_{ec})$ 值。随后，过程区对韧度测试的影响可以由 $K_a/K_c=Y(\alpha_c)/Y(\alpha_{ec})$ 表征。由于过程区长度依赖于 m 值，则过程区对韧度测试的影响也与 m 值相关，如图 6.15 所示。可以看出，当 m 较小时，过程区对测试结果的影响较显著。这是由于抗拉强度相对于应力强度因子越小，裂纹尖端越易产生微裂纹，过程区越长，忽略过程区造成的误差越大。随着 m 的增加，断裂过程区对断裂韧度测试的影响越来越弱，当 m 较大时，是否考虑过程区对测试结果的影响不大，这是由于裂纹尖端不易产生微裂纹或亚临界裂纹扩展，所有试样的断裂都较接近 LEFM 理论，忽略断裂过程区而直接计算得到的断裂韧度已经接近于一个与试样构形和尺寸无关的材料性质常数。图 6.15 意味着，若采用此三种支撑跨距的 CCNSCB 试样分别测试 3 种抗拉强度相同的岩石材料(三种支撑跨距试验与岩石一一对应)，并且测得的表观断裂韧度一致，$S/D=0.8$ 时 CCNSCB 试验的测试值其实更加接近于被测试岩石的固有断裂韧度。

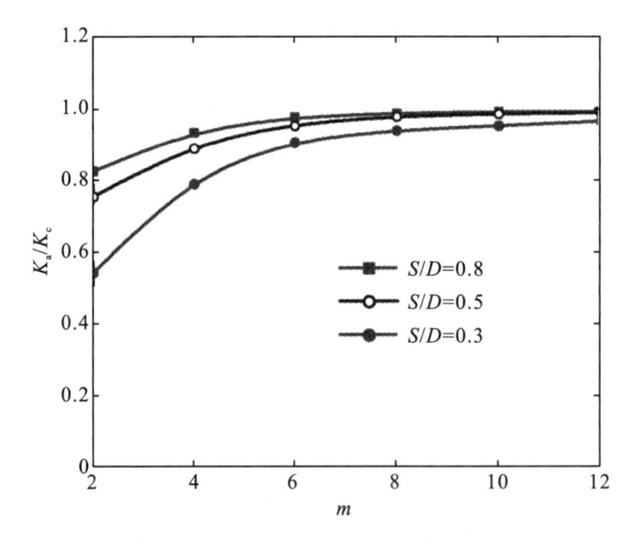

图 6.15　三种跨距 CCNSCB 试验受过程区的影响程度与 m 的关系

与第 4 章类似，引入反映岩石抗拉强度与固有断裂韧度之比的系数 n[式(4.8)]，n 值只与材料本身的性质有关，而与试验配置(比如支撑跨距)无关。鉴于 K_a/K_c 随 m 的变化规律已经得到，结合式(4.9)也可以得出 K_a/K_c 与 n 的关系，结果如图 6.16 所示。对于任一给定的岩石材料(即 n 值固定)，CCNSCB 试验在 $S/D=0.8$ 时的 K_a/K_c 接近于 1，$S/D=0.5$ 的情况次之，而在 $S/D=0.3$ 时测得的表观断裂韧度与岩石固有断裂韧度差距最大。图 6.16 也表明，对于抗拉强度与固有断裂韧度之比非常大的岩石，支撑跨距对断裂韧度测试结果的影响较小，三种跨距均能测得较准确的断裂韧度。

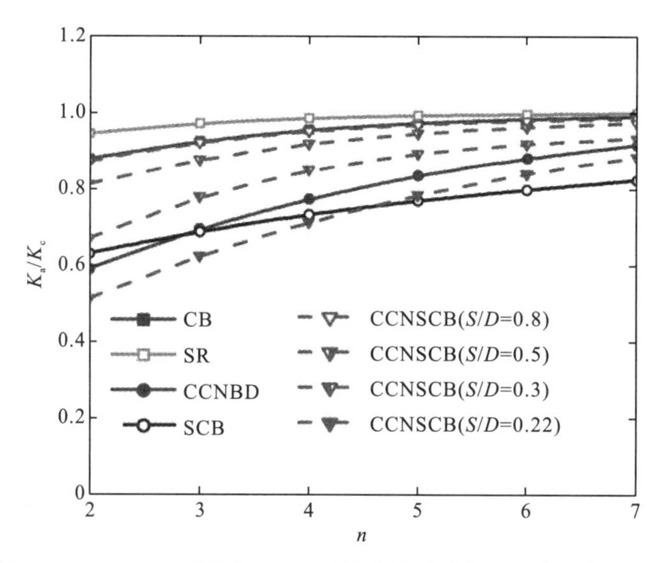

图 6.16　CCNSCB 试验与 ISRM 建议方法受过程区影响程度的比较

图 6.16 比较了 CCNSCB 与 4 种 ISRM 建议方法受过程区影响的程度，其中 SCB 试验只考虑了 a/R=0.5 且 S/D=0.8 的情况。可以看出，S/D=0.8 的 CCNSCB 试验与 CB 试验的准确性较为接近，优于 CCNBD 和 SCB 试验。而且，即使是 S/D=0.3 的 CCNSCB 试验，其准确性也要优于 CCNBD 与 SCB 试验。根据支撑跨距对 CCNSCB 试验准确性的影响规律可知，当支撑跨距很小时，CCNSCB 试验可能变得与 CCNBD 试验的准确性接近。于是，CCNSCB 试验在较小支撑跨距(S/D=0.22)时的结果也在图 6.16 中给出。选择 S/D=0.22 的原因是，在此跨距下，当 K_{Ic} 计算公式均采用式(1.8)或式(6.1)时，CCNSCB 试验的临界无量纲应力强度因子与 CCNBD 试验一致。可以发现当 S/D=0.22 时，CCNSCB 试验的准确性不如 CCNBD 试验。因此，从过程区影响的角度来看，与 CCNBD 试验准确性相当的 CCNSCB 试验的 S/D 值可能在 0.22～0.3 之间。图 6.16 还表明，当 S/D 从 0.8 变为 0.5 时，对 CCNSCB 试验 K_a/K_c 值影响较小；当 S/D 从 0.5 变为 0.3 以及从 0.3 变为 0.22 时，对 CCNSCB 试验的 K_a/K_c 值影响较大。这意味着，支撑跨距越小，CCNSCB 试验结果的准确性对支撑跨距越敏感。

对于 CCNSCB 试样，图 6.15 已得到 m 与 K_a/K_c 的关系，通过 $n = m \times (K_a/K_c)$ 可以得到 n 与 m 一一对应的关系，再根据式(6.18)则可以得到 l_{FPZ} 与 n 的关系。以上研究表明，一个较大的支撑跨距有助于减小过程区长度以及 l_{FPZ} 对 CCNSCB 和 SCB 试验的影响，以下研究只考虑 CCNSCB 和 SCB 试验(a/R=0.5)在 S/D=0.8 时的情况。图 6.17 比较了 CCNSCB 与 4 种 ISRM 建议方法的 $l_{\mathrm{FPZ}}/l_{\mathrm{rc}}$ 和 l_{FPZ}/R 值。显然，就过程区占临界残余韧带的比例来讲，CCNSCB 高于 SR 和 CB，并轻微高于 SCB，却低于 CCNBD。而对于断裂过程区与试样半径的比值，CCNSCB 高于 SCB，低于 SR、CB 和 CCNBD。

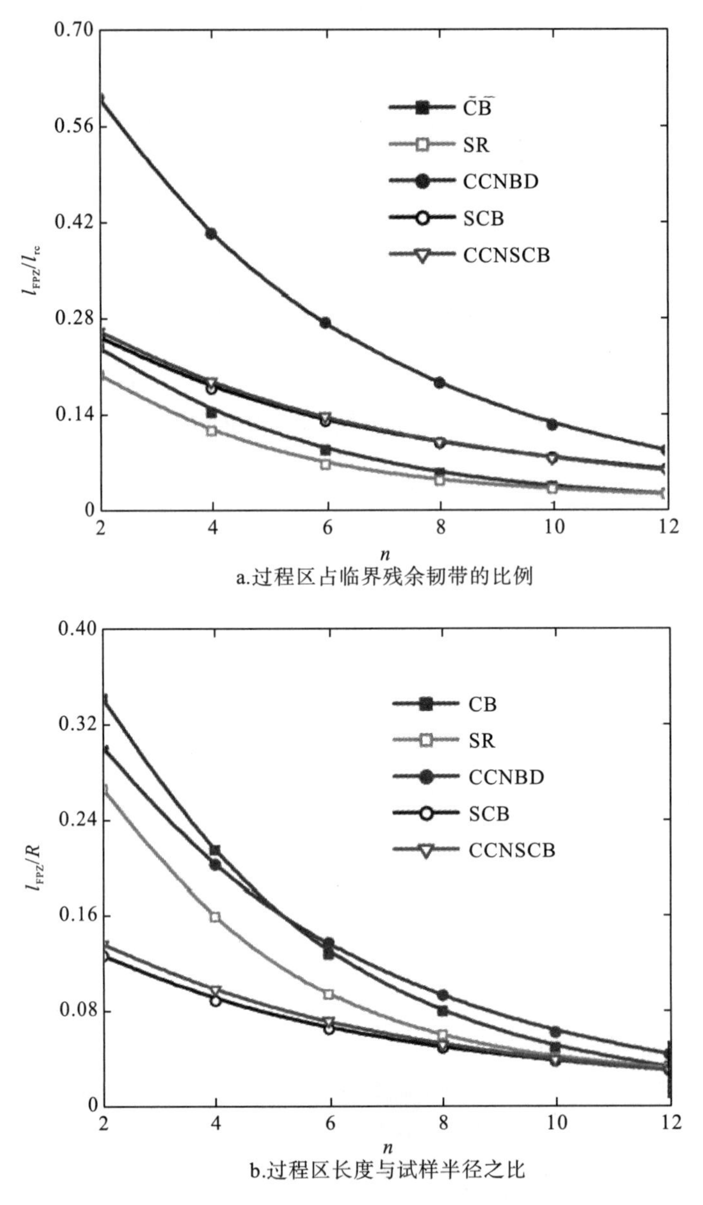

a.过程区占临界残余韧带的比例

b.过程区长度与试样半径之比

图 6.17 CCNSCB 与 ISRM 建议方法的过程区长度比较

由于上述分析中假定 D=50mm，接下来考虑试样尺寸对 CCNSCB 试验的影响。定义试样 A 为 D=50mm 的 CCNSCB 试样，试样 B 为几何相似的另一直径的 CCNSCB 试样，试样 A 和 B 的表观断裂韧度分别表示为 k_A 和 k_B。根据 CCNSCB 的韧度计算公式，试样 A 和 B 的失效荷载比值可由式(4.10)表示。同样，可以推出试样 A 和 B 在一组对应点处的任一应力的比值可以表示为式(6.20)。与 4.4 节类似，最终可以得到任一半径 R_B 的 CCNSCB 试样的α_{ec}为

$$(\alpha_{ec})_B=\left\{\exp\left[-0.1763m\times(R_B/R_A)^{0.5}-0.8142\right]+0.0123\right\}\times0.521+0.479 \quad (6.20)$$

图 6.18 比较了 R=25mm、50mm 和 75mm 时 CCNSCB 试样与 4 种 ISRM 建议试样的 K_a/K_c 值。可以看出，对于相同直径的 CCNSCB 和 CB 试样，韧度测试结果受过程区的影响非常相近，表明 CCNSCB 和 CB 试样可能拥有相近的断裂韧度结果。与 CB 试验相似，CCNSCB 受过程区的影响轻微高于 SR 试验。对于任一给定的试样半径，CCNSCB 试验受过程区的影响都要明显小于 CCNBD 和 SCB 试验，即便是 R=25mm 的 CCNSCB 试样受过程区的影响都要小于 R=75mm 的 CCNBD 和 SCB 试样。

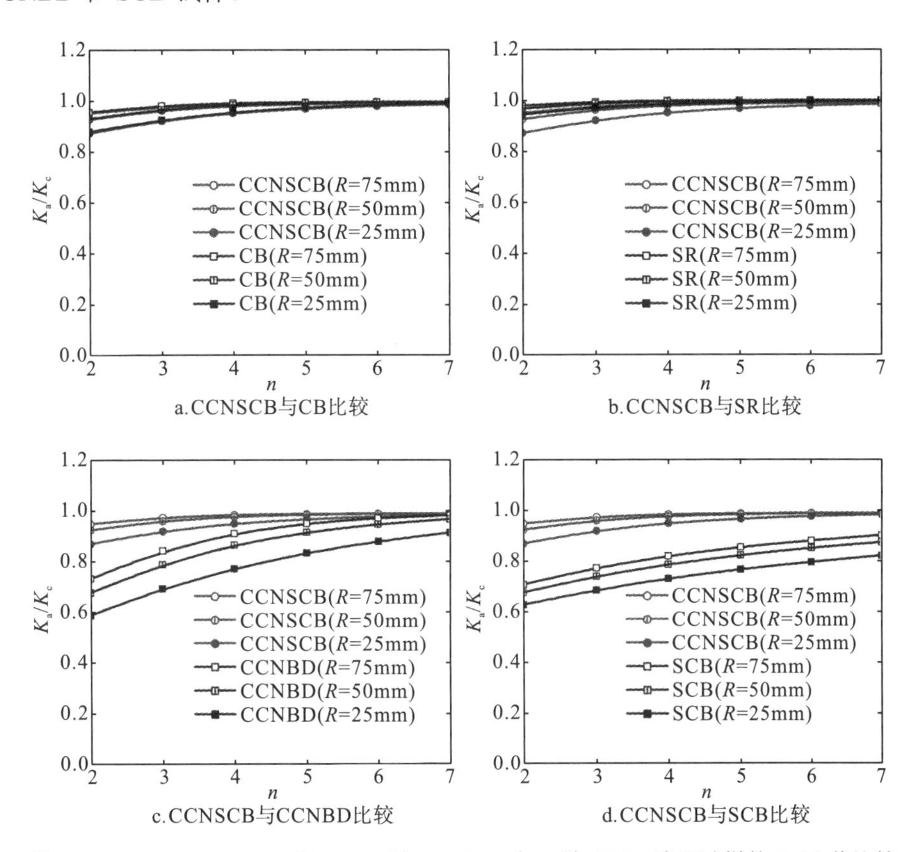

图 6.18　R=25mm、50mm 和 75mm 时 CCNSCB 与 4 种 ISRM 建议试样的 K_a/K_c 值比较

6.4.2　T 应力影响的对比

第 5 章的研究已经表明，除了断裂过程区，T 应力对岩石 I 型断裂也有一定的影响。从考虑了 T 应力的最大周向应变准则来看，负的 T 应力可以增大 I 型裂纹延长线上的周向应变，会促进裂纹的扩展，从而使测得的断裂韧度偏低；而正的 T 应力则可以减小 I 型裂纹延长线上的周向应变，有助于抑制裂纹的扩展，从

而使测得的断裂韧度偏高。本小节对 CCNSCB 试验和 4 种 ISRM 建议试验中的 T 应力进行比较。考虑了 T 应力的最大周向应变准则表明，对于同一岩石，不同试验方法断裂韧度结果的差异取决于各个方法 $C(C=T/K_\mathrm{I})$ 值的差异，需要对各个方法的 C 值进行计算。与 I 型应力强度因子 K_I 类似，CCNSCB 试验的 T 应力也可以直接从与图 6.2 类似的有限元模型直接计算得到，进而可以通过有限元计算得到各个方法中的 C 值。

表 6.22 比较了 CCNSCB 试验和 ISRM 建议试验的 C 值，并以本书采用的长泰花岗岩的力学性质为例，对 CCNSCB 试验以及 ISRM 建议试验的断裂韧度与 K_Ic^*（即 C=0 时的断裂韧度）的比值进行了比较。当 D=50mm 时，CCNSCB（S/D=0.8）、CB 和 SCB 试验的 C 值较小，都接近于 0；SR 试验的 C 值相对较大，为一正值；CCNBD 试验的 C 值为显著的负值。CCNSCB（S/D=0.8）试验的 C 值仅为 $-0.137\mathrm{m}^{-0.5}$，其绝对值比其他所有试验都小。根据考虑了 T 应力的最大周向应变准则[式(5.8)]，可以看出 CCNSCB 试验受 T 应力的影响最小，T 应力仅仅给 CCNSCB 试验结果带来-0.8%的误差。因此，CCNSCB 试验结果可以近似等于 T=0 时的断裂韧度。另外，从 CCNSCB 试验可以看出：①随着支撑跨距的减小，其 C 值绝对值以及造成的测试误差都会增大；②当支撑跨距相对较大时，C 值随支撑跨距的变化速率很慢，而当支撑跨距较小时，C 值对支撑跨距的变化非常敏感。这表明，一个较大的支撑跨距有助于降低 CCNSCB 试验中的 T 应力强度，进而可以减小 T 应力对韧度测试的影响。当 CCNSCB 试验的支撑跨距较小时（比如，S/D=0.22），其 T 应力强度以及韧度测试误差变得与 CCNBD 试验非常接近。这说明从 T 应力影响的角度来看，CCNBD 试验与支撑跨距较小的 CCNSCB 试验是等效的。另外，R 从 25mm 增加到 75mm，CCNSCB 试验结果仅仅提高了 0.3%，这表明对于本书采用的长泰花岗岩，由 T 应力引起的 CCNSCB（S/D=0.8）试验的尺寸效应很弱。

表 6.22 基于式(5.8)预测的 T 应力对 CCNSCB、CB、SR、CCNBD 和 SCB 长泰花岗岩试样断裂韧度的影响

试验方法	D/mm	$C(C=T/K_\mathrm{I})/\mathrm{m}^{-0.5}$	$K_\mathrm{a}/K_\mathrm{Ic}^*$
CB	50	−1.097	93.7%
SR	50	3.280	125.0%
CCNBD	50	−17.845	47.9%
SCB（S/D=0.8，α=0.5）	50	0.507	103.2%
CCNSCB（S/D=0.8）	50	−0.137	99.2%
CCNSCB（S/D=0.8）	100	−0.097	99.4%
CCNSCB（S/D=0.8）	150	−0.079	99.5%
CCNSCB（S/D=0.5）	50	−1.632	91%
CCNSCB（S/D=0.3）	50	−6.181	72.7%
CCNSCB（S/D=0.22）	50	−15.665	51.2%

6.5　CCNSCB 与 ISRM 建议方法的室内试验比较

6.4 节的理论研究表明，从断裂过程区和 T 应力对韧度测试的影响来看，CCNSCB 与 CB 试验的准确性接近；CCNSCB 受过程区的影响要显著小于 CCNBD 和 SCB，并且受 T 应力的影响要显著小于 CCNBD。为了进一步检查这些理论结果的准确性，本节开展 CCNSCB 物理试验研究。

为了与第 5 章的 CB、CCNBD 和 SCB 试验结果对比，仍采用长泰花岗岩开展 CCNSCB 试验，CCNSCB 试样的制备过程如下。首先，使用岩石切割机将岩芯切割为厚度约为 0.4D 的圆盘，保证两个圆形表面为光滑平面。严格控制圆柱形侧面与圆盘轴线的夹角不超过 0.2°，并从多个方向测量圆盘厚度，确保最大厚度与最小厚度之差不超过 0.01 倍平均厚度。接着，在圆盘表面通过画线的方式做好切割标记，保证切割操作能正好将圆盘分为几乎一致的两部分。最后将岩石圆盘用虎钳夹紧，使切割标记水平，在铣床上按图 6.19 所示的步骤分别从半圆盘的两个平面进刀制作 CCNSCB 试样。其中，所有切割操作均以清洁水作为冷却液，进刀深度为 0.224D。切割完成后，应检查两端的切槽是否相交以及切槽的中间部分是否穿透。值得说明的是，之所以先将圆盘切割为半圆盘再进行开槽，是因为若是通

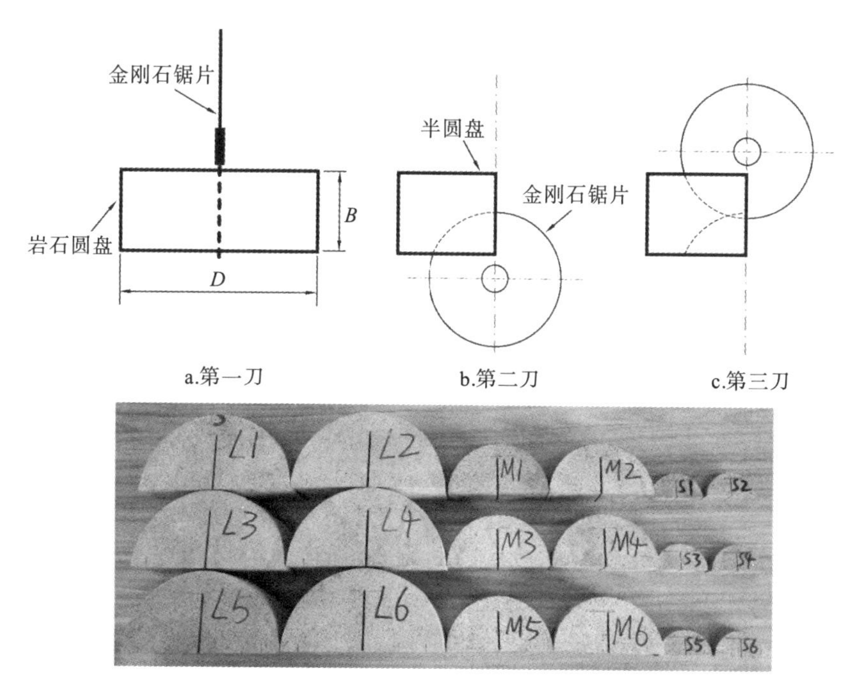

图 6.19　CCNSCB 长泰花岗岩试样与制备过程

过将 CCNBD 试样一分为二的方法来制备 CCNSCB 试样，将圆盘切割成半圆盘的操作可能会给切槽韧带造成损伤。依据上述步骤最终制得半径约为 25mm、50mm 和 75mm 的 CCNSCB 试样各 6 个。小尺寸、中等尺寸和大尺寸试样的切槽端部宽度分别约为 0.8mm、1.2mm 和 1.5mm。显然，制得的三种尺寸的 CCNSCB 试样具有相似的几何尺寸，并且约等于前面 CCNBD 长泰花岗岩试样的一半。实际制得的各个 CCNSCB 试样的详细几何数据列于表 6.23。表中的 Y_{min} 数据根据试样的 a_0/R、a_1/R、B/R 和 S/D 值从 6.2 节的标定结果查取。

表 6.23 制备的 CCNSCB 长泰花岗岩试样的几何尺寸

试样编号	R /mm	B/mm	S/D	a_0/mm	a_1/mm	Y_{min}
CCNSCB-S1	24.16	19.82	0.8	7.2	17	6.517
CCNSCB-S2	23.52	19.7	0.8	6.8	17.5	7.041
CCNSCB-S3	25.1	19.9	0.8	7	17	6.013
CCNSCB-S4	24.72	19.7	0.8	6	17.1	6.007
CCNSCB-S5	24.34	19.8	0.8	6.5	16.7	6.094
CCNSCB-S6	24.3	19.74	0.8	7	17	6.385
CCNSCB-M1	49.5	40	0.8	13.5	35.2	6.435
CCNSCB-M2	49.5	40	0.8	14.2	35.8	6.688
CCNSCB-M3	49.5	40	0.8	14	35.7	6.633
CCNSCB-M4	49.5	40	0.8	13.6	35.6	6.556
CCNSCB-M5	49.35	40	0.8	13.6	35.8	6.646
CCNSCB-M6	49.6	40	0.8	14.5	35.7	6.676
CCNSCB-L1	74.5	60	0.8	23	53.5	6.766
CCNSCB-L2	74.3	60	0.8	19.4	54.5	6.645
CCNSCB-L3	74.3	60	0.8	21	55	6.885
CCNSCB-L4	74.1	60	0.8	21.2	54	6.760
CCNSCB-L5	74.1	60	0.8	20.6	53.8	6.668
CCNSCB-L6	73.75	60	0.8	20.4	54	6.744

6.3 节和 6.4 节表明，较大的支撑跨距有助于减小过程区和 T 应力对 CCNSCB 试验的影响，并有助于减小摩擦和支撑跨距设置误差对试验结果的影响。因此，CCNSCB 花岗岩试验中的支撑跨距设置为 S/D=0.8。试验在最大单轴加载能力为 5t 的万能力学试验机上完成。采用位移控制的加载方式，速率为 0.24mm/min。

图 6.20 展示了一些典型的失效试样，并给出了典型的力-位移曲线。试样的断裂路径和断裂面较为理想，在人字形切槽的约束作用下，裂纹都较好地沿着人字形韧带扩展。而且，在 CCNSCB 试验中并没有观察到 CCNBD 试验中的次生裂纹。CCNSCB 与 SCB 试验中记录的力-位移曲线较为相似，均无 CCNBD 试验曲

线中容易出现的二次上升现象。图 6.20 表明，试样尺寸越大，力–位移曲线的峰值越大。表 6.24 总结了 CCNSCB 试验的失效荷载和测得的表观断裂韧度值。半径约为 25mm、50mm 和 75mm 的 CCNSCB 试样测得的平均断裂韧度分别为 $2.45\text{MPa·m}^{0.5}$、$2.73\text{MPa·m}^{0.5}$ 和 $2.92\text{MPa·m}^{0.5}$，这表明表观断裂韧度随 CCNSCB 试样尺寸的增大而增大，这与图 6.18 中从过程区影响的角度开展的理论预测一致。

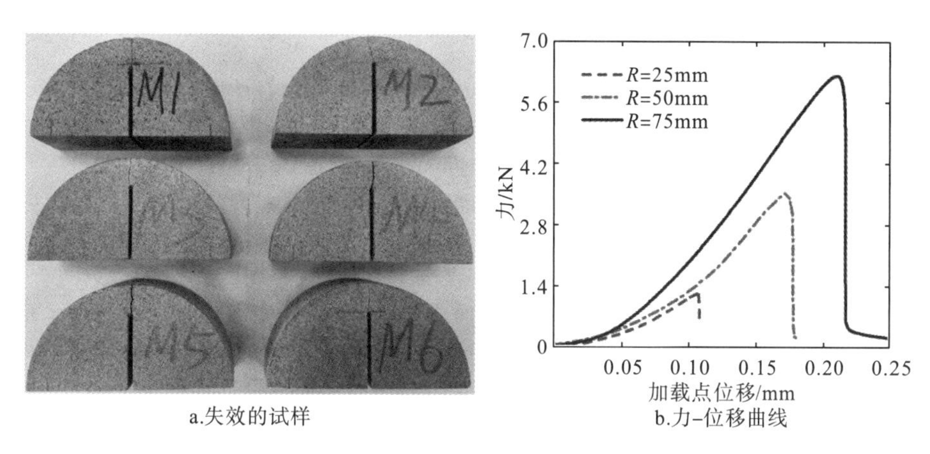

a.失效的试样　b.力–位移曲线

图 6.20　CCNSCB 花岗岩试样典型的失效模式和力–位移曲线

表 6.24　CCNSCB 花岗岩的失效荷载和断裂韧度结果

试样组	失效荷载/kN	表观断裂韧度 K_a/($\text{MPa·m}^{0.5}$)
CCNSCB-S	1.198±0.115	2.450±0.137
CCNSCB-M	3.674±0.111	2.727±0.069
CCNSCB-L	7.080±0.537	2.921±0.237

图 6.21 将 CCNSCB、CB、CCNBD 和 SCB 试样的韧度结果进行了对比。显然，对于任一试样尺寸，CCNSCB 测得的表观断裂韧度总是高于 CCNBD 和 SCB，这与图 6.18 中从过程区影响的角度进行的理论估计一致。而且，对于任一试样半径，CCNSCB 试样组的断裂韧度最小值都仍然要高于 CCNBD 和 SCB 试样组中的断裂韧度最大值。这表明，CCNSCB 测试结果更高的现象主要是由三种试样构形本身所造成的，而与岩石材料潜在的非均质性无关。值得说明的是，制备三种试样所用的岩芯均是沿方形花岗岩块的同一方向钻取，而且每个试样中切槽的开口方向具有随机性，每种试样的切槽走向并不固定沿着某一特定材料方向。因此，三种试样韧度测试结果的显著差异也并非由于岩石各向异性引起。即使是 R=25mm 的 CCNSCB 试样，断裂韧度结果仍要高于 R=75mm 的 CCNBD 和 SCB 试样，这也与图 6.18 的理论预测完全吻合。另外，当半径为 25mm 时，相比于 CCNSCB 与 CCNBD 或 SCB 试样测试结果之间的差距，CCNSCB 与 CB 试样测试结果之间

的差距则要小得多。CB 试验仅比 CCNSCB 试验断裂韧度结果偏低约 9%，这个差距明显低于断裂韧度测试中经常观察到的不同试验方法的韧度结果差异(比如，CCNBD 经常比 CB 偏低 30%～50%，甚至更多)。因此，可以认为 CCNSCB 试验与 CB 试验具有较好的一致性。

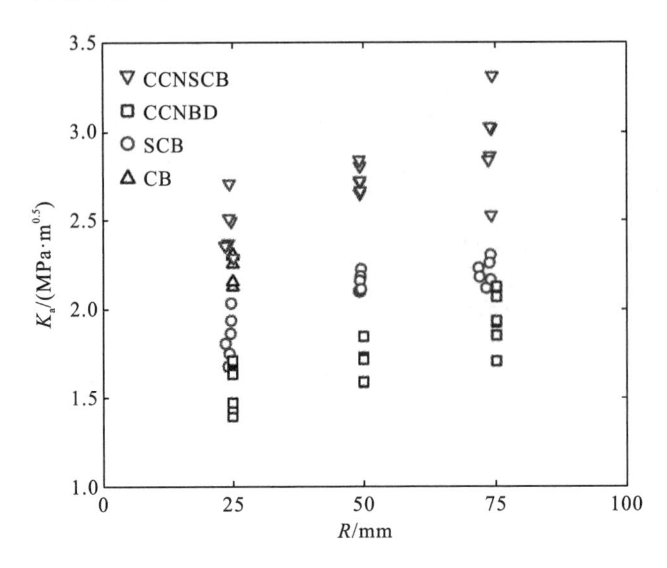

图 6.21 CCNSCB、CB、CCNBD 和 SCB 长泰花岗岩试样断裂韧度结果对比

6.6 本章讨论

前面的理论和试验研究表明，CCNBD 和 SCB 试验受过程区的影响显著，而且 CCNBD 试验还受负 T 应力的严重影响，两者的测试结果比传统断裂力学定义的断裂韧度严重偏低。于是，4 种建议方法并不能测得一致的断裂韧度结果，当采用 CCNBD 或 SCB 与 CB 等试验配合用于确定岩芯在不同方向的韧度时，不同试验的测试结果差异难以判断是由岩石各向异性引起还是试验方法本身造成。因此，有必要发展一种可供选择的试验方法来达到 CCNBD 和 SCB 试验的作用。

本章对 CCNSCB 试验进行系统深入的研究。CCNSCB 试样既可以视为半个 CCNBD 试样，又可视为人字形切槽版本的 SCB 试样，与 SCB 试样一样采用三点弯曲荷载。因此，CCNSCB 试验可以视为 CCNBD 与 SCB 试验的结合。既有的一些研究已经注意到 CCNSCB 试样在断裂韧度测试中具有一些优点，比如，Dai 等指出，CCNSCB 试样避免了 CCNBD 中的对称裂纹扩展假设，试样较短有助于在 SHPB 动力学试验中实现试样两端力平衡，进而可以采用准静态数据处理方法来确定动力学性质，并且 CCNSCB 试样无须像 SCB 那样需要预制尖锐裂纹[272]。然而，有限的应力强度因子数据仍然不利于 CCNSCB 试验推广应用。Kuruppu 和

Chong 也指出，CCNSCB 试样的应力强度因子数据仍十分缺乏，期望有研究可以得到更可靠、更宽范围的数据[164]。鉴于此，本研究对宽范围 CCNSCB 试样的应力强度因子进行大量的有限元标定，弥补了 CCNSCB 试验应力强度因子数据严重缺失的缺陷。而且，本书也使用分片合成法验证了应力强度因子结果的有效性。分片合成法与有限元法标定结果的一致性不仅说明本书在分片合成法中采用的经验系数的准确性，也表明了前文 SCB 试样 Y 值标定结果的准确性。

本章对 CCNSCB 试验进行了数值试验评估。数值结果表明，一个较大的支撑跨距(比如 S/D=0.8)有助于减小 CCNSCB 试验中的亚临界裂纹扩展长度及其对韧度测试的影响。当 S/D=0.8 时，CCNSCB 试样的断裂由一条主裂纹主导，微破裂被较好地限制在韧带区域以内，表明断裂过程区宽度较小，断裂行为较符合 LEFM 原理。值得注意的是，尽管 S/D=0.8 的 CCNSCB 数值试验中也观察到了亚临界裂纹扩展，临界裂纹前缘位置仍保持在人字形韧带以内，这与 CCNBD 数值试验中临界裂纹前缘超出人字形韧带根部的结果不同。这表明，S/D=0.8 的 CCNSCB 试验比 CCNBD 具有更小的断裂过程区或亚临界裂纹扩展。然而，当支撑跨距较小时(如 S/D=0.3)，CCNSCB 试样的渐进断裂过程与 CCNBD 试样具有相似之处：①临界时刻的有效裂纹前缘超出人字形韧带根部，出现严重的亚临界裂纹扩展；②临界时刻的裂纹出现分叉现象，较多的微破裂超出韧带区域，表明试样具有较宽的断裂过程区，而且裂纹扩展易偏离理想断裂平面。从数值试验可以看出，CCNBD 试验与较小跨距的 CCNSCB 几乎是等效的，试样的断裂行为均与 LEFM 理论偏离较远。

本书从过程区大小及其对韧度测试影响的角度对 CCNSCB 试验进行了理论评估，并将 CCNSCB 与 4 种 ISRM 建议方法进行了比较。结果表明，一个较大的支撑跨距有助于减小 CCNSCB 试验中的过程区及其对韧度测试的影响。当支撑跨距较大时，过程区大小及其影响随支撑跨距的变化较不明显；当支撑跨距较小时，过程区大小及其影响对支撑跨距的变化更加敏感。图 6.17 表明，CCNSCB 试验(S/D=0.8)无论是过程区长度还是它占临界残余韧带长度的比例均小于 CCNBD 试验。由此可见，CCNSCB 试验测试结果受过程区的影响显著小于 CCNBD。理论研究还表明，从过程区对测试结果影响的角度来看，CCNBD 试验的准确性与某一较小跨距(S/D 为 0.22～0.3)的 CCNSCB 试验相近。这说明，就断裂韧度测试准确性来讲，巴西类型间接拉伸荷载对二分之一 CCNBD 试样的作用可以等效于一个较小跨距的三点弯曲荷载。普遍公认的是，对于采用三点弯曲加载方式的混凝土或岩石断裂韧度试验，较小的跨高比(支撑跨距与试样高度之比)并不可取。因此，就韧度测试的准确性来讲，CCNBD 试验也不可取。从过程区对韧度测试的影响来看，采用较大跨距的 CCNSCB 试验要优于采用巴西类型加载的 CCNBD 试验。

理论结果也表明，CCNSCB 试验(S/D=0.8)无论是过程区长度还是其占临界残余韧带长度的比例均略微高于 SCB 试验，但其受到过程区的影响却小于 SCB。这可以通过以下原因解释，图 6.22 给出了 CCNSCB 与 SCB 试样(S/D 均为 0.8)的 Y 值随α的变化[这里，SCB 与 CCNSCB 试验的 K_{Ic} 计算公式均采用式(6.1)]。可以看出，当 CCNSCB 试样中的裂纹长度小于最终切槽长度 a_1 时，CCNSCB 试样的 Y 值与 SCB 试样并不相同。由于裂纹宽度越小，单位荷载下 CCNSCB 试样裂纹尖端的应力集中越严重，应力强度因子越大，Y 值也就越高。当裂纹长度 a 达到 a_1 之后，CCNSCB 试样转变为 SCB 试样，其 Y 值也就变得与 SCB 试样一致。值得注意的是，在临界裂纹长度附近，CCNSCB 试验的 Y 值随α的变化并不显著，而 SCB 试验中 Y 值随α值的变化明显比 CCNSCB 试验显著。例如，当两者的亚临界裂纹扩展长度均为 0.1R 时，CCNSCB 试验中基于 LEFM 理论的 $Y(\alpha_c)$只比 $Y(\alpha_{ec})$(与临界有效裂纹长度对应)偏低 5.4%；而对于 SCB 试验，$Y(\alpha_c)$比 $Y(\alpha_{ec})$偏低 29.3%。由此可见，CCNSCB 试验对过程区长度有更大的容忍性，即 CCNSCB 比 SCB 试验的断裂韧度结果更不易受过程区长度的影响。

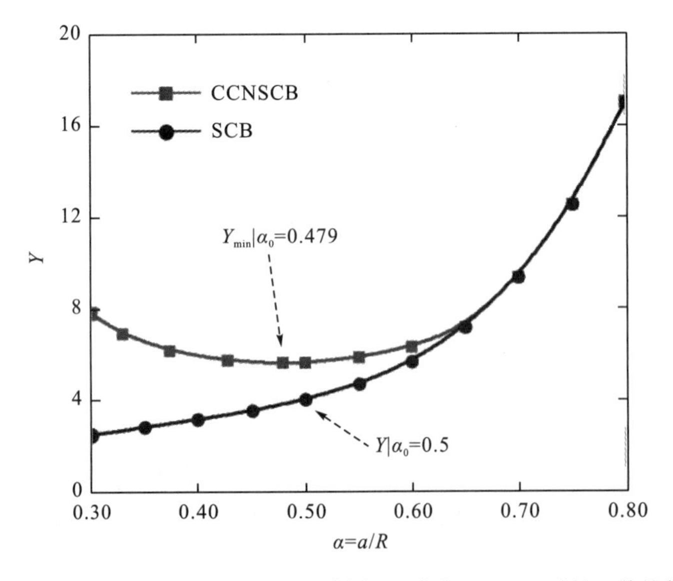

图 6.22 CCNSCB 试样与 SCB 试样(α=0.5)在 S/D=0.8 时的 Y 值比较

图 6.23 比较了 CCNSCB 和 4 种 ISRM 建议方法中 K_a/K_c 随 l_{FPZ}/l_{rc} 的变化。可以看出，同 SR 和 CCNBD 类似，CCNSCB 中 K_a/K_c 随 l_{FPZ}/l_{rc} 增加而降低的速率是较慢的，明显低于 CB 和 SCB 的速率。所以，就过程区对测试结果的影响来看，CCNSCB 测试结果准确性优于 CCNBD 和 SCB 的原因不同：CCNSCB 比 CCNBD 测试结果更合理是因为前者的过程区长度更短；而 CCNSCB 比 SCB 测试结果更合理是因为前者对过程区长度的容忍性更好。CCNSCB 与 SCB 的

差异有力地说明了人字形切槽的确有助于降低韧度测试受过程区的影响。而尽管图 6.23 显示 CCNSCB 试验中 K_a/K_c 随 l_{FPZ}/l_{rc} 增加而降低的速率比 CB 试验慢，但 CCNSCB 和 CB 试验受过程区的影响是较为接近的(图 6.18)，这是因为 CB 试验中 l_{FPZ}/l_{rc} 更低。

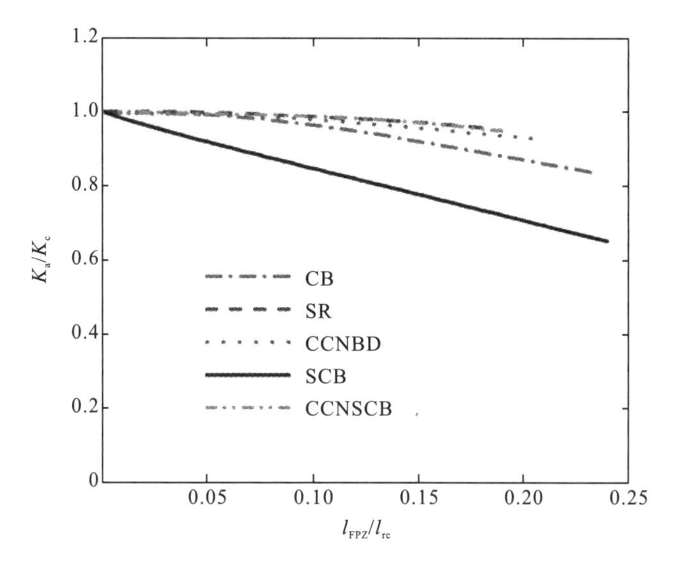

图 6.23　CCNSCB 和 4 种 ISRM 建议方法中 K_a/K_c 随 l_{FPZ}/l_{rc} 的变化

本书除了从过程区的角度对 CCNSCB 试验进行评估外，还研究了 CCNSCB 试验中的 T 应力。结果表明，S/D=0.8 时 CCNSCB 试验的 T 应力很小，其绝对值甚至小于 4 种 ISRM 建议试验(在 SCB 试验中 S/D=0.8 且α=0.5)。因此，S/D=0.8 的 CCNSCB 试验受 T 应力影响很小，其韧度结果较符合经典断裂力学中的断裂韧度定义。理论结果还表明，随着支撑跨距的减小，CCNSCB 试验的 T 应力强度会增大，并且当支撑跨距越小时，T 应力强度增加得越快。这说明一个较大的支撑跨距有助于减小三点弯曲试验中的 T 应力强度，并可以解释 CCNSCB(S/D=0.8)、SCB(S/D=0.8)和 CB 三者的 T 应力水平比较接近的原因之一。CB、SCB 和 CCNSCB 中较小的 T 应力水平也说明，当支撑跨距较大时，T 应力强度是接近于 0 的；当支撑跨距较小时，CCNSCB 试验拥有显著的负 T 应力，会使韧度测试结果偏低，这与 CCNBD 试验非常相似。无论从过程区还是 T 应力的效应来看，小跨距的 CCNSCB 试验都与 CCNBD 试验等效。所以，与 CCNSCB 韧度测试结果优于 SCB 的机理不同，CCNSCB 试验(S/D=0.8)测试结果优于 CCNBD 的原因除了过程区效应还包含 T 应力效应。为了进一步评估 CCNSCB 试验结果的准确性以及测试结果受 T 应力的影响程度，表 6.25 以多种岩石材料为例，基于最大周向应变准则评估了 CCNSCB(S/D=0.8)和 CB 试样(已经被广泛接受且测试值较接近准确值)在

D=50mm 时的测试结果差异，以及前者断裂韧度与 K_{Ic}^* 的差距[280]。表 6.25 说明，对于一般的岩石材料，从 T 应力效应来看，CCNSCB 和 CB 的韧度差异通常只有百分之几，这远比一般文献中不同试验方法的测试结果差异要小，也比本书其他试验方法之间的理论差距要小。由此看出，CCNSCB 和 CB 测试结果具有很好的一致性。表 6.25 也说明 CCNSCB 韧度结果受 T 应力的影响通常不超过 1%，因此，CCNSCB 的韧度结果可以用于近似 T=0 时的断裂韧度评估。

表 6.25 基于文献中的岩石材料评估 CCNSCB 与 CB 的韧度结果差异以及前者与 K_{Ic}^* 的差距

岩石材料	r_c/mm	v	$(K_a)_{\mathrm{CCNSCB}}/(K_a)_{\mathrm{CB}}$	$(K_a)_{\mathrm{CCNSCB}}/K_{\mathrm{Ic}}^*$
长泰花岗岩	4.5	0.21	105.8%	99.2%
沙特阿拉伯石灰岩[217]	5.2[238]	0.2[277]	105.7%	99.2%
意大利浅色大理岩[220]	0.6[238]	0.3[238]	104.4%	99.4%
Guiting 石灰岩[237]	2.3[237]	0.2[277]	103.8%	99.5%
Neyriz 大理岩[259]	3.6[259]	0.18[278]	104.0%	99.4%
Harsin 大理岩[67]	3[67]	0.2[163]	104.4%	99.4%
Keochang 花岗岩[153]	0.8[211]	0.21[153]	102.5%	99.6%
砂岩[85]	2[85]	0.26[85]	105.8%	99.2%
Longchang 砂岩[279]	2.8[279]	0.19[279]	103.9%	99.4%

理论结果表明，CCNSCB 与 CB 试验的准确性较为接近。一方面，本书前面的研究表明，采用人字形切槽试样有助于提高韧度测试结果对过程区长度的容忍性，因此，人字形切槽是使得 CB 和 CCNSCB 断裂韧度结果相近的原因之一。另一方面，两者的加载方式相同，均采用支撑跨距较大的三点弯曲加载。前面的分析表明，当支撑跨距已经较大时，无论是从过程区还是 T 应力效应来看，测试结果准确性对支撑跨距的变化并不敏感，这也是 CB 和 CCNSCB 韧度结果相近的重要原因。相对于 CB 试验，CCNSCB 具有试样体积小、耗材少且更加适用于 SHPB 动力学试验的优势。因此，CCNSCB 试样也可以代替 CB 用于断裂韧度测定，尤其是当可供制备试样的岩芯较短或较少时。

本章用半径约为 25mm、50mm 和 75mm 的 CCNSCB 试样开展了断裂试验。结果表明，CCNSCB 试样(S/D=0.8)的韧度结果高于相同半径的 CCNBD 和 SCB，和 CB 比较接近，这与理论结果较一致。而且，即使是 R=25mm 的 CCNSCB 试样，断裂韧度仍然高于 R=75mm 的 CCNBD 和 SCB 试样，再次与理论结果较吻合。这也表明，若想通过 CCNBD 和 SCB 试验得到较为合理的断裂韧度，CCNBD 和 SCB 试验应具有相对较大的试样尺寸要求。而 CCNSCB 试验显然具有更为宽松的试样尺寸要求，即无须通过较大尺寸的试样便可得到较合理的断裂韧度。就韧度测试结果来说，CCNSCB 试样(S/D=0.8)等效于大尺寸的 CCNBD 或 SCB 试样。值得注意的是，CCNSCB 试样的断裂韧度仍随着试样尺寸增大而增大，当试样直径从 50mm 增加到 150mm 时，断裂韧度增加了约 19.2%，远比最大周向应变准则预测的增加 0.3%要大，这说明断裂过程区在断裂韧度结果的尺寸效应中起到了显著的作用。同时也说明，即使采用 D=150mm 的 CCNBD 或 SCB 试样，韧度测试结果可能离岩石固有断裂韧度仍存在较大差距。该结果还说明，直径为 50mm 的 CB 试样得到的断裂韧度结果仍可能小于岩石固有的断裂韧度，为了获得更接近固有断裂韧度的结果，需要的试样半径更大。显然，开展更大试样直径的 CB 试验比 CCNSCB 试验困难(CB 试验耗材量远大于 CCNSCB 试验；较长的试样也不利于试样加工和试验开展)，这也凸显了 CCNSCB 试验在断裂韧度测试中的优势。

6.7　本 章 小 结

由于 CCNBD 和 SCB 试验的测试结果容易显著偏低，CB 试验具有试样体积大、对岩芯需求量大且难以应用于 SHPB 动力学试验的缺点；而 SR 试验的实施步骤困难、受 T 应力影响大。本章为了探寻一种更具优势的试验方法，对 CCNSCB 试验进行了深入的完善和评估。本章基于三维有限元分析标定了宽范围 CCNSCB 试样的 Y_c 值，并通过半解析的分片合成法验证了标定结果的可靠性。计算结果弥补了 CCNSCB 试验 Y_c 值严重缺失的不足，可供相关研究直接查取，宽范围的 CCNSCB 试验也由此建立起来。

本章对不同支撑跨距的 CCNSCB 试验开展数值试验和理论研究并进行了评估。对于支撑跨距较小(比如，$S/D \leqslant 0.3$)的 CCNSCB 试样，发现其断裂行为与 CCNBD 试样非常相似，临界有效裂纹可能超出人字形韧带，且临界时刻的过程区尺寸较大。同 CCNBD 试验相似，小支撑跨距 CCNSCB 试验受过程区和 T 应力影响严重，测试结果容易显著偏低。

而支撑跨距较大(如 S/D=0.8)的 CCNSCB 试验受断裂过程区和 T 应力的影响相对较小，可以测得与 CB 试验接近的韧度结果。CCNSCB 和 CB 相近的断裂韧度与它们都采用支撑跨距较大的三点弯曲加载方式以及都采用人字形切槽有关。而且，S/D=0.8 时 CCNSCB 试验的 T 应力与应力强度因子之比非常接近于 0，其断裂韧度结果可用于近似 T=0 时的断裂韧度。

CCNSCB 试样可以视为二分之一 CCNBD 试样，当其采用较大跨距的三点弯曲加载方式时，可以有效减小过程区尺寸以及 T 应力强度。因此，CCNSCB 试验可以视为改进的 CCNBD 试验。而且，CCNSCB 试验采用人字形切槽，测试结果对过程区长度的容忍性优于 SCB 试验，还可以避免 SCB 试验制备尖锐裂纹的困难，为此，也可以视为一种改进的 SCB 试验。

CCNSCB 比 CCNBD 和 SCB 更适合与其他试验方法(如 CB)配合用于确定岩芯在不同方向的断裂韧度。与 CB 和 SR 相比，CCNSCB 试验受 T 应力的影响更轻微，试样体积更小、耗材更少，更加适用于 SHPB 动力学试验，且 CCNSCB 试验步骤比 SR 更为简便。因此，CCNSCB 是一种具有诸多优势的断裂试验方法。

第7章 人字形切槽短棒弯曲(CNSRB)试验

7.1 引 言

自岩石断裂力学形成以来，以临界应力强度因子作为断裂控制参数的 K 准则被广泛接受，并用作裂纹失稳扩展的判别准则。为此，K_{Ic} 的实验室测试得到广泛关注，关于岩石拉伸断裂试验方法的研究与完善从未停止。20 世纪 90 年代，多种多样的试验方法被提出，而不同方法针对同一岩石的测试结果离散性较大，迫切需要发展统一的标准试验方法。为此，国际岩石力学岩石工程学会于 1988 年将 SR 和 CB 颁布为 ISRM 建议方法。SR 和 CB 试验的标准化大大减小了不同研究者针对同一岩石的断裂韧度测试结果差距。

尽管 ISRM 分别于 1995 年和 2014 年也将 CCNBD 与 SCB 推荐为建议方法，而 SR 和 CB 试验并未被取代。一方面，CB 和 SR 试验仍被岩石断裂力学研究采用；另一方面，1995 年与 2014 年建议方法文献明确指出，CCNBD 或 SCB 可以与 CB 和 SR 配合用于确定岩芯在三个正交方向上的断裂韧度。这是因为，当只有沿某个特定材料方向钻取的岩芯可以利用时，CCNBD、SCB 和 CB 试样可以测试沿岩芯径向的断裂韧度，并且 CB 与 CCNBD 或 SCB 的裂纹面相互垂直。SR 试样测试的是沿岩芯轴线方向的断裂韧度，其裂纹扩展方向与其他三种试样相互垂直。于是，在 4 种 ISRM 建议试样中，只有 SR 可以测试沿岩芯轴向的断裂韧度。因此，SR 试验在岩石断裂韧度测试研究中具有重要地位。

然而，在过去近三十年的应用与研究中，许多研究者均指出 SR 试验存在不足。Fowell 和 Chen，Lim 等和 Chang 等指出，SR 试样制备和安装装置复杂[137,153,281]。而且，根据 LEFM，SR 试验的失效荷载分别为 CB 的 43.4%和 CCNBD 的 8.8%。由此可见，SR 试验对试验机精度要求较高，尤其是当所测岩石为一些软岩时。最为重要的是，与一般的断裂试验方法不同，SR 试验中采用的加载方式是直接在裂纹开口端施加拉伸荷载。这不仅需要试验机具备施加直接拉伸荷载的能力，而且对岩石施加直接拉伸荷载远比施加压缩荷载困难得多。比如，在 SR 试验中，需要一个能够消除引起弯曲和扭曲应力的合适的连杆系统，而且载荷是通过一个夹爪从连杆系统传到试件。夹爪需要用足够强度的钢来制造，以防止夹爪或夹点处屈服。另外，为保证夹爪与端板间接触良好，还需要用铝合金或其他足够硬的材料制成的端板来调节试件与紧固爪的配合。Tutluoglu 和 Keles 指出，当所测岩石为硬岩时，试样和夹具之间可能发生粘接失效[88]。另外，Aliha 等也指出，SR 试验中存在较大的正 T 应力，这将导致 SR 试验的韧度结果严重受 T 应力影响，使其测试值偏高[163]。这并不利于 SR 与其他试验方法配合用于确定岩芯在不同方向的断裂韧度。

鉴于 ISRM 建议的 SR 试验存在一些不足，一些学者也尝试对其进行改进，尤其是张宗贤等对 SR 试验的改进做了一些有益的工作[282,283]。图 7.1 对比了 ISRM 建议的 SR 试验与张宗贤等改进的 SR 试验。可以看出，张宗贤等对 SR 试验的主要贡献是将施加直接拉伸荷载的加载方式改进为施加楔形劈裂荷载。劈裂荷载可以用两种方式施加：①将 SR 试样开口端的槽口加工成 V 字形，然后直接将压头压入槽口。②先将两块金属板粘接在试样开口端，由金属板来形成 V 字形开口，劈裂荷载由金属板传递给试样。对于第一种劈裂方式，需要对试样制作精确的 V 形槽口，而且在断裂韧度计算时，需要已知压头与试样之间的摩擦系数才能将压缩荷载转化为作用在试样上的实际水平荷载。对于第二种施加劈裂荷载的方式，其试样制备过程相对简单，但需要额外的夹具(即形成 V 形开口的金属板)；试验时也需要将金属板粘接在试样端部，而且在断裂韧度计算时需要已知压头与金属板之间的摩擦系数。因此，此两种采用楔形劈裂荷载的 SR 试验仍存在一些不足。并且，张宗贤等对 SR 试验的改进也没考虑 T 应力对断裂韧度测试的影响。由于 SR 试验在岩石断裂韧度测试中具有重要作用，但存在一些不足。本章提出一种新的改进试验方法——人字形切槽短棒弯曲(即 CNSRB)试验。CNSRB 不仅在试验操作上更加简便，而且更加适合与其他试验(如 CB 和 CCNSCB)组成一套方法用于确定岩芯在不同正交方向的断裂韧度。

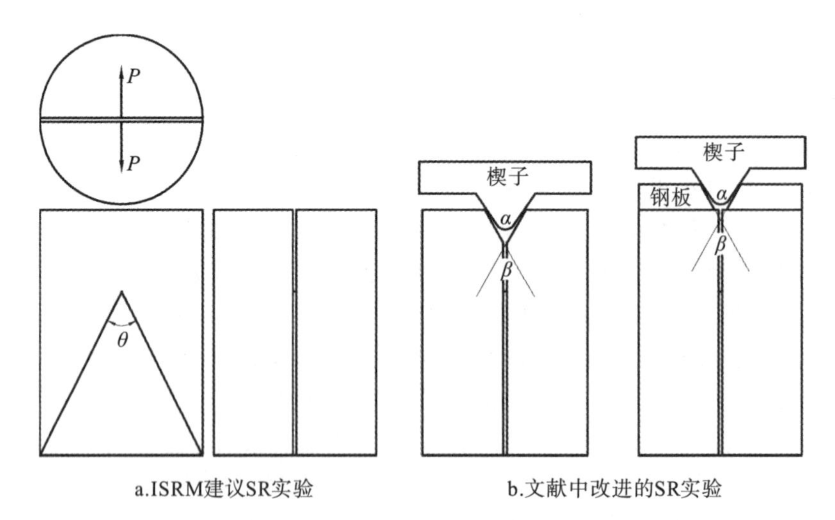

图 7.1 ISRM 建议的 SR 试验与个别文献改进的 SR 试验

7.2　CNSRB 试验的建立

7.2.1　CNSRB 试样构形与加载配置

CNSRB 试验的试样构形与加载方式如图 7.2 所示。与 SR 试样类似，CNSRB 也是基于岩芯加工而来的，其切槽与岩芯轴线方向一致，从而可以测试岩芯轴向的断裂韧度。值得注意的是，CNSRB 试验采用的是三点弯曲加载。在试验时，两个底部支辊对称地位于切槽两侧，并且与切槽槽面平行，上部支撑位置则与切槽位于同一平面。与 SR 试验采用的直接拉伸加载方式相比，三点弯曲加载方式下的试样安装和试验步骤更为简单，这可能也是三点弯曲加载在 4 种 ISRM 建议方法中被采用得最多的原因。

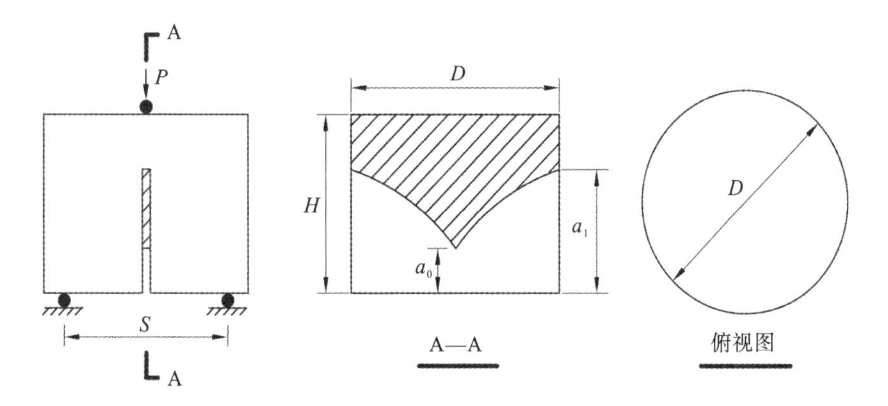

图 7.2　CNSRB 试验的试样构形与加载方式

为了使人字形切槽的高宽比以及试样的高跨比比较合理，也为了制样简便，本书推荐 CNSRB 试样采用表 7.1 所示的几何尺寸进行制备。该 CNSRB 试样可以通过图 7.3 所示的步骤制得。

表 7.1　本书推荐的 CNSRB 试样几何尺寸

几何参数	本书推荐值
D	50mm
H	40mm (H/D=0.8)
a_0	10mm (a_0/D=0.2)
a_1	27.7mm (a_1/D=0.554)
S	40mm (S/D=0.8)

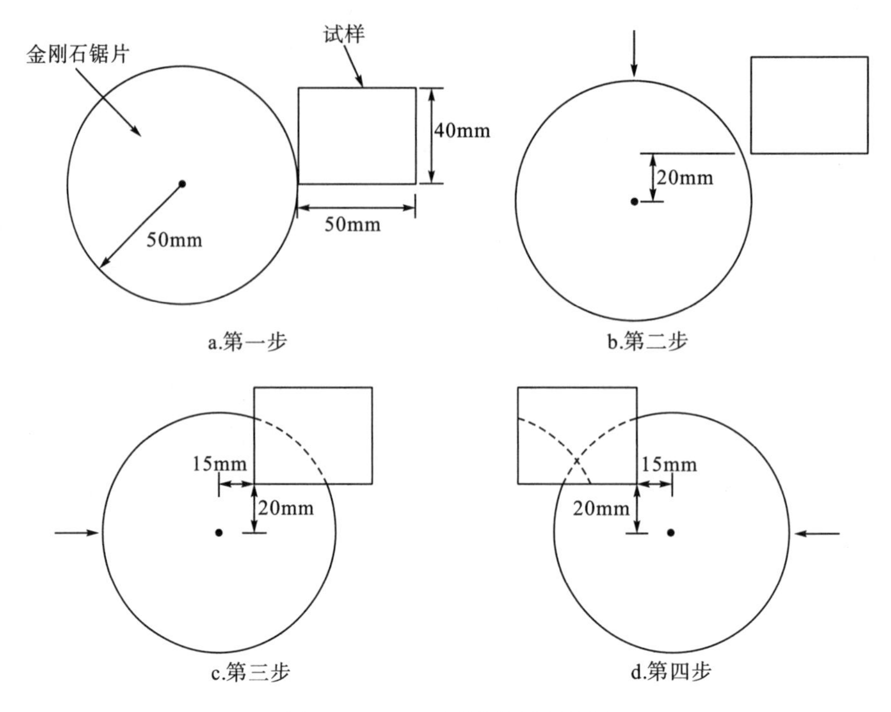

图 7.3 CNSRB 试样的制备过程

首先，将短棒试样(直径 50mm，高度 40mm)固定在夹具之内，然后调整半径为 50mm 的金刚石圆锯片，使之与预先设计好的切槽位置共面并与试样边缘接触，试样圆端面也应与刀具直径共面；然后，将刀具沿着试样轴线方向移动 20mm，使得刀具中心与试样远离；接着，开启切割操作，将旋转的刀具向试样内部进刀 35mm，切出第一道曲边切槽；最后，以类似的方式在试样的另一侧切出第二道曲边切槽，由此可以制得 CNSRB 试样。显然，与 SR 试样制作中进刀方向与岩芯轴线方向成 27.3° 的情况不同，CNSRB 的制备只需垂直进刀，试样开槽更容易。

CNSRB 试验的测试原理如下：根据经典 LEFM 理论，当试样受荷载时，人字形韧带尖端由于高应力集中会首先开裂；在弯曲拉应力作用下，裂纹会沿着韧带朝加载端以稳定的方式扩展，直到裂纹扩展到人字形韧带中的某一位置时，加载力达到最大值；随后，裂纹失稳扩展，荷载急剧降低；在加载力先升高后降低的过程中，无量纲应力强度因子 Y 则先减小后增加。因此，通过试验中记录的峰值力 $P_{\max}$ 和无量纲应力强度因子的最小/临界值 $Y_{\min}$，即可由式(7.1)确定断裂韧度。

$$K_{\rm Ic}=\frac{P_{\max}}{H\sqrt{D}}Y_{\min} \tag{7.1}$$

式中，$Y_{\min}$ 与试样的几何形状和支撑跨距有关。

7.2.2 CNSRB 试样应力强度因子标定

下面采用有限元子模型法对 CNSRB 试样的 Y 值进行标定。图 7.4 展示了标定工作所用的一个典型全局模型与子模型。试样几何尺寸与表 7.1 中数据一致，裂纹长度为 a_0～a_1 之间的某一确定值。由于 CNSRB 试验具有对称性，全局模型只考虑了试样的四分之一，包含 61,498 个十节点二次四面体单元和 88,303 个节点。子模型则是一个包含直裂纹前缘的半圆柱，由 5,760 个二十节点的二次六面体单元和 26,177 个节点组成。为了获得准确的数值计算结果，在子模型的裂纹前缘附近对网格进行加密；另外，为了模拟裂纹尖端应力的奇异性，采用专门的裂尖单元(即四分之一节点单元)。数值计算中，假定全模型和子模型均为线弹性，输入的弹性参数为：E=20 GPa，v=0.25。

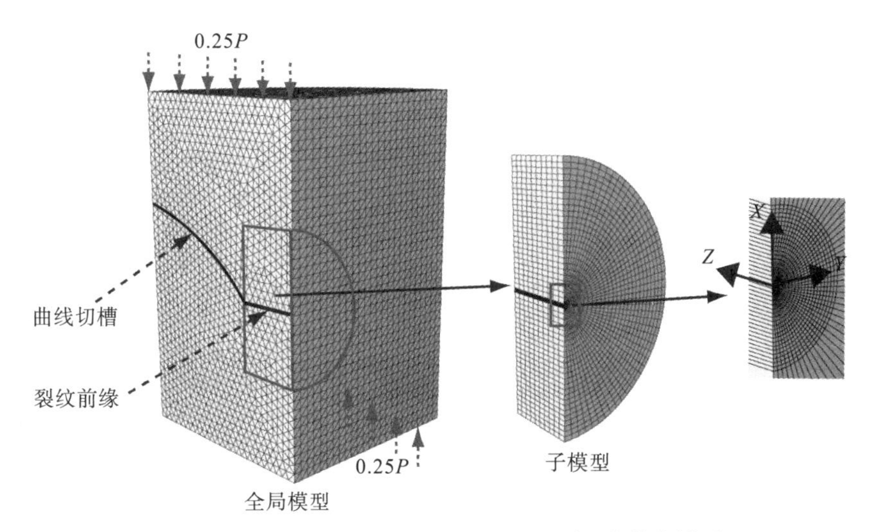

图 7.4 CNSRB 试样应力强度因子标定采用的数值模型

在给全局模型施加 0.25P 荷载和限定合适的边界条件(包括试样对称面上的对称边界条件和支撑位置竖直方向上的位移约束条件)之后，可以通过全局模型获得试样整体的位移场分布；然后，将计算得到的子模型边界处的位移作用到子模型边界上，最终由子模型输出裂纹尖端的应力强度因子 K_{I}。计算的 K_{I} 由式(7.2)进行无量纲化/标准化。

$$Y=\frac{K_{\mathrm{I}}H\sqrt{D}}{P} \tag{7.2}$$

通过以上步骤可以得到 CNSRB 试样在不同裂纹长度以及不同支撑跨距下的 Y 值。对于一个给定的 CNSRB 试样和支撑跨距，Y 值只与裂纹长度 a 有关。图 7.5 给出了本书推荐的 CNSRB 试样在 S/D=0.8 和 0.5 时，Y 值随裂纹长度的变化规律，与经典的 LEFM 理论一致，Y 值随着 a 的增加呈现先减小后增大的趋势。对于 S/D=0.8 的情况，在 a/H 为 0.460 时，Y 值最小，因此，S/D=0.8 时 CNSRB 试验的 Y_c 值为 3.030，a_c 为 0.46H。当 S/D=0.8 时，CNSRB 试样的 Y 与 $\alpha(=a/H)$ 的关系可以拟合为

$$Y=\begin{cases}3.407+13.129\alpha-64.386\alpha^2+74.068\alpha^3, & \alpha_0<\alpha\leqslant\alpha_c\\ -6.516+66.865\alpha-155.490\alpha^2+120.058\alpha^3, & \alpha_c<\alpha<1\end{cases} \tag{7.3}$$

而对于 S/D=0.5 的 CNSRB 试验，当 a/H=0.425 时，Y 值最小，因此，S/D=0.5 时 CNSRB 试验的 a_c 为 0.425H，Y_c 为 1.449。当 S/D=0.5 时，CNSRB 试样的 Y 与 $\alpha(=a/H)$ 的关系可以拟合为

$$Y=\begin{cases}7.798-43.785\alpha+100.643\alpha^2-77.107\alpha^3, & \alpha_0<\alpha\leqslant\alpha_c\\ -1.649+21.637\alpha-51.895\alpha^2+42.650\alpha^3, & \alpha_c<\alpha<1\end{cases} \tag{7.4}$$

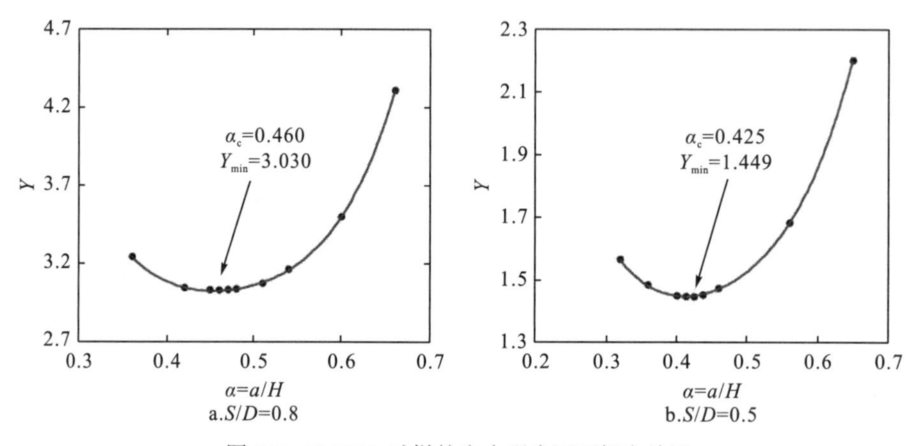

图 7.5 CNSRB 试样的应力强度因子标定结果

除了 K_I，有限元分析也可以得到 CNSRB 试验中的 T 应力。当 D=50mm 的 CNSRB 试样（S/D=0.8）正好处于临界裂纹长度时，计算得到 T/K_I=0.445m$^{-0.5}$。类似地，对于 S/D=0.5，可以得到 CNSRB 试样（D=50mm）在临界裂纹长度时的 T 应力为 T/K_I=−2.639m$^{-0.5}$。当处于临界裂纹长度的 CNSRB 试样为其他任一直径 D（单位：mm）时，其 T/K_I（单位：m$^{-0.5}$）为

$$\frac{T}{K_I}=\left.\frac{T}{K_I}\right|_{D=50\text{mm}}\times\left(\frac{D}{50}\right)^{-0.5} \tag{7.5}$$

值得注意的是，S/D=0.8 时 CNSRB 试验的 Y_c 为 3.030。根据基于 LEFM 理论的式（7.1），若是 CNSRB 与其他试验方法测得的断裂韧度一致，CNSRB 试验（S/D=0.8）的失效荷载将为 SR 试验的 6.1 倍以及 CB 试验的 2.4 倍。因此，与 SR 和 CB 相比，CNSRB 拥有更高的失效荷载，这可以避免传统 SR 试验因失效荷载

较低而对测试机精度有较高要求的缺陷。另外，鉴于 ISRM 仅建议了一种标准 SR 试样，本书的改进 SR 试验——CNSRB 试验也只建议了一种固定几何形状试样。在 CNSRB 试验的实际应用中，岩芯直径可能会与本书推荐的试样构形略有差异，当保证 $S/D=H/D=0.8$ (46mm≤D≤54mm) 并按照 7.2.1 节中的数据进刀时，试样 ($S/D=0.8$) 的 Y_c 和 T/K_I 需要分别乘以几何修正系数 η_Y 和 η_T。

$$\eta_Y = 9.718 - 15.203\left(\frac{D}{50}\right) + 6.483\left(\frac{D}{50}\right)^2 \tag{7.6}$$

$$\eta_T = -20.324 + 37.685\left(\frac{D}{50}\right) - 16.362\left(\frac{D}{50}\right)^2 \tag{7.7}$$

7.3　CNSRB 试验的数值试验

为了初步揭示 CNSRB 试验的一些特点，本书首先对其开展数值试验评估。数值试验仍采用 RFPA^{3D} 完成。一个典型的 CNSRB 数值模型如图 7.6a 所示，该模型的几何尺寸与表 7.1 中的数据一致。CNSRB 数值模型共包含 617,250 个六面体单元，细观单元颜色的差异反映了它们力学性质的不同。CNSRB 模型采用与本书前面数值试验一致的细观力学参数。由于 $S/D=0.5$ 时 CNSRB 试验的跨高比只有 0.625，与 SCB 试验在 $S/D=0.3$ 时的跨高比(0.6)较为接近。本数值试验只考虑 $S/D=0.5$ 和 0.8 两种支撑跨距，$S/D=0.5$ 已经可以视为支撑跨距较小的情况，而 $S/D=0.8$ 则代表支撑跨距较大的情况。数值试验中，先约束试样底部支撑位置在竖直方向上的位移，然后在试样顶部向下施加每步 0.002mm 的位移荷载。图 7.6b 展示了 CNSRB 数值试样在 $S/D=0.5$ 和 0.8 时的力-位移曲线，可以看出，$S/D=0.8$ 比 $S/D=0.5$ 时加载力随加载位移增加得缓慢，曲线的峰值荷载较小，峰值荷载对应的位移也较小。

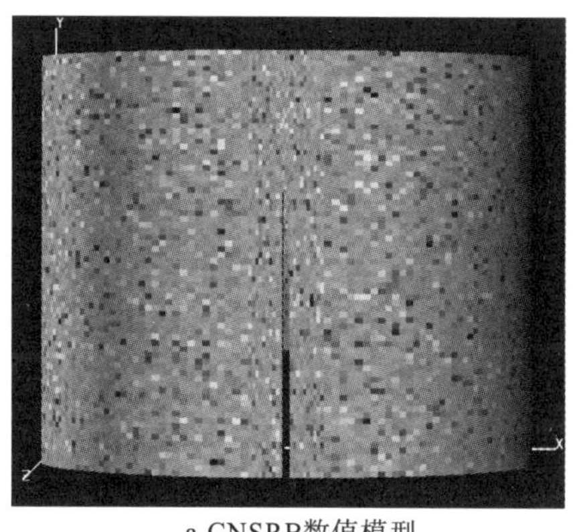

a.CNSRB数值模型

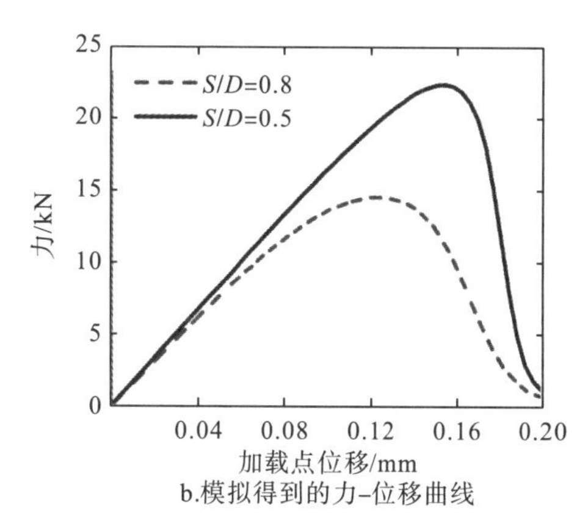

b.模拟得到的力-位移曲线

图 7.6　CNSRB 数值试验采用的数值模型与得到的力-位移曲线

图 7.7 和 7.8 给出了 S/D=0.8 时 CNSRB 试样人字形韧带剖面内的最小主应力分布以及相应视角的累计声发射。当试样受到荷载时，人字形韧带尖端出现高应力集中，约为峰值力的 40%。高应力集中区开始从韧带尖端向着加载端转移，声发射小球在韧带尖端聚集，表明裂纹开始在韧带尖端产生；随着位移荷载继续增加，裂纹沿着韧带继续向加载端扩展；当裂纹扩展到人字形韧带中间的某一位置时，加载力达到最大值，这与测试原理总体上一致；此后，加载力迅速跌落，裂纹以非稳态扩展的方式快速传播到上部加载端。

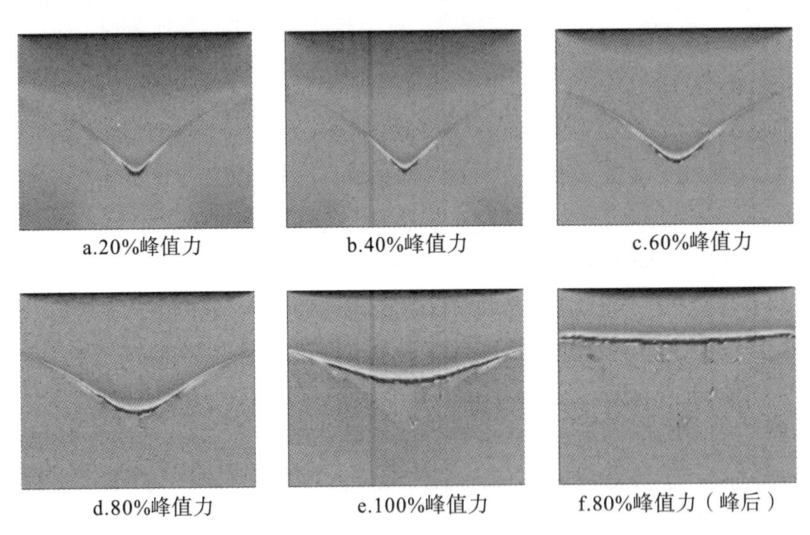

图 7.7　CNSRB 数值试样(S/D=0.8)断裂过程中人字形韧带剖面内的最小主应力云图

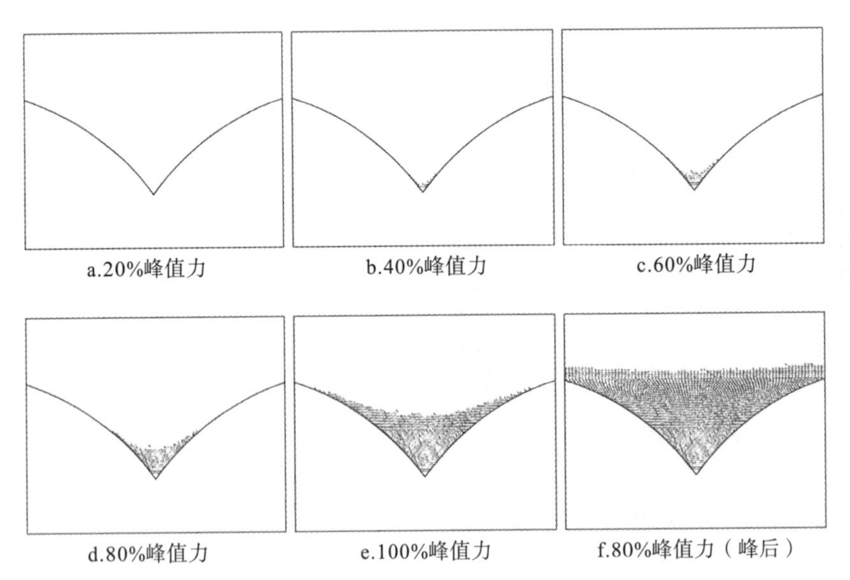

图 7.8　CNSRB 数值试验(S/D=0.8)的累计声发射演化

图 7.9 比较了 S/D=0.8 和 0.5 时 CNSRB 试样在峰值荷载阶段的最小主应力与声发射分布。可以看出，S/D=0.8 和 0.5 时的临界裂纹前缘位置有所不同，S/D=0.5 时临界裂纹前缘扩展得更远。

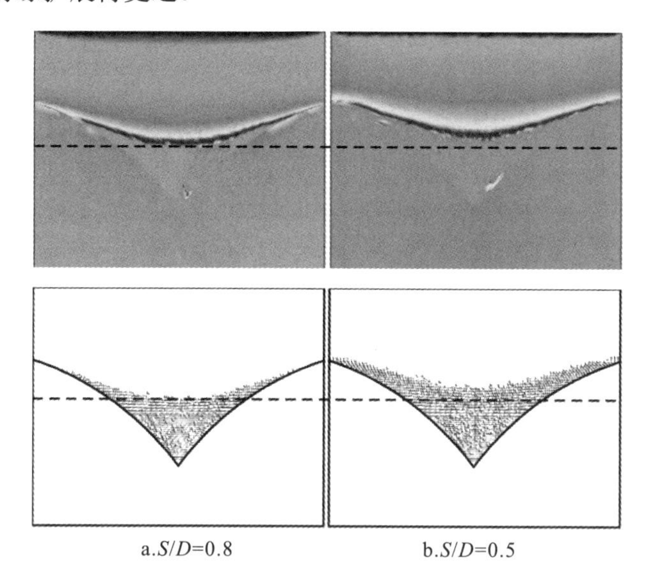

图 7.9　S/D=0.8 和 0.5 时 CNSRB 试样在峰值荷载时的最小主应力与声发射分布

图 7.10 比较了数值模拟得到的临界裂纹前缘位置与基于经典 LEFM 理论确定的临界裂纹前缘位置。对于两种支撑跨距，模拟得到的临界裂纹前缘位置与基于 LEFM 理论确定的临界裂纹前缘位置均有一定差异。数值模拟得到的临界裂纹与基于 LEFM 理论确定的临界裂纹的差距即为岩石断裂中常见的亚临界裂纹扩展现象。显然，S/D=0.5 时的亚临界裂纹扩展更为严重。基于表面能相等的原则，将数值试验得到的曲线形裂纹前缘等效为直线形裂纹前缘。表 7.2 列出了数值试验得到的临界裂纹长度 a_{ec}、基于 LEFM 确定的临界裂纹长度 a_c、亚临界裂纹扩展长度 a_s、a_{ec} 对应的无量纲应力强度因子 $Y(\alpha_{ec})$、a_c 对应的 $Y(\alpha_{ec})$ 以及亚临界裂纹扩展对韧度测试的影响{由$[Y(\alpha_c)-Y(\alpha_{ec})]/Y(\alpha_{ec})$估计}。

当 S/D=0.8 时，亚临界裂纹扩展长度 a_c 为 $0.107H$，对韧度测试的影响为−6.7%；而当 S/D=0.5 时，亚临界裂纹扩展长度 a_c 为 $0.173H$，对韧度测试的影响为−22%。与 CCNSCB 的情况类似，一个较大的支撑跨距有助于减小 CNSRB 的亚临界裂纹扩展长度，而且有助于减少亚临界裂纹扩展对韧度测试的影响。与 CCNSCB 试验在 S/D=0.5 时测试误差仍然较小的情况不同，对于 CNSRB 试验，采用 S/D=0.5 的支撑跨距会造成较显著的测试误差。这是由于，当 S/D=0.5 时，CCNSCB 试样的支撑跨距与试样高度之比为 1，而 CNSRB 试样的支撑跨距与试样高度之比仅为 0.625，即 CNSRB 试样的跨高比要低于 CCNSCB 试样。因此，CNSRB 试样在 S/D=0.5 时的亚临界裂纹扩展和测试误差更为严重。

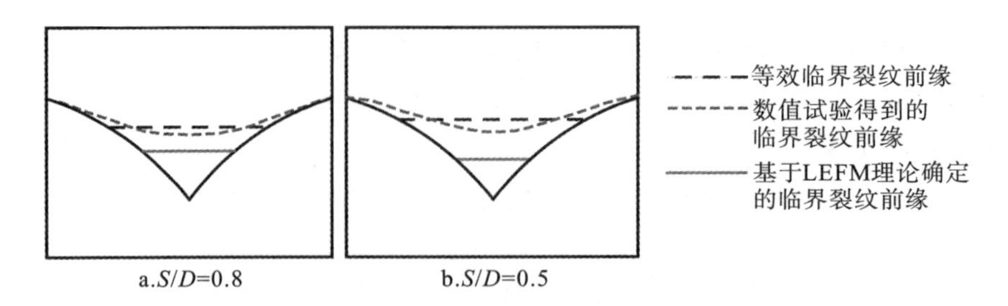

图 7.10　CNSRB 数值试验得到的临界裂纹前缘位置与基于经典 LEFM 理论确定的临界裂纹前缘位置

表 7.2　亚临界裂纹扩展对两种跨距 CNSRB 试验结果的影响

支撑跨距 S/D	a_c	a_{ec}	a_s	$Y(\alpha_{ec})$	$Y(\alpha_c)$	$[Y(\alpha_c)-Y(\alpha_{ec})]/Y(\alpha_{ec})$
0.8	$0.460H$	$0.567H$	$0.107H$	3.250	3.030	−6.7%
0.5	$0.425H$	$0.598H$	$0.173H$	1.852	1.449	−22%

图 7.11 比较了 S/D=0.8 和 0.5 时 CNSRB 试样在峰值力阶段的裂纹形态和累计声发射分布。可以看出，S/D=0.8 时的临界裂纹被较好地限制在韧带以内，未见明

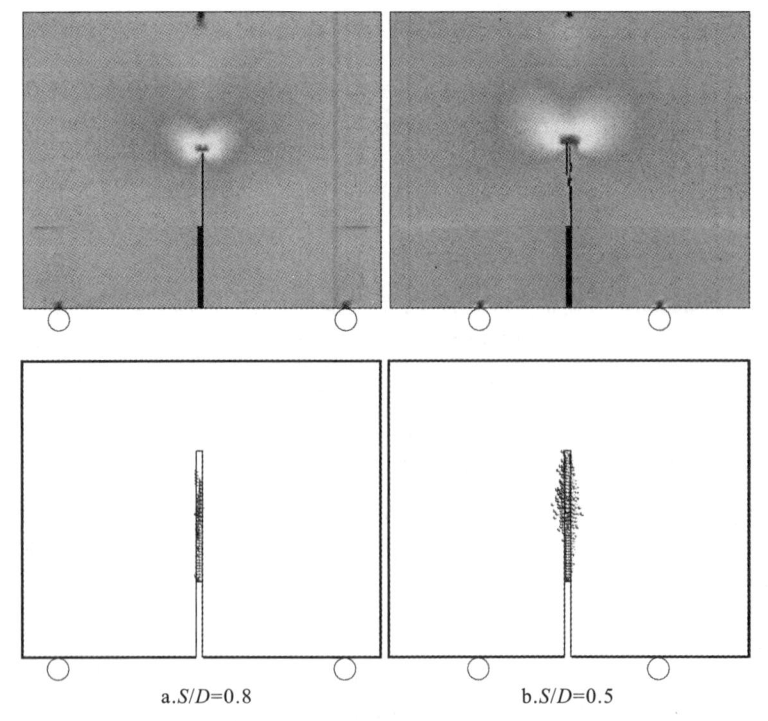

图 7.11　CNSRB 试验在峰值力时过人字形韧带尖端切片上的最小主应力云图以及相应视角的累计声发射演化

显的裂纹分叉现象，裂纹尖端也无微破裂区，断裂过程区的宽度也较小。这表明，当 S/D=0.8 时，CNSRB 试样的断裂由一条主裂纹主导，较符合理想的 LEFM 测试原理；而且，裂纹传播路径笔直，说明试样的断裂比较符合 I 型断裂试验原理。然而，对于 S/D=0.5 的情况，临界裂纹并不如 S/D=0.8 时光滑、连续，裂纹尖端出现了分叉现象，并且裂纹周围也有较多微破裂超出韧带，表明裂纹扩展容易偏离理想的 I 型断裂面，且断裂过程区较宽[试样失效后的累计声发射分布(图 7.12 更清晰地表明了这一点)。因此，当 S/D=0.5 时，CNSRB 试样的断裂行为与理想情形相差更远，基于 LEFM 理论确定的断裂韧度合理性较差。这也表明，一个较大的支撑跨距有助于 CNSRB 试验测得更合理的断裂韧度。因此，基于数值试验结果，建议 CNSRB 试验的支撑跨距 S/D 取 0.8。

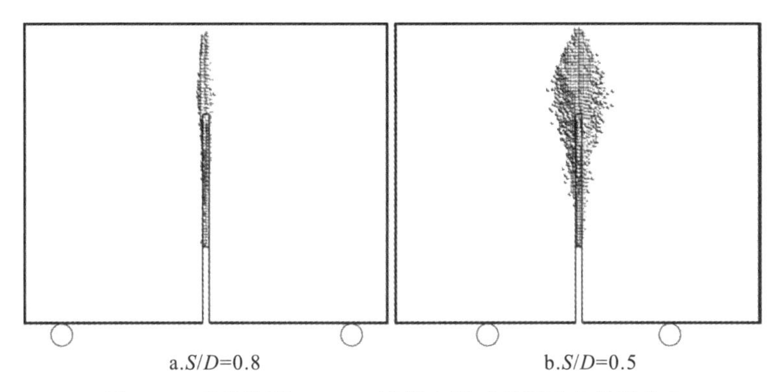
a.S/D=0.8　　b.S/D=0.5

图 7.12　两种跨距 CNSRB 试样失效后的累计声发射分布

7.4　CNSRB 与其他试验方法的理论比较

为了深入评价 CNSRB 断裂试验方法的准确性与合理性，本节对 CNSRB 试验开展理论评估，并将其与 ISRM 建议方法以及 CCNSCB 试验进行比较。本书前面的研究表明，CCNSCB 和 SCB 试验在支撑跨距较大时(比如 S/D=0.8)的断裂韧度结果更为合理，故本节只考虑 CCNSCB 和 SCB 试验在 S/D=0.8 的情况。

7.4.1　过程区影响比较

基于最大拉应力准则估计过程区长度和有效裂纹模型估计过程区对韧度测试的影响，暂时假定 CNSRB 与其他试样的直径均为 50mm，并且对 CNSRB 试验考虑 S/D=0.8 和 0.5 两种情况。为了利用最大拉应力准则估计 CNSRB 试样在临界时刻的过程区长度，需要知道 CNSRB 试样潜在断裂面上的正应力分布，因此，基于有限元的数值计算被再次采用。前面的标定结果表明，CNSRB 试样在 S/D=0.8 和 0.5 时的 Y_c 值分别为 3.030 和 1.449。根据 CNSRB 试验的断裂韧度计算公式[式(7.1)]，S/D=0.8 和 0.5 时的失效荷载可以分别确定为 2951.9k N 和 6172.7k N，这里 k 代表 CNSRB 试验的表观断裂韧度值(单位：MPa·m$^{0.5}$)。将这些失效荷载和合适的边界条件(如对称面上的对称边界条件与支撑位置的竖向位移约束)施加于与图 7.4 类似的数值模型上，可以得到 CNSRB 试样临界残余韧带上的正应力分布(即图 7.4 中 x 轴上垂直于试样对称面的正应力)。需要说明的是，对于 S/D=0.8 和 0.5 的 CNSRB 数值模型，临界无量纲裂纹长度 a_c/H 分别为 0.460 和 0.425。图 7.13 展示了计算得到的正应力分布结果。

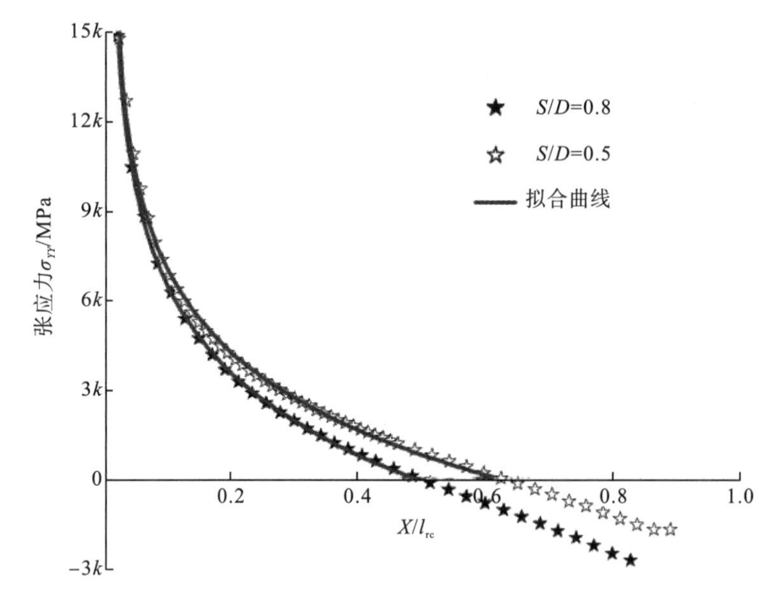

图 7.13 两种跨距 CNSRB 试验临界残余韧带上的正应力分布

可以看出，与其他梁类型的试验类似，两种跨距 CNSRB 试验的临界残余韧带上均存在一个中性截面，中性截面处正应力为 0。对接近裂纹的一侧，正应力为张拉应力；对远离裂纹的一侧，正应力为压应力。值得注意的是，S/D=0.8 时的中性截面位置更加靠近裂纹尖端。对张应力进行拟合(图 7.13)，可以得到临界残余韧带上张应力与到裂尖距离的关系为

$$\begin{cases}\left(\sigma_{YY}/k\right)=-2.7951-3.8543\times\ln\left(X/l_{\mathrm{rc}}-0.0113\right),\ \sigma_{YY}>0,\ R^2=0.9995 & \left(S/D=0.8\right)\\ \left(\sigma_{YY}/k\right)=-1.7554-3.6131\times\ln\left(X/l_{\mathrm{rc}}-0.0137\right),\ \sigma_{YY}>0,\ R^2=0.9983 & \left(S/D=0.5\right)\end{cases} \tag{7.8}$$

随着到裂纹尖端距离的增加，张应力迅速减小，对于某一特定距离，张应力正好达到抗拉强度。假定抗拉强度与表观断裂韧度大小的数学关系为 $\sigma_t=mk$(MPa)，并将其代入式(7.8)，可以得到 CNSRB 试验的断裂过程区长度 l_{FPZ} 占临界残余韧带 l_{rc} 的比例为

$$
l_{\mathrm{FPZ}}/l_{\mathrm{rc}}=\begin{cases}\exp\left(-0.2595m-0.7252\right)+0.0113 & \left(S/D=0.8\right)\\ \exp\left(-0.2768m-0.4858\right)+0.0137 & \left(S/D=0.5\right)\end{cases} \tag{7.9}
$$

图 7.14a 直观比较了 CNSRB 试验在临界阶段时 l_{FPZ} 占残余韧带长度的比例。显然，随着 m 增大，两种跨距 CNSRB 试样的断裂过程区均减小，并且减小的速率越来越慢；当 m 很大时，两种跨距 CNSRB 试样的过程区长度相对于临界残余韧带均变得可以忽略不计。最重要的是，对于固定的 m 值，当 S/D=0.5 时，CNSRB 试样的过程区占临界残余韧带的比例明显大于 S/D=0.8 的情况。

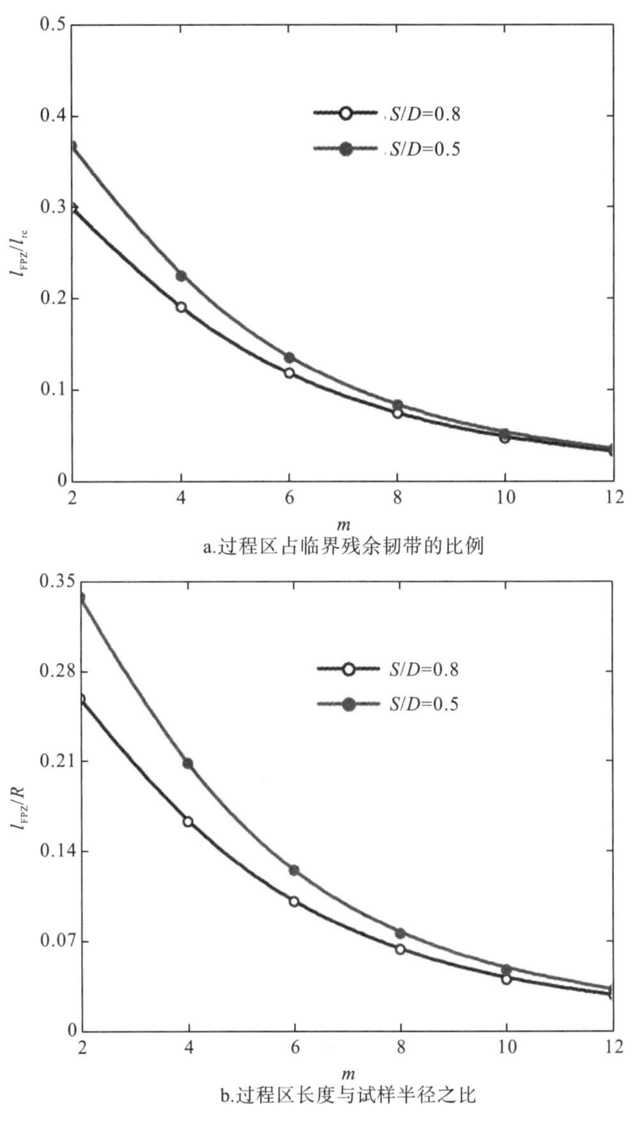

a.过程区占临界残余韧带的比例

b.过程区长度与试样半径之比

图 7.14　两种跨距 CNSRB 试验中的过程区长度

将 S/D=0.8 和 0.5 时的临界残余韧带长度(分别为 $0.864R$ 和 $0.920R$)代入式(7.9)，可以得到两种支撑跨距下的过程区长度为

$$l_{\mathrm{FPZ}}=\begin{cases}\left[\exp(-0.2595m-0.7252)+0.0113\right]\times 0.864R & (S/D=0.8)\\ \left[\exp(-0.2768m-0.4858)+0.0137\right]\times 0.920R & (S/D=0.5)\end{cases}\tag{7.10}$$

为了直观比较两种跨距 CNSRB 试样的过程区长度，将式(7.10)的结果绘于图 7.14b。可以看出，对于相同的试样半径 R 以及给定的 m 值，CNSRB 试样在 S/D=0.5 时的过程区总是更长。图 7.14 表明，若分别采用此两种跨距的 CNSRB 试验测试两种抗拉强度相同的岩石材料(支撑跨距与岩石一一对应)，可测得一致的断裂韧度值；S/D=0.5 时的断裂过程区可能相对更严重，其测得的断裂韧度与被测试岩石固有断裂韧度的差异可能更大。

两种跨距 CNSRB 试样的临界无量纲有效裂纹长度可以写为

$$\alpha_{\mathrm{ec}}=\begin{cases}\left[\exp(-0.2595m-0.7252)+0.0113\right]\times 0.864+0.736 & (S/D=0.8)\\ \left[\exp(-0.2768m-0.4858)+0.0137\right]\times 0.920+0.680 & (S/D=0.5)\end{cases}\tag{7.11}$$

将式(7.11)代入 Y 与裂纹长度的拟合关系中，可以得到临界有效裂纹长度对应的 $Y(\alpha_{\mathrm{ec}})$。进而，过程区对韧度测试的影响可以近似由 $K_{\mathrm{a}}/K_{\mathrm{c}}=Y(\alpha_{\mathrm{c}})/Y(\alpha_{\mathrm{ec}})$ 表征。因为过程区长度与 m 值相关，过程区对韧度测试的影响也与 m 值有关，如图 7.15 所示。当 m 值越小时，过程区越长，忽略过程区造成的误差越显著；随着 m 的增加，过程区对韧度测试的影响越来越弱。最为重要的是，图 7.15 表明，对任一给定的 m 值，S/D=0.8 时 CNSRB 试验的 $K_{\mathrm{a}}/K_{\mathrm{c}}$ 更接近于 1。这意味着，若采用此两种跨距 CNSRB 试验分别测试两种抗拉强度相同的岩石材料(支撑跨距与岩石一一对应)，测得的表观断裂韧度一致；当 S/D=0.8 时，CNSRB 试验测得的断裂韧度实际上更加接近于被测试岩石的固有断裂韧度。

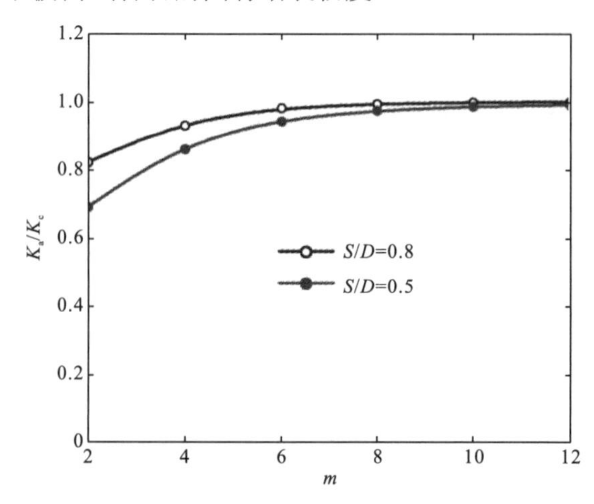

图 7.15　两种跨距 CNSRB 试验受过程区影响程度与 m 的关系

需要注意的是，m 值不仅与岩石材料有关，还与试验配置有关，即不同跨距 CNSRB 试验测试同一岩石产生的 m 值并不相同。因此，为了更好地反映两种跨距 CNSRB 试验对同一岩石的测试结果差异和过程区差异，引入参数 n[物理意义见式(4.8)]进行深入分析。根据有效裂纹模型，n 值可以近似认为只与材料本身有关，而与断裂试验方法无关，它反映的是材料抗拉强度与固有断裂韧度之间的比值关系。由于 CNSRB 试验中 K_a/K_c 与 m 的关系已知(图 7.15)，结合式(4.9)可以得出 K_a/K_c 与 n 的关系。图 7.16 比较了 CNSRB、CCNSCB 与 4 种 ISRM 建议方法的(K_a/K_c)-n 曲线。

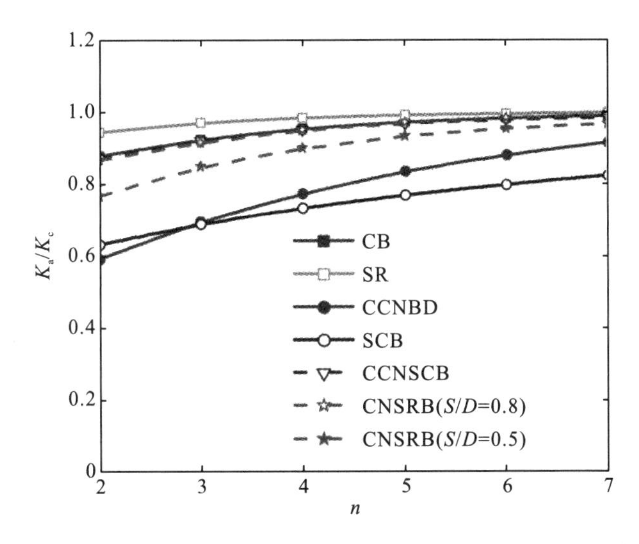

图 7.16　CNSRB 与 CCNSCB 以及 ISRM 建议方法受过程区影响程度的比较

首先，就 CNSRB 试验来讲，对于任一给定的岩石(即 n 值固定)，当 S/D=0.8 时，K_a/K_c 总是比 S/D=0.5 时更接近于 1，这表明为了测得较为合理的断裂韧度，更宜采用 S/D=0.8 的支撑跨距。当岩石材料的 n 值越大时，支撑跨距对韧度测试的影响越弱。由图 7.16 可以看出，S/D=0.8 的 CNSRB 试验与 CB、CCNSCB 试验(S/D=0.8)的(K_a/K_c)-n 曲线几乎重合，一般情况下(除非 n 值非常大)均明显高于 CCNBD 试验和 SCB 试验(a/R=0.5，S/D=0.8)的曲线。因此，图 7.16 表明，CNSRB 试验与 CB、CCNSCB 试验可以测得非常接近的韧度结果，并且它们受过程区的影响要显著轻于 CCNBD 和 SCB 试验。

由于 CNSRB 试验中 m 与 l_{FPZ}/l_{rc} 或 l_{FPZ}/R 的关系已经得到(图 7.14)，n 与 m 的定量关系也可以由图 7.15 和 7.16 得出，从而 l_{FPZ} 与 n 的关系也可以推出，结果如图 7.17 所示。以上研究表明，一个较大的支撑跨距(如 S/D=0.8)有助于减小过程区长度及其对三点弯曲断裂韧度试验的影响。图 7.17 中对 CNSRB、CCNSCB 和 SCB(a/R=0.5)试验只考虑 S/D=0.8 的情况。就过程区占临界残余韧带的比例来讲，

CNSRB 试验高于 CB 和 SR，但总的来说低于 CCNBD 和 CCNSCB。而对于断裂过程区与试样半径的比值(即 l_{FPZ}/R)，相同半径的 CNSRB 要高于 SCB 和 CCNSCB，而低于 CCNBD 和 CB。

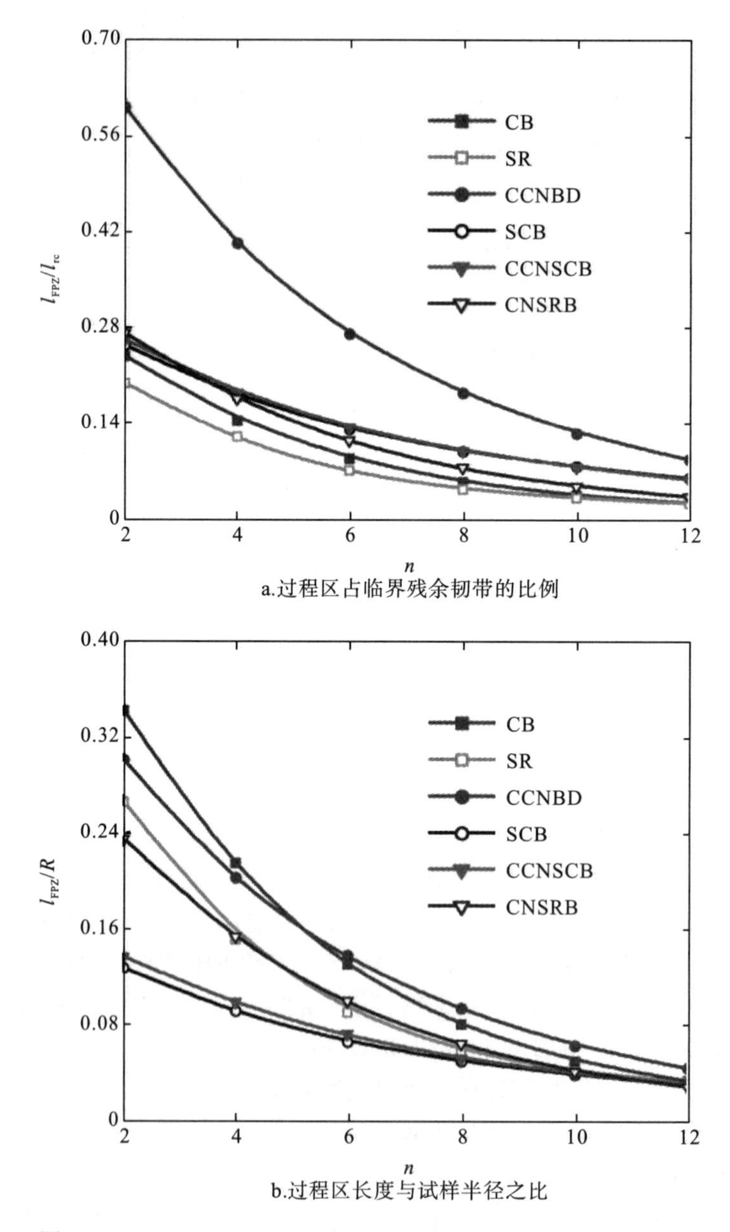

a.过程区占临界残余韧带的比例

b.过程区长度与试样半径之比

图 7.17 CNSRB、CCNSCB 与 ISRM 建议方法的过程区长度比较

上述分析只考虑了 D=50mm 的情况，接下来考虑试样尺寸对 CNSRB 试验的影响。定义试样 A 为直径 D=50mm 的 CNSRB 试样，试样 B 为具有相似几何形状

的另一直径的 CNSRB 试样，试样 A 和 B 的表观断裂韧度分别表示为 k_A 和 k_B。根据断裂韧度计算公式(7.1)，试样 A 和 B 的失效荷载比值可以由式(4.10)表示。同样地，与第 4 章的步骤类似，可以得到任一半径 R_B 的 CNSRB 试样的α_{ec}为

$$(\alpha_{ec})_B = \left\{\exp\left[-0.2595m \times (R_B/R_A)^{0.5} - 0.7252\right] + 0.0113\right\} \times 0.864 + 0.736 \quad (7.12)$$

图 7.18 比较了 R=25mm、50mm 和 75mm 时 CNSRB 与 CCNSCB、CB、CCNBD、SCB 试验的 K_a/K_c 值。随着试样尺寸的增加，CNSRB 试验的表观断裂韧度越接近岩石固有断裂韧度。R=50mm 的(K_a/K_c)-n 曲线与 R=75mm 时靠得更近，这表明当试样尺寸足够大时，进一步增加试样尺寸对于断裂韧度值的影响并不显著。显然，由图 7.18 可以看出，对于一般实验室尺度的岩石试样，CNSRB、CCNSCB 和 CB 三种试验的韧度结果都非常接近；而对于 CCNBD 和 SCB 试验，只有当试样尺寸很大或岩石的 n 值很大时，才可能得到与 CNSRB 试验较为接近的断裂韧度。

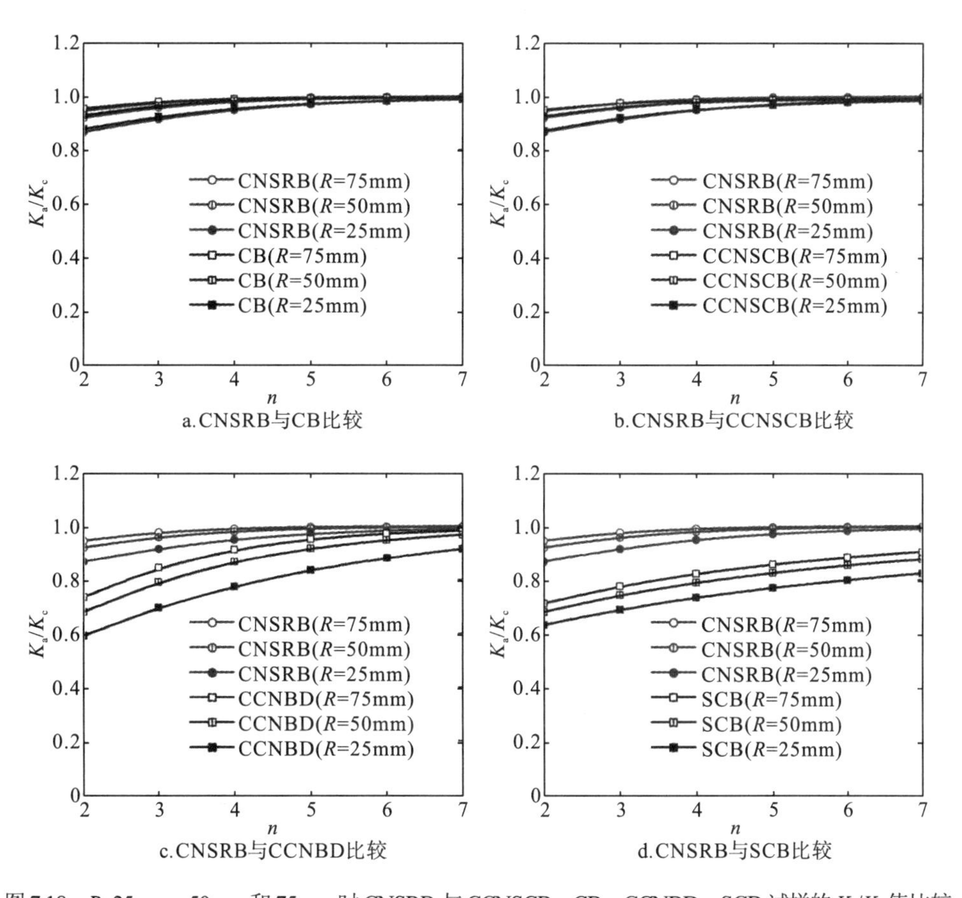

图 7.18 R=25mm、50mm 和 75mm 时 CNSRB 与 CCNSCB、CB、CCNBD、SCB 试样的 K_a/K_c 值比较

7.4.2 T应力影响比较

鉴于T应力对韧度测试也有一定的影响，本小节对CNSRB试验受T应力的影响进行评估，并与CCNSCB和4种ISRM建议方法进行比较。表7.3总结了S/D=0.8和0.5时CNSRB试验的C($C=T/K_I$)值，并以本书长泰花岗岩的力学性质为例，对CNSRB试验和其他试验(假定D=50mm)的断裂韧度与K_{Ic}^*(即C=0时的断裂韧度)的比值进行对比。当S/D=0.8时，CNSRB试样在临界时刻的C值为$0.445\text{m}^{-0.5}$；而对于S/D=0.5，该试样在临界时刻的C值为$-2.639\text{m}^{-0.5}$。这与CCNSCB试验的情况类似，即当支撑跨距较小时，试样中C为显著负值。值得注意的是，S/D=0.8的CNSRB试验中的T应力强度较小，其C值绝对值略微高于CCNSCB(S/D=0.8)试验，但低于4种ISRM建议试验。这说明S/D=0.8的CNSRB试验受T应力的影响可能并不严重，依据最大周向应变准则并从长泰花岗岩力学性质来看，其测试结果可能仅仅比T=0时对应的断裂韧度高2.8%。另外，CB、SCB(S/D=0.8，α=0.8)、CCNSCB(S/D=0.8)和CNSRB(S/D=0.8)四者的C值相对较小，都接近于0。根据最大周向应变准则和本书中长泰花岗岩的力学性质，从T应力对韧度测试的影响来看，该4种试验的测试结果在理论上较为接近，差异大约不超过10%。

表7.3 基于式(5.8)预测的CNSRB与其他长泰花岗岩试样的断裂韧度结果受T应力的影响

试验方法	D/mm	C($C=T/K_I$)/$\text{m}^{-0.5}$	K_a/K_{Ic}^*
CB	50	−1.097	93.7%
SR	50	3.280	125.0%
CCNBD	50	−17.845	47.9%
SCB(S/D=0.8，α=0.5)	50	0.507	103.2%
CCNSCB(S/D=0.8)	50	−0.137	99.2%
CNSRB(S/D=0.8)	50	0.445	102.8%
CNSRB(S/D=0.5)	50	−2.639	86.2%

7.5 CNSRB与ISRM建议方法的室内试验结果比较

为了深入评估CNSRB试验在岩石断裂韧度测试中的有效性，本节对其开展室内试验研究，并将断裂韧度结果与其他试验方法的结果进行比较。前面的研究表明，一个较大的支撑跨距有助于减小过程区和T应力对CNSRB试验测试结果准确性的影响，故本节试验研究只考虑S/D=0.8的情形。

7.5.1 CNSRB 试验描述

鉴于前几章已经使用长泰花岗岩开展了 CCNSCB、CB、CCNBD 和 SCB 断裂试验，本节也采用该花岗岩制备 CNSRB 试样，制备过程与 7.2.1 节描述的过程一致。为了使 CNSRB 试验得到更有力的室内试验评估，另一种砂岩也被用于开展 CNSRB 试验，并将 CNSRB 砂岩试样的断裂韧度与 CB 砂岩试样的结果进行对比。砂岩采自四川省隆昌市，砂岩的泊松比和抗拉强度依据 ISRM 建议方法由标准圆柱试样和圆盘试样测得，测试结果分别为 0.19MPa 和 5.4MPa。CB 砂岩试样的制备过程和几何尺寸与第 5 章 CB 花岗岩试样一致，均符合 1988 年 ISRM 建议方法文献的要求。本节制得的 CNSRB 试样如图 7.19 所示，制得 CNSRB 花岗岩试样、CNSRB 砂岩试样和 CB 砂岩试样各 6 个，试样直径为 50mm，切缝宽度约为 1.2mm。

图 7.19　制备的 CNSRB 试样

CNSRB 试验和砂岩 CB 试验均在 MTS815 岩石力学试验系统上完成。安装试样前，先在试样的支撑位置和加载位置做好标记，并将三点弯曲试验支座调整为设计的支撑跨距(CNSRB 和 CB 试样分别为 40mm 和 166.5mm)。接着将试样置于加载夹具之间准备施加荷载，对于容易在支座上发生滚动的 CB 试样，用胶带对其进行轻微固定。图 7.20 给出了一组典型的 CNSRB 试验照片。压缩荷载以恒定

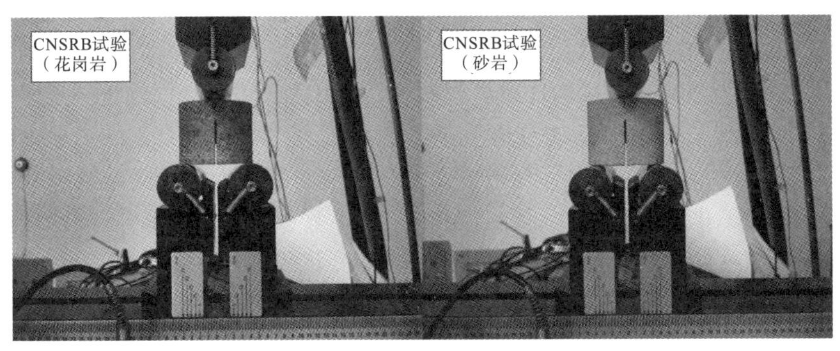

图 7.20　CNSRB 试验照片

的位移控制的方式施加于岩石试样，加载速率为 0.05mm/min，试样处于准静态加载条件。加载点位移由线性可变差动变压器记录。试验中的力-加载点位移曲线由计算机自动记录。

7.5.2 CNSRB 试验结果

图 7.21 给出了部分失效后的试样以及一组典型的 CNSRB 试验结果曲线。CNSRB 试验的力-位移曲线与一般压缩加载类型岩石力学试验的结果较为相似，均是在经历初始非线性阶段后逐渐转化为线性阶段，并在达到峰值后急剧降低。如图 7.21a 所示，断裂基本沿着理想的 I 型断裂平面发生，并未出现裂纹明显偏离理想断裂路径的情况，也未观察到其他意料之外的次生裂纹产生。从试样顶端来看，裂纹与直线形加载标记几乎重合。而且，试样的断裂表面较为平整和致密，未见岩石颗粒或碎片掉落的情况，表明裂纹扩展过程中的损伤区(断裂过程区)可能并不严重。总的来看，试样的断裂较符合测试原理。

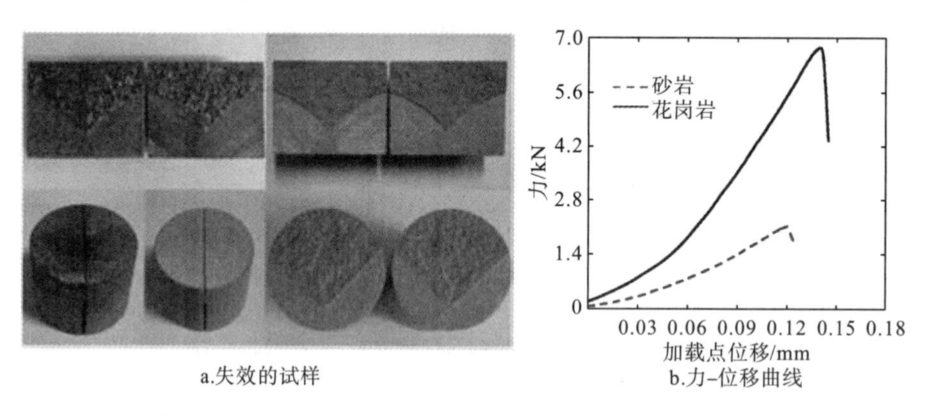

a.失效的试样

b.力-位移曲线

图 7.21 部分失效的试样以及 CNSRB 试验典型的力-位移曲线

表 7.4 总结了本章的试验结果。CNSRB 花岗岩、CNSRB 砂岩和 CB 砂岩试样的平均断裂韧度结果分别为 $2.304\mathrm{MPa{\cdot}m^{0.5}}$、$0.741\mathrm{MPa{\cdot}m^{0.5}}$ 和 $0.712\mathrm{MPa{\cdot}m^{0.5}}$。CNSRB 砂岩试样的韧度结果仅比 CB 砂岩试样高 4%，这表明两者的测试结果较一致。从失效荷载来看，CNSRB 砂岩试样约为 CB 砂岩试样的 2.5 倍；CB 试样较小的失效荷载造成 CB 试验对力学试验机精度的要求相对较高，而 CNSRB 试验则对力学试验机精度的要求相对较低。此外，从断裂韧度结果的标准差来看，CB 砂岩试样为 $0.074\mathrm{MPa{\cdot}m^{0.5}}$，而 CNSRB 砂岩试样仅为 $0.038\mathrm{MPa{\cdot}m^{0.5}}$，因此，CNSRB 砂岩试样断裂韧度结果的离散性要远远低于 CB 砂岩试样。

表 7.4　本章的断裂韧度试验结果

试样组	失效荷载/kN	表观断裂韧度K_a/ (MPa·m$^{0.5}$)
CNSRB 花岗岩	6.801±0.151	2.304±0.051
CNSRB 砂岩	2.187±0.114	0.741±0.038
CB 砂岩	0.868±0.090	0.712±0.074

图 7.22 比较了 CNSRB 花岗岩试样与其他花岗岩试样的表观断裂韧度结果。可以看出，对于直径 50 mm 的试样，CNSRB、CB 和 CCNSCB 三者的断裂韧度较为接近，均明显高于 CCNBD 和 SCB 的断裂韧度结果。即便是 CNSRB 试样测得的最小断裂韧度数据也要高于同直径 CCNBD 或 SCB 试样的最大断裂韧度数据。而且，即便是直径 50mm 的 CNSRB 试样的断裂韧度结果也要高于直径 150mm 的 CCNBD 和 SCB 试样，CNSRB 试样测得的最小值也要高于直径 150mm 的 CCNBD 试样测得的最大值。这不仅表明采用较小直径的 CNSRB 试样就能测得较为合理的断裂韧度，而且再次表明 CCNBD 和 SCB 试样的断裂韧度结果的确显著偏低。值得注意的是，对于直径 50mm 的试样，CNSRB、CCNSCB、CB、CCNBD 和 SCB 试验结果的标准差分别为 0.051MPa·m$^{0.5}$、0.069MPa·m$^{0.5}$、0.133MPa·m$^{0.5}$、0.126MPa·m$^{0.5}$ 和 0.116MPa·m$^{0.5}$，因此，花岗岩的测试结果表明，CNSRB 试验结果标准差最小，从图 7.22 也可以看出 CNSRB 试验结果数据的离散程度相对较小。

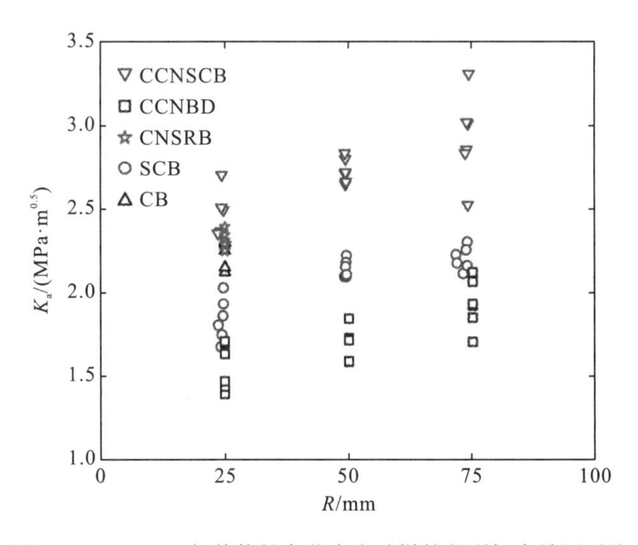

图 7.22　CNSRB 与其他长泰花岗岩试样的断裂韧度结果对比

7.6 本 章 讨 论

7.6.1 理论评估与试验结果的一致性讨论

从前文可以看出，CNSRB 与其他断裂试验结果的大小关系同前面的数值试验和理论评估结果基本一致。数值、理论和试验结果均表明，当试样直径相同时，CNSRB、CCNSCB 和 CB 的测试结果较为接近，均高于 CCNBD 和 SCB 测试结果。而且，在理论评估中，直径 50mm 的 CNSRB 试样的断裂韧度结果通常高于直径 150mm 的 CCNBD 和 SCB 试样，本节试验结果也验证了这一点。从 CCNSCB 试验中断裂韧度结果随试样尺寸增加的现象来看，直径 50mm 的 CNSRB、CCNSCB 和 CB 试样的断裂韧度结果仍然一定程度地偏保守。这可能由如下原因导致，根据直径 150mm 的 CCNSCB 试样的断裂韧度结果可知，本书花岗岩的固有断裂韧度大于或等于 2.92MPa·m$^{0.5}$，抗拉强度为 13.2MPa，可以估计该花岗岩 n 值大约小于或等于 4.5。由图 7.18 可以看出，对于该 n 值范围的岩石，直径 50mm 的 CNSRB、CCNSCB 和 CCNBD 试样的 K_a/K_c 值与 1 有一定的差距，但该差距显然小于 CCNBD 和 SCB 试样。所以，过程区对韧度测试的影响值得重视，CCNBD 和 SCB 过度保守的断裂韧度结果并不可取；而 CNSRB、CCNSCB 和 CB 对于更宽范围 n 值的岩石更易测得合理的断裂韧度值。

实际上，除了通过试验结果直接验证，相同直径 CNSRB、CCNSCB 和 CB 试样断裂韧度结果的一致性也很容易从理论上理解。本书前文从断裂过程区和 T 应力角度开展的理论评估表明，对于三点弯曲试验，韧度结果受支撑跨距的影响随支撑跨距的增大而迅速减小，即当支撑跨距与试样高度之比已经较大时，继续增加支撑跨距对韧度结果的影响几乎可以忽略不计。CNSRB、CCNSCB 和 CB 试样采用的加载方式正好均是三点弯曲加载，并且每种试样的支撑跨距相对于试样高度并不算小，因此，极有可能具有相近的断裂韧度结果。另一方面，前面的研究表明，相对于直穿透切槽，人字形切槽有助于减小韧度测试结果受过程区的影响。CNSRB、CCNSCB 和 CB 试样均采用人字形切槽，此三种试样的断裂韧度结果可能较为一致。鉴于 CNSRB、CCNSCB 和 CB 均属于采用三点弯曲加载和人字形切槽类试样的断裂试验方法，因此测得较为一致的断裂韧度结果也是容易理解的。由此可以推测，加载方式和切槽类型类似的试样容易测得相近的断裂韧度。

7.6.2 CNSRB 试验的优势

相比于需要施加直接拉伸荷载的 SR 试验，本书的 CNSRB 采用三点弯曲加载方式可以大大降低试验难度，因此，CNSRB（S/D=0.8）可以视为一种改进的 SR 试验。而且，CNSRB 试验的失效荷载要显著高于 SR 和 CB 试验，因此对力学测试机精度要求不高。此外，CNSRB 试样还具有体积小、耗材少的优点。本书的试验结果也表明，CNSRB 试验测试结果的离散性较小，这或许也是 CNSRB 试验的一个优点。数值试验、理论评估和试验结果均表明，CNSRB 试验受亚临界裂纹扩展、断裂过程区和 T 应力的影响较小，可以测得与 CB 试验(已经被广泛接受且测试值较为接近准确值[280])一致的断裂韧度结果，因此，CNSRB 的准确性也是较好的，比 CB 试验受 T 应力的影响更小。为了进一步评估 CNSRB 试验受 T 应力影响的程度，以及从 T 应力影响的角度评估 CNSRB、CCNSCB、CB 试验三者的一致性，表 7.5 以文献中的多种岩石材料为例，基于最大周向应变准则从理论上比较了 CNSRB(S/D=0.8)的测试结果与 $K_{\rm Ic}^*$ 的比值以及三种试验的韧度结果差异。表 7.5 说明，对于一般的岩石，CNSRB 试验测试结果与 $K_{\rm Ic}^*$ 的差距可能是极小的(不超过 3%)，因此 CNSRB 试验测试结果可以用于估计 T=0 时的韧度值。而且，CNSRB、CCNSCB 和 CB 的韧度结果差异通常低于 10%，这远比一般文献中不同试验方法的测试结果差异要小(表 1.6)，也比本书其他试验方法之间的理论差距要小，说明 CNSRB、CCNSCB 和 CB 的韧度测试结果的确具有较好的一致性。

表 7.5　基于文献中的岩石材料评估 CNSRB 同 CCNSCB、CB 的韧度结果差异以及前者的韧度结果与 $K_{\rm Ic}^*$ 的差距

岩石材料	$r_{\rm c}$/mm	v	$(K_{\rm a})_{\rm CNSRB}/(K_{\rm a})_{\rm CB}$	$(K_{\rm a})_{\rm CNSRB}/(K_{\rm a})_{\rm CCNSCB}$	$(K_{\rm a})_{\rm CNSRB}/K_{\rm Ic}^*$
长泰花岗岩	4.5	0.21	109.6%	103.6%	102.8%
沙特阿拉伯石灰岩[217]	5.2[238]	0.2[277]	109.5%	103.6%	102.8%
意大利浅色大理岩[220]	0.6[238]	0.3[238]	107.2%	102.7%	102.1%
Guiting 石灰岩[237]	2.3[237]	0.2[277]	106.3%	102.4%	101.8%
Neyriz 大理岩[259]	3.6[259]	0.18[278]	106.6%	102.5%	101.9%
Harsin 大理岩[67]	3[67]	0.2[163]	107.2%	102.7%	102.1%
Keochang 花岗岩[153]	0.8[211]	0.21[153]	104.0%	101.5%	101.2%
砂岩[85]	2[85]	0.26[85]	109.6%	103.6%	102.8%
Longchang 砂岩[279]	2.8[279]	0.19[279]	106.4%	102.4%	101.8%

正如 2014 年 ISRM 建议方法文献中指出的那样，为了使 LEFM 理论适用于岩石试样的断裂分析，进而测出较为合理的断裂韧度，岩石试样的尺寸应满足一定的要求。于是，1988 年建议方法文献要求 CB 和 SR 试样直径不小于 10 倍岩石颗粒尺寸；1995 年建议方法文献也要求 CCNBD 试样直径不小于 10 倍岩石颗粒尺寸，并且建议标准 CCNBD 试样直径为 75mm；2014 年 ISRM 建议方法要求试样直径要大于 10 倍岩石颗粒尺寸或者 76mm。本书直径 100mm 和 150mm 的

CCNBD 和 SCB 花岗岩试样显然满足 ISRM 建议方法的要求。然而，该两种试样测得的断裂韧度仍然比 CNSRB、CCNSCB 和 CB 试样显著偏低。因此，本书试验结果表明，即便 SCB 和 CCNBD 试样达到 ISRM 建议方法的尺寸要求，其测得的断裂韧度结果仍可能是显著保守的。与 CCNBD 和 SCB 试样不同，CNSRB、CCNSCB 和 CB 在试样尺寸相对较小时就能测得更为合理的、与大尺寸 CCNBD 和 SCB 试样等效的断裂韧度结果。因此，CNSRB、CCNSCB 和 CB 应该比 CCNBD 和 SCB 试样具有一个更小的最小尺寸要求，即前三种试验方法测试结果的可靠性对试样尺寸的依赖程度更小。

CNSRB、CCNSCB 和 CB 测试结果较好的一致性表明，本书提出的 CNSRB 试验有助于与 CCNSCB、CB 构成一套测试方法用于确定岩芯在不同正交方向上的断裂韧度。众所周知，由于特殊的形成过程、形成环境以及复杂的地质作用，许多岩石材料呈现出各向异性的力学性质。在岩石断裂力学的工程应用中，有必要确定各向异性岩石在不同方向的断裂韧度。对正交各向异性的岩石，因为每种试样中的裂纹扩展方向相对于岩芯轴向都是较为单一的(例如，CB 试样中的裂纹扩展方向总是垂直于岩芯轴线，因此不能测试岩芯轴线方向的断裂韧度)，因此若采用单独一种试样确定岩石在多个正交方向的断裂韧度，则往往需要从不同材料方向取芯。然而，从不同方向取芯有时较为困难，或者在实验室内有时只有单一材料方向的岩芯可供测试。因此，可以通过多种试样的组合来测定岩芯在多个正交方向上的断裂韧度。1995 年与 2014 年建议方法文献便明确指出，CCNBD 和 SCB 试样可以与 CB、SR 试样组合用于确定单一岩芯在不同材料方向的断裂韧度。然而，本书的研究表明，对于一般的岩石尤其是 n 值较低的岩石，CCNBD 和 SCB 的断裂韧度比 CB 严重偏低。于是，几种建议方法之间固有的差距使得它们并不适合配合用于确定各向异性岩石的断裂韧度。因为测试结果的不一致性很难确定是由岩石各向异性引起还是由试验方法本身造成。本书发展的 CNSRB 和 CCNSCB 试验却可以与 CB 组成一套方法用于确定岩芯在不同正交方向的断裂韧度，相同直径 CNSRB、CCNSCB 和 CB 试样的断裂韧度结果较为一致。且 CNSRB、CCNSCB 和 CB 试验均采用三点弯曲加载方式，在进行该三种试验时，可以避免更换试验夹具的烦琐操作。

7.6.3 本书研究手段的优势

在过去几十年，许多研究均通过直接将新试验方法与 ISRM 建议方法的室内试验结果进行对比来对前者进行评估。例如，Tutluoglu 和 Keles 开展了大量中心孔平台巴西圆盘试验与 CCNBD 试验，并通过试验结果比较对中心孔平台巴西圆盘试验进行评价[78]。鲜有试验方法从数值模拟、理论分析和室内试验的角度得到全面评估，尤其是许多试验方法受断裂过程区(含亚临界裂纹扩展区和微破裂区)

和 T 应力的影响并未得到很好的评估，导致提出的试验方法难以与其他方法测得一致的断裂韧度结果，并且使得测试结果差异背后蕴含的岩石断裂机理始终未能得到很好地揭示。

本书通过数值试验、理论分析和室内试验手段对已有的具有代表性的岩石拉伸断裂试验方法和新试验方法开展系统的评估。数值模拟再现了岩石断裂试样中存在的亚临界裂纹扩展机理，并且发现不同试样中的亚临界裂纹扩展长度及其对韧度测试的影响并不相同。由此揭示不同试验方法测试差异的一个重要原因。在理论研究中，本书系统地从断裂过程区的角度对 4 种 ISRM 建议方法进行评估与比较，发现 CCNBD 试验中存在较大的过程区，且 SCB 试验容易受过程区影响，揭示了 CCNBD 和 SCB 试验结果经常显著偏低的部分重要机理。因此，在对 CCNSCB 和 CNSRB 试验的研究中，本书首先从数值试验和理论研究的角度对该两种试验进行评估，结果显示 CCNSCB 和 CNSRB 试验受过程区和 T 应力的影响较小，可以同 CB 试验测得接近的韧度结果，最后通过室内试验验证了数值与理论评估结果的可靠性。

本书的研究揭示了断裂过程区与 T 应力对韧度测试的综合影响，因此，当提出一种新的拉伸断裂试验方法时，有必要从过程区与 T 应力的角度对其进行评估。本书数值模拟工具中以最大拉应变准则作为单元拉伸失效准则，周向应力与 T 应力均对最大拉应变有贡献。因此，数值试验中模拟得到的亚临界裂纹扩展实际上能一定程度地反映过程区和 T 应力效应。本书对新试验方法的理论评估综合考虑了 T 应力和过程区影响，可以很好地解释新试验方法与建议方法的韧度测试结果高低顺序(CCNSCB、CNSRB 和 CB 三者的结果相近，均高于 CCNBD 和 SCB 试样，并且即使前三种试样在直径为 50mm 时的结果仍可能高于后两者在直径为 150mm 时的结果)。与室内试验研究相比，本书的数值试验和理论评估方法更容易执行，采用的数值试验和理论分析还可以作为一种有效的方法用于评估其他岩石拉伸断裂试验。

值得注意的是，本书除了对岩石拉伸断裂试验方法开展系列研究，还有力地揭示了 I 型断裂受断裂过程区和 T 应力综合影响的断裂机理。尽管 LEFM 理论中已经发现了 T 应力的存在[式(5.1)]，但在断裂力学研究与应用中，T 应力常常被忽略。例如，从第 5 章可知 T/K_{I} 与试样尺寸的−0.5 次方成正比，在工程尺度的断裂力学问题中，应力强度因子 K 往往对岩石的断裂起主导作用(这便是以应力强度因子建立起来的“K 判据”被广泛接受的原因)，T 应力可以被忽略。然而，对于实验室尺度的岩石断裂试验，T 应力强度可能变得不容忽视。因此，在应用线弹性断裂力学理论时忽略 T 应力可能会引起误差，此误差本质上仍属于 LEFM 范畴。Aliha 等也已注意到 T 应力对岩石 I 型断裂室内试验的影响[163]。另一方面，即便利用考虑了 T 应力的 LEFM 理论分析实验室尺度的岩石断裂问题仍会有误差，这是因为岩石材料裂纹尖端会出现断裂过程区，材料的真实断裂行为与考虑

了 T 应力的 LEFM 理论仍有一定差距。过去已有许多学者注意到了过程区对于岩石、混凝土和陶瓷等准脆性材料断裂的影响(如尺度率模型和边界效应模型等)，却没有系统深入地从过程区角度对 4 种 ISRM 建议方法进行评估。而已有的研究通常只注意到或强调了过程区或 T 应力其中一个对岩石断裂的影响(如文献[163]和文献[258])，本书的研究表明，只有综合考虑两者的效应才能对花岗岩试验结果进行合理解释。因此，本书揭示了岩石拉伸型断裂受过程区和 T 应力综合影响的断裂机理。

7.7 本章小结

SR 是唯一可以测试岩芯轴向断裂韧度的 ISRM 建议方法，然而，它采用的直接拉伸加载方式导致试样安装和试验步骤非常困难，而且 SR 试验也存在“较大的正 T 应力可能导致韧度测试结果偏高”“失效荷载较小、对测试机要求较高”“试样体积较大、耗材较多”等缺点。为此，本章提出了一种新的改进 SR 试验——CNSRB。与 SR 相比，CNSRB 试验也可以测定岩芯轴向的断裂韧度，并且采用的三点弯曲加载方式使得试样安装和试验步骤大大简化。而且 CNSRB 试验还具有试样体积小、对测试机要求不高的优点。

本章通过数值试验和理论研究对不同支撑跨距的 CNSRB 试验进行评估，结果显示，当支撑跨距较大时(如 S/D=0.8)，CNSRB 的测试结果受断裂过程区(含亚临界裂纹扩展)以及 T 应力的影响较小，韧度测试结果较为合理。因此，建议此类 CNSRB 三点弯曲断裂韧度试验选用较大的支撑跨距。室内试验研究表明，CNSRB 试验(S/D=0.8)测试结果受过程区和 T 应力的综合影响显著小于 CCNBD 和 SCB；即便是直径 50mm 的 CNSRB 试样也可以比直径 150mm 的 CCNBD、SCB 试样测得更加合理的断裂韧度。就韧度结果来看，CNSRB 试样等效于更大直径的 CCNBD 和 SCB 试样。CNSRB 试样的断裂更加符合 LEFM 理论，CNSRB 试验对试样尺寸的要求更低。

数值试验、理论评估以及室内试验均表明，CNSRB(S/D=0.8)、CB 和 CCNSCB(S/D=0.8)试验测试结果差异较小，此三种试验适合配合用于测定岩芯在不同方向的断裂韧度。而且，CNSRB 试验中的 T 应力强度较接近于 0，其测试结果也可以用于近似 T=0 时的断裂韧度。

本章对 CNSRB 试验的研究进一步表明，本书采用的数值试验和理论研究手段可以有效地用于岩石拉伸断裂试验方法的评估与比较。与室内试验研究相比，本书采用的数值试验和理论评估方法具有更易实施的优点。

参 考 文 献

[1]徐力群, 黄柏云, 陆誉婷, 等. 地质缺陷的面板堆石坝渗流特性分析及处理措施研究[J]. 水力发电, 2015, 12: 48-53.

[2]张伯虎, 邓建辉, 高明忠, 等. 基于微震监测的水电站地下厂房安全性评价研究[J]. 岩石力学与工程学报, 2012, 31(5): 937-944.

[3]赵周能, 冯夏庭, 陈炳瑞, 等. 深埋隧洞微震活动区与岩爆的相关性研究[J]. 岩土力学, 2013, 34(2): 491-497.

[4]Griffith A A. The phenomena of rupture and flow in solids[J]. Philosophical Transactions of the Royal Society, 1921, 221: 163-168.

[5]Irwin G R. Analysis of stresses and strains near the end of a crack traversing a plate[J]. Journal of Applied Mechanics, 1957, 24: 361–364.

[6]Rice J R. A path independent integral and the approximate analysis of strain concentration by notches and cracks[J]. Journal of Applied Mechanics, 1968, 35: 379-386.

[7]Wells A A. Application of fracture mechanics at and beyond general yielding[J]. British Welding Journal, 1963, 10: 563-570.

[8]谢和平, 高峰, 周宏伟, 等. 岩石断裂和破碎的分形研究[J]. 防灾减灾工程学报, 2003, 23(4): 1-9.

[9]张楚汉. 混凝土离散—接触—断裂分析[J]. 岩石力学与工程学报, 2008, 27(2): 218-235.

[10]周家文, 徐卫亚, 石崇. 基于破坏准则的岩石压剪断裂判据研究[J]. 岩石力学与工程学报, 2007, 26(6): 1194-1201.

[11]左建平, 周宏伟, 方园, 等. 含双缺口北山花岗岩的热力耦合断裂特性试验研究[J]. 岩石力学与工程学报, 2012, 31(4): 738-745.

[12]Schmidt R A. Fracture toughness testing of limestone[J]. Experimental Mechanics, 1976, 16: 161-167.

[13]赵海峰, 蒋迪, 石俊. 致密砂岩气藏缝网系统渗流力学和岩石断裂动力学[J]. 天然气地球科学, 2016, 27(2): 346-351.

[14]江红祥, 杜长龙, 刘送永, 等. 基于断裂力学的岩石切削数值分析探讨[J]. 岩土力学, 2013, 34(4): 1179-1184.

[15]陈培帅, 陈卫忠, 庄严. 基于断裂力学的岩爆破坏形迹两级预测方法研究[J]. 岩土力学, 2013, 34(2): 575-584.

[16]谭卓英, 王思敬, 吴恒, 等. 岩石槽孔断裂机理及参数估计[J]. 岩石力学与工程学报, 1999, 18(5): 573-577.

[17]陈洪凯, 唐红梅, 王林峰, 等. 缓倾角岩质陡坡后退演化的力学机制[J]. 岩土工程学报, 2010, 32(3): 468-473.

[18]赵延林, 曹平, 林杭, 等. 渗透压作用下压剪岩石裂纹流变断裂贯通机制及破坏准则探讨[J]. 岩土工程学报, 2008, 30(4): 511-517.

[19]王建秀, 朱合华, 唐益群, 等. 石灰岩损伤演化的断裂力学模型及耦合方程[J]. 同济大学学报(自然科学版), 2004, 32(10): 1320-1324.

[20]姚飞. 水力裂缝延伸过程中的岩石断裂韧性[J]. 岩石力学与工程学报, 2004, 32(14): 2346-2350.

[21]李玮, 闫铁, 毕雪亮. 水力致裂法测定分形裂纹下岩石的断裂韧性[J], 岩石力学与工程学报, 2009, 28(S1): 2789-2793.

[22]赵延林, 王卫军, 万文, 等. 裂隙岩体渗流-断裂耦合机制及应用[J]. 岩土工程学报, 2012, 34(4): 677-685.

[23]程远方, 常鑫, 孙元伟, 等. 基于断裂力学的页岩储层缝网延伸形态研究[J]. 天然气地球科学, 2014, 25(4): 603-611.

[24]冯彦军, 康红普. 水力压裂起裂与扩展分析[J]. 岩石力学与工程学报, 2013, (S2): 3169-3179.

[25]唐红侠, 周志芳, 王文远. 水劈裂过程中岩体渗透性规律及机理分析[J]. 岩土力学, 2004, 25(8): 1320-1322.

[26]黄润秋, 王贤能, 陈龙生. 深埋隧道涌水过程的水力劈裂作用分析[J]. 岩石力学与工程学报, 2000, 19(5): 573-576.

[27]吴永, 何思明, 王东坡, 等. 开挖卸荷岩质坡体的断裂破坏机理[J]. 四川大学学报(工程科学版), 2012, 44(2): 52-58.

[28]刘宁, 朱维申, 于广明, 等. 高地应力条件下围岩劈裂破坏的判据及薄板力学模型研究[J]. 岩石力学与工程学报, 2008, 27(S1): 3173-3179.

[29]王林峰, 陈洪凯, 唐红梅. 复杂反倾岩质边坡的稳定性分析方法研究[J]. 岩土力学, 2014, 35(S1): 181-188.

[30]黎立云, 许凤光, 高峰, 等. 岩桥贯通机理的断裂力学分析[J]. 岩石力学与工程学报, 2005, 24(23): 4328-4334.

[31]陈忠辉, 冯竞竞, 肖彩彩, 等. 浅埋深厚煤层综放开采顶板断裂力学模型[J]. 煤炭学报, 2007, 32(5): 449-452.

[32]周云涛. 三峡库区危岩稳定性断裂力学计算方法[J]. 岩土力学, 2016, 37(S1): 495-499.

[33]Wu L Z, Li B, Huang R Q, et al. Study on Mode I-II hybrid fracture criteria for the stability analysis of sliding overhanging rock[J]. Engineering Geology, 2016, 209: 187-195.

[34]Huang R Q, Wu L Z, He Q, et al. Stress intensity factor analysis and the stability of overhanging rock[J]. Rock Mechanics and Rock Engineering, 2017, 50(3): 1-8.

[35]杨小林, 王树仁. 岩石爆破损伤断裂的细观机理[J]. 爆炸与冲击, 2000, 20(3): 247-252.

[36]罗勇, 沈兆武. 切缝药包岩石定向断裂爆破的研究[J]. 振动与冲击, 2006, 25(4): 155-158.

[37]罗勇, 沈兆武. 聚能药包在岩石定向断裂爆破中的应用研究[J]. 爆炸与冲击, 2006, 26(3): 250-255.

[38]陈欢强. 断裂力学在爆破工程中的应用——开发槽孔预裂爆破技术[J]. 深圳大学学报(自然科学版), 1985, (3): 71-78.

[39]朱传云. 断裂力学在预裂爆破中的应用[J]. 水利水电技术, 1988, 2: 19-22.

[40]戴俊. 断裂力学原理在光面爆破设计中的应用[J]. 西安矿业学院学报, 1995, 15: 41-44.

[41]李利平,李术才,张庆松. 岩溶地区隧道裂隙水突出力学机制研究[J]. 岩土力学, 2010, 31(2): 523-528.

[42]陈芳, 秦昊. 细观尺度下岩石沿晶断裂应力强度因子计算研究[J]. 岩土力学, 2011, 32(3): 941-945.

[43]张岩, 李宁, 于海鸣, 等. 温度应力对裂隙岩体强度的影响研究[J]. 岩石力学与工程学报, 2013, 32(S1): 2660-2668.

[44]谢其泰, 王建力. 石材裂纹扩展分形特性[J]. 岩石力学与工程学报, 2007, 26(S1): 3355-3360.

[45]吴德伦, 赵明阶. 岩石细观力学参数的反演研究[J]. 岩石力学与工程学报, 1996, 15: 433-439.

[46]陈有亮. 岩石蠕变断裂特性的试验研究[J]. 力学学报, 2003, 35(4): 480-484.

[47]崔智丽, 宫能平, 经来旺. 岩石非理想裂纹圆盘试件动态断裂韧性测试的有限元分析及试验研究[J]. 岩土力学,

2015, 36(3): 694-702.

[48]李世愚, 和泰名, 尹祥础. 岩石断裂力学导论[M]. 合肥: 中国科学技术大学出版社, 2010.

[49]吕涛, 赵明阶, 王焱. 受压岩石断裂准则研究[J]. 地下空间与工程学报, 2010, 6(5): 969-974.

[50]阎锡东, 刘红岩, 邢闯锋, 等. 基于微裂隙变形与扩展的岩石冻融损伤本构模型研究[J]. 岩土力学, 2015, 36(12): 3489-3499.

[51]黄达, 金华辉, 黄润秋. 拉剪应力状态下岩体裂隙扩展的断裂力学机制及物理模型试验[J]. 岩土力学, 2011, 32(4): 997-1002.

[52]颜玉定, 尹祥础, 廖远群, 等. 某些测试条件对岩石断裂韧度 K_{Ic} 的影响[J]. 岩石力学与工程学报, 1991, 10(4): 382-386.

[53]陶振宇. 应用岩石断裂韧度估算冲刷深度[J]. 水利学报, 1984, (9): 41-45.

[54]魏炯, 朱万成, 李如飞, 等. 岩石抗拉强度和断裂韧度的三点弯曲试验研究[J]. 水利与建筑工程学报, 2016, 14(3): 128-132.

[55]陈建国, 邓金根, 袁俊亮, 等. 页岩储层 I 型和 II 型断裂韧性评价方法研究[J]. 岩石力学与工程学报, 2015, 34(6): 1101-1105.

[56]刘新荣, 傅晏, 郑颖, 等. 颗粒流细观强度参数与岩石断裂韧度之间的关系[J]. 岩石力学与工程学报, 2011, 30(10): 2084-2089.

[57]唐红梅, 叶四桥, 陈洪凯. 危岩主控结构面应力强度因子求解分析[J]. 地下空间与工程学报, 2006, 2(3): 393-397.

[58]陈洪凯, 鲜学福, 唐红梅. 危岩稳定性断裂力学计算方法[J]. 重庆大学学报, 2009, 32(4): 434-437.

[59]Ouchterlony F. ISRM commission on testing methods: suggested methods for determining fracture toughness of rock[J]. International Journal of Rock Mechanics and Mining Sciences & Geomechanics Abstracts, 1988, 25: 71-96.

[60]崔振东, 刘大安, 安光明, 等. 岩石 I 型断裂韧度测试方法研究进展[J]. 测试技术学报, 2009, 23(3): 189-196.

[61]张盛, 李小军, 李大伟. 岩石 I 型断裂韧度测试技术和理论研究综述[J]. 河南理工大学学报(自然科学版), 2009, 28(1): 33-38.

[62]徐纪成, 刘大安, 张静宜, 等. 岩石断裂韧度测试技术研究[J]. 中南工业大学学报, 1997, 28(3): 216-218.

[63]高文蛟, 单仁亮, 朱永, 等. 用短棒试件测试无烟煤准静态断裂韧度试验研究[J]. 2006, 25(S2): 3919-3926.

[64]单仁亮, 高文蛟, 程先锋, 等. 用短棒试件测试无烟煤的动态断裂韧度[J]. 爆炸与冲击, 2008, 28(5): 455-461.

[65]Fowell R J. ISRM commission on testing methods: suggested method for determining mode I fracture toughness using cracked chevron notched Brazilian disc (CCNBD) specimens[J]. International Journal of Rock Mechanics and Mining Sciences & Geomechanics Abstracts, 1995, 32(1):57–64.

[66]Kuruppu M D, Obara Y, Ayatollahi MR, et al. ISRM-Suggested method for determining the mode I static fracture toughness using semi-circular bend specimen[J]. Rock Mechanics and Rock Engineering, 2014, 47(1): 267-274.

[67]Aliha M R M, Ayatollahi M R, Akbardoost J. Typical upper bound-lower bound mixed mode fracture resistance envelopes for rock material[J]. Rock Mechanics and Rock Engineering, 2012, 45(1): 65-74.

[68]曾祥国, 王清远, 姚杰, 等. 含裂纹岩石巴西圆盘试件在冲击载荷下断裂参数的有限元计算[J]. 岩石力学与工程学报, 2007, 26(S1): 2779-2785.

[69]Ayatollahi M R, Mahdavi E, Alborzi M J, et al. Stress intensity factors of semi-circular bend specimens with straight-through and chevron notches[J]. Rock Mechanics and Rock Engineering, 2016, 49(4): 1161-1172.

[70]Kuruppu M D. Fracture toughness measurement using chevron notched semi-circular bend specimen[J]. International Journal of Fracture, 1997, 86(4): 33-38.

[71]Mahdavi E, Obara Y, Ayatollahi M. Numerical investigation of stress intensity factor for semi-circular bend specimen with chevron notch[J]. Engineering Solid Mechanics, 2015, 3(4): 235-244.

[72]Wei M D, Dai F, Xu N W, et al. Three-dimensional numerical evaluation of the progressive fracture mechanism of cracked chevron notched semi-circular bend rock specimens[J]. Engineering Fracture Mechanics, 2015, 134: 286-303.

[73]Wei M D, Dai F, Xu N W, et al. Experimental and numerical study on the cracked chevron notched semi-circular bend method for characterizing the mode I fracture toughness of rocks[J]. Rock Mechanics and Rock Engineering, 2016, 49: 1595-1609.

[74]Shannon J L, Bubsey R T, Pierce W S, et al. Extended range stress intensity factor expressions for chevron-notched short bar and short rod fracture toughness specimens[J]. International Journal of Fracture, 1982, 19(3): 55-58.

[75]樊鸿，张盛，王启智．用直裂缝平台巴西圆盘确定混凝土的动态起裂韧度[J]. 水利学报，2010，41(10): 1234-1240.

[76]Keles C, Tutluoglu L. Investigation of proper specimen geometry for mode I fracture toughness testing with flattened Brazilian disc method[J]. International Journal of Fracture, 2011, 169(1): 61-75.

[77]张盛，梁亚磊．预制裂缝宽度对 HCFBD 试件确定岩石断裂韧度的影响[J]. 试验力学, 2013, 28(4): 517-523.

[78]Tutluoglu L, Keles C. Effects of geometric factors on mode I fracture toughness for modified ring tests[J]. International Journal of Rock Mechanics and Mining Sciences, 2012, 51: 149-161.

[79]张盛，王启智．用 5 种圆盘试件的劈裂试验确定岩石断裂韧度[J]. 岩土力学, 2009, 30(1): 12-18.

[80]张盛，李新文．中心孔径对岩石动态断裂韧度测试值的影响[J]. 岩石力学与工程学报, 2015, 34(8): 1660-1666.

[81]张志强，鲜学福．用带中心孔巴西圆盘试样测定岩石断裂韧度的研究[J]. 重庆大学学报(自然科学版)，1998, 21(2): 68-74.

[82]邓华锋，李建林，孙旭曙，等．水作用下砂岩断裂力学效应试验研究[J]. 岩石力学与工程学报，2012，31(7): 1342-1348.

[83]邓华锋，朱敏，李建林，等．砂岩 I 型断裂韧度及其与强度参数的相关性研究．岩土力学，2012，33(12): 3585-3591.

[84]尹祥础，颜玉定，李红，等．不同方法测定岩石断裂韧度 K_{Ic} 的研究[J]. 岩石力学与工程学报，1990，9(4): 328-333.

[85]Luo Y, Ren L, Xie L Z, et al. Fracture behavior investigation of a typical sandstone under mixed-mode I/II loading using the notched deep beam bending method[J]. Rock Mechanics and Rock Engineering, 2017, 50(8): 1987-2005.

[86]黄炳香，邓广哲，王广地．温度影响下北山花岗岩蠕变断裂特性研究[J]. 岩土力学, 2003, 24(S2): 203-206.

[87]Aliha M R M, Bahmani A. Rock fracture toughness study under mixed mode I/III loading[J]. Rock Mechanics and Rock Engineering, 2017, 50(7): 1739-1751.

[88]Tutluoglu L, Keles C. Mode I fracture toughness determination with straight notched disk bending method[J]. International Journal of Rock Mechanics and Mining Sciences, 2011, 48(8): 1248-1261.

[89]张财贵, 周妍, 杨井瑞, 等. 测试断裂韧度的一类边裂纹平台圆环(盘)试样:数值分析和标定结果[J]. 岩石力学与工程学报, 2014, 33(8): 1546-1555.

[90]Szendi-Horvath G. On the fracture toughness of coal[J]. Australian Journal of Coal Mining Technology Research, 1982, 2: 51-57.

[91]Mirsayar M M. A new mixed mode fracture test specimen covering positive and negative values of *T*-stress[J]. Engineering Solid Mechanics, 2014, 2(2): 67-72.

[92]Aliha M R M, Hosseinpour G R, Ayatollahi M R. Application of cracked triangular specimen subjected to three-point bending for investigating fracture behavior of rock materials[J]. Rock Mechanics and Rock Engineering, 2013, 46(5): 1023-1034.

[93]Haeri H, Sarfarazi V, Yazdani M, et al. Experimental and numerical investigation of the center-cracked horseshoe disk method for determining the mode I fracture toughness of rock-like material[J]. Rock Mechanics and Rock Engineering, 2018, 51(1): 173-185.

[94]Jenkins M G, Kobayashi A S, White K W, et al. A 3-D finite element analysis of a chevron-notched, three-point bend fracture specimen for ceramic materials[J]. International Journal of Fracture, 1987, 34: 281-295.

[95]Munz D G, Shannon J L, Bubsey R T. Fracture toughness calculation from maximum load in four point bend tests of chevron notch specimens[J]. International Journal of Fracture, 1980, 16(3): 137-141.

[96]Chen C H, Chen C S, Wu J H. Fracture toughness analysis on cracked ring disks of anisotropic rock[J]. Rock Mechanics and Rock Engineering, 2008, 41(4): 539-562.

[97]Matsuki K, Hasibuan S S, Takahashi H. Specimen size requirements for determining the inherent fracture toughness of rocks according to the ISRM suggested methods[J]. International Journal of Rock Mechanics and Mining Sciences & Geomechanics Abstracts, 1991, 28(5): 365-374.

[98]Fowell R J, Xu C. The use of the cracked Brazilian disc geometry for rock fracture investigations[J]. International Journal of Rock Mechanics and Mining Sciences & Geomechanics Abstracts, 1994, 31(6): 571-579.

[99]Iqbal M J, Mohanty B. Experimental calibration of ISRM suggested fracture toughness measurement techniques in selected brittle rocks[J]. Rock Mechanics and Rock Engineering, 2007, 40(5): 453-475.

[100]Funatsu T, Shimizu N, Kuruppu M, et al. Evaluation of Mode I fracture toughness assisted by the numerical determination of K-resistance[J]. Rock Mechanics and Rock Engineering, 2015, 48(1): 143-157.

[101]邓朝福, 刘建锋, 陈亮, 等. 不同粒径花岗岩断裂力学行为及声发射特征研究[J]. 岩土力学, 2016, 37(8): 2313-2320.

[102]邓朝福, 刘建锋, 陈亮, 等. 不同含水状态花岗岩断裂力学行为及声发射特征[J]. 岩土工程学报, 2017, 39(8): 1538-1544.

[103]王启智, 鲜学福. 岩石三点弯曲圆梁断裂韧度 K_{Ic} 的测试研究[J]. 重庆大学学报, 1992, 15(5): 101-106.

[104]赵晓明, 孙宗颀. 用万能材料试验机进行岩石断裂韧度试验研究[J]. 中南矿冶学院学报,1990, 21(5): 467-472.

[105]徐纪成, 刘大安, 孙宗颀, 等. 岩石断裂韧度的国际联合试验研究[J]. 中南工业大学学报, 1995, 26(3):

310-313.

[106]Barker L M. A simplified method for measuring plane strain fracture toughness[J]. Engineering Fracture Mechanics, 1977, 9(2): 361-369.

[107]Yi X, Sun Z, Ouchterlony F, et al. Fracture toughness of Kallax gabbro and specimen size effect[J]. International Journal of Rock Mechanics and Mining Sciences & Geomechanics Abstracts, 1991, 28: 219-223.

[108]Cui Z D, Liu D A, An G M, et al. A comparison of two ISRM suggested checuivron notched specimens for testing mode-I rock fracture toughness[J]. International Journal of Rock Mechanics and Mining Sciences, 2010, 47: 871-876.

[109]Mostafavi M, McDonald S A, Mummery P M, et al. Observation and quantification of three-dimensional crack propagation in poly-granular graphite[J]. Engineering Fracture Mechanics, 2013, 110: 410-420.

[110]Zhang Z X, Kou S Q, Yu J, et al. Effects of loading rates on rock fracture[J]. International Journal of Rock Mechanics and Mining Sciences, 1999, 36(5): 597-611.

[111]Zhang Z X, Kou S Q, Jiang L G, et al. Effects of loading rate on rock fracture: fracture characteristics and energy partitioning[J]. International Journal of Rock Mechanics and Mining Sciences, 2000, 37(5): 745-762.

[112]Zhang Z X, Yu J, Kou S Q, et al. Effects of high temperatures on dynamic rock fracture[J]. International Journal of Rock Mechanics and Mining Sciences, 2001, 38(2): 211-225.

[113]张宗贤, 喻勇, 赵清. 岩石断裂韧度的温度效应[J]. 中国有色金属学报, 1994, 4(2): 7-11.

[114]Sheity D K, Rosenfield A R, Duckworth W H. Fracture toughness of ceramics measured by a chevron-notch diametral-compression test[J]. Journal of the American Ceramic Society, 1985, 68(12): 325-327.

[115]Erarslan N, Williams D J. The damage mechanism of rock fatigue and its relationship to the fracture toughness of rocks[J]. International Journal of Rock Mechanics & Mining Sciences, 2012, 56: 15-26.

[116]Erarslan N, Williams D J. Mechanism of rock fatigue damage in terms of fracturing modes[J]. International Journal of Fatigue, 2012, 43: 76-89.

[117]Erarslan N. A study on the evaluation of the fracture process zone in CCNBD rock samples[J]. Experimental Mechanics, 2013, 53: 1475-1489.

[118]Ghamgosar M, Erarslan N, Williams D J. Experimental investigation of fracture process zone in rocks damaged under cyclic loadings[J]. Experimental Mechanics, 2017, 57(1): 97-113.

[119]Ghamgosar M, Erarslan N. Experimental and numerical studies on development of fracture process zone (FPZ) in rocks under cyclic and static loadings[J]. Rock Mechanics and Rock Engineering, 2016, 49(3): 893-908.

[120]Erarslan N, Williams D J. Mixed-mode fracturing of rocks under static and cyclic loading[J]. Rock Mechanics and Rock Engineering, 2013, 46(5): 1035-1052.

[121]Nasseri M H B, Rezanezhad F, Young R P. Analysis of fracture damage zone in anisotropic granitic rock using 3D X-ray CT scanning techniques[J]. International Journal of Fracture, 2011, 168(1): 1-13.

[122]Nasseri M H B, Mohanty B. Fracture toughness anisotropy in granitic rocks[J]. International Journal of Rock Mechanics & Mining Sciences, 2008, 45(2): 167-193.

[123]Nasseri M H B, Mohanty B, Robin P Y F. Characterization of microstructures and fracture toughness in five granitic

rocks[J]. International Journal of Rock Mechanics & Mining Sciences, 2005, 42: 450-460.

[124]Nasseri M H B, Schubnel A, Young R P. Coupled evolutions of fracture toughness and elastic wave velocities at high crack density in thermally treated Westerly granite[J]. International Journal of Rock Mechanics & Mining Sciences, 2007, 44(4): 601-616.

[125]Nasseri M H B, Mohanty B, Young R P. Fracture toughness measurements and acoustic emission activity in brittle rocks[J]. Pure and Applied Geophysics, 2006, 163(5-6): 917-945.

[126]崔振东, 刘大安, 安光明, 等. V 形切槽巴西圆盘法测定岩石断裂韧度 K_{Ic} 的试验研究[J]. 岩土力学, 2010, 31(9): 2743-2748.

[127]戴峰, 王启智. 有限宽切槽对 CCNBD 断裂试样应力强度因子的影响[J]. 岩土力学, 2004, 25(3): 427-431.

[128]Dwivedi R D, Soni A K, Goel R K, et al. Fracture toughness of rocks under sub-zero temperature conditions[J]. International Journal of Rock Mechanics and Mining Sciences, 2000, 37(8): 1267-1275.

[129]Dai F, Chen R, Iqbal M J, et al. Dynamic cracked chevron notched Brazilian disc method for measuring rock fracture parameters[J]. International Journal of Rock Mechanics & Mining Sciences, 2010, 47(4): 606-613.

[130]吴礼舟, 王启智, 贾学明. 用人字形切槽巴西圆盘(CCNBD)确定岩石断裂韧度及其尺度律[J]. 岩石力学与工程学报, 2004, 2(3): 383-390.

[131]吴礼舟, 贾学明, 王启智. CCNBD 断裂韧度试样的 SIF 新公式和在尺度律分析中的应用[J]. 岩土力学, 2004, 25(2): 233-239.

[132]孟涛, 胡耀青, 付庆楠, 等. 层状盐岩石膏夹层在腐蚀条件下断裂韧度试验及其弱化机制研究[J]. 岩土力学, 2017, 38(7): 1933-1942.

[133]Chong K P, Kuruppu M D. New specimen for fracture toughness determination for rock and other materials[J]. International Journal of Fracture, 1984, 26(2): 59-62.

[134]Chong K P, Kuruppu M D, Kuszmaul J S. Fracture toughness determination of layered materials[J]. Engineering Fracture Mechanics, 1987, 28(1): 43-54.

[135]Zhou Y X, Xia K, Li X B, et al. Suggested methods for determining the dynamic strength parameters and mode-I fracture toughness of rock materials[J]. International Journal of Rock Mechanics and Mining Sciences, 2012, 49: 105-112.

[136]Karfakis M G, Chong K P, Kuruppu M D. A critical review of fracture toughness testing of rock[C]//The 27th U.S. Symposium on Rock Mechanics (USRMS), 23-25 June, Tuscaloosa, Alabama, 1986: 3-10.

[137]Lim I L, Johnston I W, Choi S K. Assessment of mixed mode fracture toughness testing methods for rock[J]. International Journal of Rock Mechanics and Mining Sciences, 1994, 31(3): 265-272.

[138]Lim I L, Johnston I W, Choi S K, et al. Fracture testing of a soft rock with semi-circular specimens under three-point loading, Part 1–Mode I[J]. International Journal of Rock Mechanics and Mining Sciences, 1994, 31: 185-197.

[139]Singh R N, Sun G X. The relationship between fracture toughness, hardness indices and mechanical properties of rocks[J]. Mining Department Magazine, 1989, 41: 123-136.

[140]Singh R N, Sun G X. A fracture mechanics approach to rock slope stability assessment[C]//Proceedings of 14th World Mining Congress: Mining for the Future-trends and Expectations, 1989: 543-548.

[141]Singh R N, Sun G X. A numerical and experimental investigation for determining fracture toughness of Welsh limestone[J]. Mining Science & Technology, 1990, 10(1): 61-70.

[142]Singh R N, Sun G X. An investigation into factors affecting fracture toughness of coal measures sandstones[J]. Journal of Mines, Metals and Fuels, 1990, 38: 111-118.

[143]Obara Y, Sasaki K, Yoshinaga T. Estimation of fracture toughness of rocks under water vapor pressure by semi-circular bend (SCB) test[J]. Journal of MMIJ, 2007, 123: 145-151.

[144]Obara Y, Sasaki K, Matsuyama T, et al. Influence of water vapor pressure of surrounding environment on fracture toughness of rocks[C]//Proceedings of the 4th ARMS, Singapore, 2006.

[145]Obara Y, Kuruppu M, Kataoka M. Determination of fracture toughness of anisotropic rocks under water vapour pressure by semi-circular bend test[C]//Proceedings of Mine Planning and Equipment Selection, The Australasian Institute of Mining and Metallurgy, Victoria, Australia, 2010: 599-610.

[146]Baek H. Evaluation of Fracture Mechanics Properties and Microstructural Observations of Rock Fractures[D]. Austin: The University of Texas at Austin, 1994.

[147]Dai F, Chen R, Xia K. A semi-circular bend technique for determining dynamic fracture toughness[J]. Experimental Mechanics, 2010, 50(6): 783-791.

[148]Wu P F, Liang W G, Li Z G, et al. Investigations on mechanical properties and crack propagation characteristics of coal and sandy mudstone using three experimental methods[J]. Rock Mechanics and Rock Engineering, 2017, 50(1): 215-223.

[149]纪维伟，潘鹏志，苗书婷，等. 基于数字图像相关法的两类岩石断裂特征研究[J]. 岩土力学，2016, 37(8):2299-2305.

[150]Wang H, Zhao F, Huang Z, et al. Experimental study of Mode-I fracture toughness for layered shale based on two ISRM-suggested methods[J]. Rock Mechanics and Rock Engineering, 2017, 50(7): 1933-1939.

[151]杨健锋, 梁卫国, 陈跃都, 等. 不同水损伤程度下泥岩断裂力学特性试验研究[J]. 岩石力学与工程学报, 2017, 36(10): 2431-2440.

[152]黄有爱, 夏熙伦. 岩石断裂韧度的物理性状效应[J]. 岩土工程学报, 1987, 9(4): 91-96.

[153]Chang S H, Lee C I, Jeon S. Measurement of rock fracture toughness under modes I and II and mixed-mode conditions by using disc-type specimens[J]. Engineering Geology, 2002, 66(1): 79-97.

[154]Kataoka M, Yoshioka S, Cho S H, et al. Estimation of fracture toughness of sandstone by three testing methods[C]//Vietrock2015 an ISRM Specialized Conference, 12-13 March, Hanoi, Vietnam, 2015.

[155]Iqbal M J, Mohanty B. Experimental calibration of stress intensity factors of the ISRM suggested cracked chevron-notched Brazilian disc specimen used for determination of mode-I fracture toughness[J]. International Journal of Rock Mechanics and Mining Sciences, 2006, 43(8): 1270-1276.

[156]Meredith P G, Atkinson B K. Stress corrosion and acoustic emission during tensile crack propagation in Whin Sill dolerite and other basic rocks[J]. Geophysical Journal International, 1983, 75(1): 1-21.

[157]Akbardoost J, Ayatollahi M R, Aliha MRM, et al. Size-dependent fracture behavior of Guiting limestone under mixed mode loading[J]. International Journal of Rock Mechanics Mining Sciences, 2014, 71: 369-380.

[158]Wang Q Z. Stress intensity factors of the ISRM suggested CCNBD specimen used for Mode-I fracture toughness determination[J]. International Journal of Rock Mechanics and Mining Sciences, 1998, 35(7): 977-982.

[159]Wang Q Z, Jia X M, Kou S Q, et al. More accurate stress intensity factor derived by finite element analysis for the ISRM suggested rock fracture toughness specimen—CCNBD[J]. International Journal of Rock Mechanics and Mining Sciences, 2003, 40(2): 233-241.

[160]Wang Q Z, Jia X M, Wu L Z. Wide-range stress intensity factors for the ISRM suggested method using CCNBD specimens for rock fracture toughness tests[J]. International Journal of Rock Mechanics and Mining Sciences, 2004, 41(4): 709-716.

[161]Fowell R J, Xu C, Dowd P A. An update on the fracture toughness testing methods related to the cracked chevron-notched Brazilian disk (CCNBD) specimen[J]. Pure Applied Geophysics, 2006, 163(5-6): 1047-1057.

[162]Wang Q Z, Fan H, Gou X P, et al. Recalibration and clarification of the formula applied to the ISRM-suggested CCNBD specimens for testing rock fracture toughness[J]. Rock Mechanics and Rock Engineering, 2013, 46(2): 303-313.

[163]Aliha M R M, Mahdavi E, Ayatollahi M R. The influence of specimen type on tensile fracture toughness of rock materials[J]. Pure Applied Geophysics, 2017, 174(3): 1237-1253.

[164]Kuruppu M D, Chong K P. Fracture toughness testing of brittle materials using semi-circular bend (SCB) specimen[J]. Engineering Fracture Mechanics, 2012, 91: 133-150.

[165]汤连生, 张鹏程, 王思敬. 水—岩化学作用之岩石断裂力学效应的试验研究[J]. 岩石力学与工程学报, 2002, 21(6): 822-827.

[166]徐青, 陈胜宏, 汪卫明. 岩石边坡稳定性与支护的数值分析及综合比较[J]. 岩石力学与工程学报, 2008, 27(Z2): 3692-3698.

[167]Duncan J M, Goodman R E. Finite element analysis of slopes in jointed rocks[J]. US Army Corps of Engineers, 1968, 1-68.

[168]Cundall P A, Strack ODL. A discrete numerical model for granular assemblies[J]. Geotechnique, 1980, 30(3): 331-336.

[169]ITASCA. FLAC Version 2.0 User' s Manual[M]. Minneapolis: ICG, 1987.

[170]朱合华, 陈清军, 杨林德. 边界元法及其在岩土工程中的应用[M]. 上海: 同济大学出版社, 1997.

[171]Burnett D S, Holford R L. An ellipsoidal acoustic infinite element[J]. Computer Methods in Applied Mechanics and Engineering, 1998, 164(1): 49-76.

[172]周维垣, 寇晓东. 无单元法及其在岩土工程中的应用[J]. 岩土工程学报, 1998, 20(1): 5-9.

[173]Shi G H, Goodman R E. Generalization of two-dimensional discontinuous deformation analysis for forward modeling[J]. International Journal for Numerical and Analytical Methods in Geomechanics, 1989, 13(4): 359-380.

[174]王水林, 葛修润, 章光. 受压状态下裂纹扩展的数值分析[J]. 岩石力学与工程学报, 1999, 18(6): 671-675.

[175]Shi G H. Discontinuous deformation analysis: a new numerical model for the statics and dynamics of deformable block structures[J]. Engineering Computations, 1992, 9(2): 157-168.

[176]Cai M, Kaiser P K, Morioka H, et al. FLAC/PFC coupled numerical simulation of AE in large-scale underground

excavations[J]. International Journal of Rock Mechanics and Mining Sciences, 2007, 44(4): 550-564.

[177]郑颖人, 徐干成. 锚喷支护洞室的弹塑性边界元——有限元耦合计算法[J]. 工程力学, 1989, 6(1): 126-135.

[178]周蓝青. 离散单元法与边界单元法的外部耦合计算[J]. 岩石力学与工程学报, 1996, 15(3): 231-235.

[179]唐春安, 赵文. 岩石破裂全过程分析软件系统 $RFPA^{2D}$[J]. 岩石力学与工程学报, 1997, 16 (5): 507-508.

[180]唐春安, 李连崇, 李常文, 等. 岩土工程稳定性分析 RFPA 强度折减法[J]. 岩石力学与工程学报, 2006, 25(8): 1522-1530.

[181]Tang C A, Liu H, Lee PKK, et al. Numerical studies of the influence of microstructure on rock failure in uniaxial compression—part I: effect of heterogeneity[J]. International Journal of Rock Mechanics and Mining Sciences, 2000, 37: 555-569.

[182]Tang C A. Numerical simulation of progressive rock failure and associated seismicity[J]. International Journal of Rock Mechanics and Mining Sciences, 1997, 34(2): 249-261.

[183]唐春安, 唐烈先, 李连崇, 等. 岩土破裂过程分析 RFPA 离心加载法[J]. 岩土工程学报, 2007, 29(1): 71-76.

[184]梁正召, 唐春安, 张永彬, 等. 岩石三维破裂过程的数值模拟研究[J]. 岩石力学与工程学报, 2006, 25(5): 931-936.

[185]徐奴文, 唐春安, 周钟, 等. 基于三维数值模拟和微震监测的水工岩质边坡稳定性分析[J]. 岩石力学与工程学报, 2013, 32(7): 1373-1381.

[186]徐奴文, 唐春安, 唐世斌, 等. 考虑弱层置换的岩石边坡稳定性分析[J]. 岩土力学, 2011, 32(S1): 495-500.

[187]Wang S Y, Lam K C, Au S K, et al. Analytical and numerical study on the pillar rockbursts mechanism[J]. Rock Mechanics and Rock Engineering, 2006, 39(5): 445-467.

[188]Tang C A, Xu X H, Kou S Q, et al. Numerical investigation of particle breakage as applied to mechanical crushing-Part I: Single-particle breakage[J]. International Journal of Rock Mechanics and Mining Sciences, 2001, 38(8): 1147-1162.

[189]Chen Z H, Tham L G, Yeung M R, et al. Confinement effects for damage and failure of brittle rocks[J]. International Journal of Rock Mechanics and Mining Sciences, 2006, 43(8): 1262-1269.

[190]Wang S Y, Sloan S W, Tang C A. Three-dimensional numerical investigations of the failure mechanism of a rock disc with a central or eccentric hole[J]. Rock Mechanics and Rock Engineering, 2014, 47(6): 2117-2137.

[191]Liang Z Z, Xing H, Wang S Y, et al. A three-dimensional numerical investigation of the fracture of rock specimens containing a pre-existing surface flaw[J]. Computers and Geotechnics, 2012, 45: 19-33.

[192]徐奴文, 戴峰, 李彪, 等. 猴子岩水电站地下厂房开挖过程微震特征与稳定性评价[J]. 岩石力学与工程学报, 2016, 35(S1): 3175-3186.

[193]徐奴文, 李彪, 戴峰, 等. 基于微震监测的顺层岩质边坡开挖稳定性分析[J]. 岩石力学与工程学报, 2016, 35(10): 2089-2097.

[194]徐奴文, 梁正召, 唐春安, 等. 基于微震监测的岩质边坡稳定性三维反馈分析[J]. 岩石力学与工程学报, 2014, 33(S1): 3093-3104.

[195]徐奴文, 唐春安, 沙椿, 等. 锦屏一级水电站左岸边坡微震监测系统及其工程应用, 岩石力学与工程学报, 2010, 29(5): 915-925.

[196]徐奴文, 唐春安, 周钟, 等. 岩石边坡潜在失稳区域微震识别方法[J]. 岩石力学与工程学报, 2011, 30(5): 893-900.

[197]朱万成, 逄铭璋, 黄志平, 等. 岩石动态剥落破裂的数值模拟[J]. 东北大学学报(自然科学版), 2006, 27(5): 552-555.

[198]谢林茂, 朱万成, 王述红, 等. 含孔洞岩石试样三维破裂过程的并行计算分析[J]. 岩土工程学报, 2011, 3(9): 1447-1455.

[199]赵兴东, 段进超, 唐春安, 等. 不同断面形式隧道破坏模式研究[J]. 岩石力学与工程学报, 2004, 23: 4921-4925.

[200]陈卓异. 基于RFPA模拟深基坑边坡滑动机理分析[D]. 大连: 大连理工大学, 2015.

[201]贾蓬, 唐春安, 杨天鸿, 等. 强度折减法在岩石隧道稳定性研究中的应用[J]. 力学与实践, 2007, 29(3): 50-55.

[202]Tang C A, Kaiser P K. Numerical simulation of cumulative damage and seismic energy release during brittle rock failure-part I: fundamentals[J]. International Journal of Rock Mechanics and Mining Sciences, 1998, 35(2): 113-121.

[203]梁正召, 唐春安, 张永彬, 等. 准脆性材料的物理力学参数随机概率模型及破坏力学行为特征[J]. 岩石力学与工程学报, 2008, 27(4): 718-727.

[204]朱万成, 唐春安, 杨天鸿, 等. 岩石破裂过程分析(RFPA2D)系统的细观单元本构关系及验证[J]. 岩石力学与工程学报, 2003, 22(1): 24-29.

[205]何满潮, 胡江春, 王红芳, 等. 砂岩断裂及其亚临界断裂的力学行为和细观机制[J]. 岩土力学, 2006, 27(11): 1959-1962.

[206]陶纪南. 岩石断裂韧度 K_{Ic} 测试中的几个问题——裂纹亚临界扩展的研究. 岩石力学与工程学报, 1990, 9(4): 319-327.

[207]李江腾, 曹平, 袁海平. 岩石亚临界裂纹扩展试验及门槛值研究[J]. 岩土工程学报, 2006, 28(3): 415-418.

[208]万琳辉, 曹平, 黄永恒, 等. 水对岩石亚临界裂纹扩展及门槛值的影响研究[J]. 岩土力学, 2010, 31(9): 2737-2742.

[209]曹平, 杨慧, 江学良, 等. 水岩作用下岩石亚临界裂纹的扩展规律[J]. 中南大学学报(自然科学版), 2010, 41(2): 649-654.

[210]罗礼, 孙宗颀. 双扭法研究岩石亚临界裂纹扩展速度和断裂韧度[J]. 岩土工程学报, 1992, 14(3): 40-48.

[211]Ayatollahi M R, Aliha M R M. On the use of Brazilian disc specimen for calculating mixed mode I–II fracture toughness of rock materials[J]. Engineering Fracture Mechanics. 2008, 75(16): 4631-4641.

[212]Aliha M R M, Ayatollahi M R. Rock fracture toughness study using cracked chevron notched Brazilian disc specimen under pure modes I and II loading—a statistical approach[J]. Theoretical and Applied Fracture Mechanics, 2014, 69: 17-25.

[213]Amrollahi H, Baghbanan A, Hashemolhosseini H. Measuring fracture toughness of crystalline marbles under modes I and II and mixed mode I-II loading conditions using CCNBD and HCCD specimens[J]. International Journal of Rock Mechanics and Mining Sciences, 2011, 48(7): 1123-1134.

[214]Erarslan N, Williams D J. Mixed-mode fracturing of rocks under static and cyclic loading[J]. Rock Mechanics and Rock Engineering, 2013, 46(5): 1035-1052.

[215]Xu C, Fowell R J. Using cracked Brazilian discs for mode I and mixed mode fracture testing[C]//8th ISRM Congress,

International Society for Rock Mechanics, 1995: 339-366.

[216]Xu C. Fracture Mechanics and its Application in Rock Excavation[D]. Leeds: University of Leeds, 1993.

[217]Khan K, Al-Shayea N A. Effect of specimen geometry and testing method on mixed mode I-II fracture toughness of a limestone rock from Saudi Arabia[J]. Rock Mechanics and Rock Engineering, 2000, 33(3):179-206.

[218]Kaklis K ,Mavrigiannakis S, Saltas V, et al. Using acoustic emissions to enhance fracture toughness calculations for CCNBD marble specimens[J]. Frattura ed Integrità Strutturale, 2017, 40: 1-17.

[219]Shetty D K, Rosenfiled A R, Duckworth W H. Mixed-mode fracture in biaxial stress state: Application of the diametral-compression (Brazilian disk) test[J]. Engineering Fracture Mechanics, 1987, 26(6): 825-840.

[220]Atkinson H, Sato S. Combined mode fracture toughness measurement by the disk test[J]. Journal of Engineering Materials and Technology, 1978, 100(2): 175-182.

[221]Fowell R J, Xu C. The cracked chevron notched Brazilian disk test-geometrical considerations for practical rock fracture toughness measurement[J]. International Journal of Rock Mechanics and Mining Sciences & Geomechanics Abstracts, 1993, 30(7): 821-824.

[222]Ayatollahi M R, Aliha M R M. Wide range data for crack tip parameters in two disc-type specimens under mixed mode loading[J]. Computational Materials Science, 2007, 38(4): 660-670.

[223]Ayatollahi M R, Nejati M. An over-deterministic method for calculation of coefficients of crack tip asymptotic field from finite element analysis[J]. Fatigue and Fracture of Engineering Materials and Structures, 2011, 34(3): 159-176.

[224]Schmidt R G, Lutz T J. K_{Ic} and J_{Ic} of Westerly granite——effects of thickness and in-plane dimensions[C]//Frehman SW. Fracture Mechanics Applied to Brittle Materials, 1979: 166-182.

[225]Hillerborg A, Modeer M, Petersson P E. Analysis of crack formation and crack growth in concrete by means of fracture mechanics and finite elements[J]. Cement and Concrete Research, 1976, 6(6): 773-781.

[226]Bazant Z P, Oh B H. Crack band theory for fracture concrete[J]. Matériaux et Construction, 1983, 16(3): 155-177.

[227]Jenq Y S, Shah S P. Two-parameter fracture model for concrete[J]. ASCE Journal of Engineering Mechanics, 1985, 111(10): 1227–1241.

[228]Nallathambi P, Karihaloo B L. Determination of the specimen size independent fracture toughness of plain concrete[J]. Magazine of Concrete Research, 1986, 38(135): 67-76.

[229]Bazant Z P, Kazemi M T. Determination of fracture energy, process zone length, and brittleness number from size effect with application to rock and concrete[J]. International Journal of Fracture, 1990, 44(2): 111-131.

[230]Xu S, Reinhardt H W. Determination of double-K criterion for crack propagation in quasi-brittle materials, Part I: Experimental investigation of crack propagation[J]. International Journal of Fracture, 1999, 98: 111-149.

[231]Xu S, Malik M A, Li Q, et al. Determination of double-K fracture parameters using semi-circular bend test specimens[J]. Engineering Fracture Mechanics, 2016, 152: 58-71.

[232]朱哲明. 选取最大载荷为岩石 K_{Ic} 测试中临界载荷的合理性研究[J]. 试验力学, 1993, 8(3): 233-237.

[233]ASTM E561. Annual Book of ASTM Standards. Metal Test Methods and Analytical Procedure[S]. Philadephia: ASTM Publication, 1987.

[234]Labuz J F, Shah S P, Dowding C H. The fracture process zone in granite: evidence and effect[J]. International

Journal of Rock Mechanics and Mining Sciences & Geomechanics Abstracts, 2015, 24(4): 235-246.

[235]Irwin G R. Fracture dynamics[J]. Fracturing of Metals, 1948, 147-166.

[236]DL/T5332-2005, 水工混凝土断裂试验规程[S]. 北京: 中国电力出版社, 2006.

[237]Aliha M R M, Ayatollahi M R, Smith D J, et al. Geometry and size effects on fracture trajectory in a limestone rock under mixed mode loading[J]. Engineering Fracture Mechanics, 2010, 77(11): 2200-2212.

[238]Ayatollahi M R, Sistaninia M. Mode II fracture study of rocks using Brazilian disk specimens[J]. International Journal of Rock Mechanics and Mining Sciences, 2011, 48(5): 819-826.

[239]Ji W W, Pan P Z, Lin Q, et al. Do disk-type specimens generate a mode II fracture without confinement[J]. International Journal of Rock Mechanics and Mining Sciences, 2016, 87: 48-54.

[240]Ayatollahi M R, Zakeri M. An improved definition for mode I and mode II crack problems[J]. Engineering Fracture Mechanics, 2017, 175: 235-246.

[241]Lim I L, Johnston I W, Choi S K. Stress intensity factors for semi-circular specimens under three-point bending[J]. Engineering Fracture Mechanics, 1993, 44(3): 363-382.

[242]Ayatollahi M R, Mirsayar M M, Dehghany M. Experimental determination of stress field parameters in bi-material notches using photoelasticity[J]. Materials and Design, 2011, 32(10): 4901-4908.

[243]Ayatollahi M R, Moazzami M. Digital image correlation method for calculating coefficients of Williams expansion in compact tension specimen[J]. Optics and Lasers in Engineering, 2017, 90: 26-33.

[244]瞿伟廉, 鲁丽君, 李明. 工程结构三维疲劳裂纹最大应力强度因子计算[J]. 地震工程与工程振动, 2007, 27(6): 58-63.

[245]曾祥国, 刘世品, 李琼阳, 等. 冲击载荷下材料动态断裂参数的有限元计算[J]. 四川大学学报(工程科学版), 2007, 39(6): 1-6.

[246]王炳军, 肖洪天, 孙凌志, 等. 无限域横观各向同性岩体介质中折线裂纹边界元方法[J]. 岩土力学, 2015, 36(3): 885-890.

[247]肖洪天, 王炳军, 岳中琦. 非均匀荷载作用下层状岩体矩形裂隙力学特性分析[J]. 工程力学, 2012, 29(12): 108-113.

[248]Irwin G R. Onset of fast crack propagation in high strength steel and aluminum alloys[J]//Sagamore Research Conference Proceedings, 1956, 2: 289-305.

[249]Rybicki E F, Kanninen M F. A finite element calculation of stress intensity factors by a modified crack closure integral[J]. Engineering Fracture Mechanics, 1977, 9(4): 931-938.

[250]Raju I S. Calculation of strain-energy release rates with higher order and singular finite elements[J]. Engineering Fracture Mechanics, 1987, 28(3): 251-274.

[251]Tada H, Paris P C, Irwin G R. The Stress Analysis of Cracks Handbook[M]. Paris: Paris Productions Inc., St. Louis, 1985.

[252]Barsoum R S. Triangular quarter-point elements as elastic and perfectly-plastic crack tip elements[J]. International Journal for Numerical Methods in Engineering, 1977, 11(1): 85-98.

[253]Swanson P L, Spetzler H A. Ultrasonic probing of the fracture process zone in rocks using surface

waves[C]//Proceedings of the 25th US Rock Mechanics Symposium. Evanston, Ill, Rotterdam, Balkema, 1984: 67-76.

[254]易小平. 辉长岩短棒试件中的断裂过程区(FPZ)[J]. 岩石力学与工程学报, 1989, 8(3): 210-218.

[255]Zang A, Christian Wagner F, Stanchits S, et al. Fracture process zone in granite[J]. Journal of Geophysical Research Solid Earth, 2000, 105: 23651-23661.

[256]孙秀堂, 常成, 王成勇. 岩石临界 CTOD 的确定及失稳断裂过程区的研究[J]. 岩石力学与工程学报, 1995, 14(4): 312-319.

[257]Li X J, Marasteanu M. The fracture process zone in asphalt mixture at low temperature[J]. Engineering Fracture Mechanics, 2010, 77(7): 1175-1190.

[258]Hu X, Duan K. Size effect and quasi-brittle fracture: the role of FPZ[J]. International Journal of Fracture, 2008, 154(1-2): 3-14.

[259]Ayatollahi M R, Akbardoost J. Size and geometry effects on rock fracture toughness: mode I fracture[J]. Rock Mechanics and Rock Engineering, 2014, 47(2): 677-687.

[260]徐世烺. 混凝土断裂力学[M]. 北京: 科学出版社, 2011.

[261]Schmidt R A. A microcrack model and its significance to hydraulic fracturing and fracture toughness testing[C]//Proceedings of the 21st U.S. Symposium on Rock Mechanics (USRMS), Rolla, MO, USA, 1980: 581-590.

[262]Zhang Z X. An empirical relation between mode I fracture toughness and the tensile strength of rock[J]. International Journal of Rock Mechanics and Mining Sciences, 2002, 39(3): 401-406.

[263]Aliha M R M, Sistaninia M, Smith D J, et al. Geometry effects and statistical analysis of mode I fracture in Guiting limestone[J]. International Journal of Rock Mechanics and Mining Sciences, 2012, 51: 128-135.

[264]Ayatollahi M R, Akbardoost J. Size effects in mode II brittle fracture of rocks[J]. Engineering Fracture Mechanics, 2013, 112-113(11): 165-180.

[265]Ayatollahi M R, Akbardoost J. Size effects on fracture toughness of quasi-brittle materials——a new approach[J]. Engineering Fracture Mechanics, 2012, 92: 89-100.

[266]Atkinson C, Smelser R E, Sanchez J. Combined mode fracture via the cracked Brazilian disk test[J]. International Journal of Fracture, 1982, 18(4): 279-291.

[267]Aliha M R M, Ayatollahi M R. Two-parameter fracture analysis of SCB rock specimen under mixed mode loading[J]. Engineering Fracture Mechanics, 2013, 103: 115-123.

[268]Ayatollahi M R, Aliha M R M. Fracture toughness study for a brittle rock subjected to mixed mode I/II loading[J]. International Journal of Rock Mechanics and Mining Sciences, 2007, 44(4): 617-624.

[269]Akbardoost J, Ayatollahi M R. Experimental analysis of mixed mode crack propagation in brittle rocks: the effect of non-singular terms[J]. Engineering Fracture Mechanics, 2014, 129: 77-89.

[270]Sistaninia M, Ayatollahi M R, Sistaninia M. On fracture analysis of cracked graphite components under mixed mode loading[J]. Mechanics of Composite Materials and Structures, 2013, 21(10): 781-791.

[271]Xie H P, Liu J F, Ju Y, et al. Fractal property of spatial distribution of acoustic emissions during the failure process of bedded rock salt[J]. International Journal of Rock Mechanics and Mining Sciences, 2011, 48(8): 1344-1351.

[272]Dai F, Xia K, Zheng H, et al. Determination of dynamic rock Mode-I fracture parameters using cracked chevron notched semi-circular bend specimen[J]. Engineering Fracture Mechanics, 2011, 78(15): 2633-2644.

[273]贾学明, 王启智. 断裂韧度试样 CCNBD 宽范围应力强度因子标定[J]. 岩土力学, 2003, 24(6): 907-912.

[274]Bluhm J I. Slice synthesis of a three dimensional ‘work of fracture’ specimen[J]. Engineering Fracture Mechanics, 1975, 7(3): 593-604.

[275]Xu C, Fowell R J. Stress intensity factor evaluation for cracked chevron notched Brazilian disc specimen[J]. International Journal of Rock Mechanics and Mining Sciences & Geomechanics Abstracts, 1994, 31(2): 157-162.

[276]Ayatollahi M R, Alborzi M J. Rock fracture toughness testing using SCB specimen[C]//13th International Conference on Fracture, 2013.

[277]Al-Shayea N A. Effects of testing methods and conditions on the elastic properties of limestone rock[J]. Engineering Geology, 2004, 74(1): 139-156.

[278]Doghozlou H M, Goodarzi M, Renani H R, et al. Analysis of spalling failure in marble rock slope: a case study of Neyriz marble mine, Iran[J]. Environmental Earth Sciences, 2016, 75(23): 1478.

[279]Wei M D, Dai F, Xu N W, et al. A novel chevron notched short rod bend method for measuring the mode I fracture toughness of rocks[J]. Engineering Fracture Mechanics, 2018: 190: 1-15.

[280]岳中文, 陈彪, 杨仁树. 冲击载荷下岩石材料动态断裂韧性测试研究进展[J]. 工程爆破, 2015, 21(6): 60-66.

[281]Fowell R J, Chen J F. The third chevron-notch rock fracture specimen—the cracked chevron-notched Brazilian disk[C]//Proceedings of the 31st U.S. Symposium on Rock Mechanics. Balkema, Rotterdam, 1990: 295-302.

[282]张宗贤, 俞洁, 蒋林根, 等. 高温状态下岩石动态断裂的试验研究[J]. 中国有色金属学报, 1999, 51(1): 1-3.

[283]张宗贤, 赵清, 冠绍全, 等. 用短棒试件测定岩石的动静态断裂韧度[J]. 北京科技大学学报, 1992, 14(2): 123-127.